三峡库区

水源地生态隔离带

研究与实践

李红清 闫峰陵 朱振亚 等◇编著

长江出版社
CHANGJIANG PRESS

图书在版编目（CIP）数据

三峡库区水源地生态隔离带研究与实践 / 李红清等编著.
武汉：长江出版社，2024. 11. -- ISBN 978-7-5492-9934-8

Ⅰ．X321.2

中国国家版本馆 CIP 数据核字第 202440FD18 号

三峡库区水源地生态隔离带研究与实践

SANXIAKUQUSHUIYUANDISHENGTAIGELIDAIYANJIUYUSHIJIAN

李红清等 编著

责任编辑： 郭利娜

装帧设计： 刘斯佳

出版发行： 长江出版社

地　　址： 武汉市江岸区解放大道 1863 号

邮　　编： 430010

网　　址： https://www.cjpress.cn

电　　话： 027-82926557（总编室）

　　　　　 027-82926806（市场营销部）

经　　销： 各地新华书店

印　　刷： 武汉新鸿业印务有限公司

规　　格： 787mm×1092mm

开　　本： 16

印　　张： 20

字　　数： 480 千字

版　　次： 2024 年 11 月第 1 版

印　　次： 2025 年 2 月第 1 次

书　　号： ISBN 978-7-5492-9934-8

定　　价： 168.00 元

▣ 编委会

主　　编	李红清	闫峰陵	朱振亚
副 主 编	王　剑	陈　晓	邵晓莉
参编人员	李志军	王　孟	李　斐
	邓志民	曹俊启	刘学文
	钟　迪	李锦涛	李小芬
	饶　丽	陈荣友	陶莹莹
	徐椿森	刘芷兰	邓　瑞
	沈丹丹	景朝霞	毕　雪
	刘　伟	张广欣	潘婷婷

前 言 PREFACE

习近平总书记高度重视江河湖泊生态保护，指出要坚持保护优先、自然恢复为主的方针，深入实施山水林田湖草沙一体化生态保护和系统治理。党的二十大报告提出，到 2035 年"生态环境根本好转，美丽中国目标基本实现"，并提出了推动重要江河湖库生态保护治理等重点任务。美丽河湖是美丽中国在水生态环境领域的集中体现和重要载体。2023 年 12 月，中共中央、国务院印发《关于全面推进美丽中国建设的意见》，对严格河湖水域岸线空间管控、加强水源涵养区和生态缓冲带保护修复等作出部署和安排。2024 年 7 月，《中共中央关于进一步全面深化改革 推进中国式现代化的决定》规定，将健全山水林田湖草沙一体化保护和系统治理机制纳入生态文明改革顶层设计。相关政策的出台，一方面表明了党中央加强江河湖库保护的坚定决心和坚强行动，另一方面也从侧面反映了我国江河湖库保护依然面临着严峻形势和艰巨任务。

江河湖库生态空间保护与修复是江河湖库保护诸多措施的一项基础性工作。河湖管理保护是一项复杂的系统工程，涉及上下游、左右岸、干支流，不同行政区域和行业。近年来，一些地区积极探索河湖长制，有力促进了水资源保护、水域岸线管理、水污染防治、水环境治理等工作。生态隔离带是江河湖库生态空间的重要组成部分，能有效阻隔或减缓人类活动的干扰，在减少面源污染物、生物多样性保护和景观美学提升等方面具有重要作用。生态隔离带属于新概念、新事物，相关表述在党中央、国务院和政府部门文件中均有所提及。党中央印发的《长江经济带发展规划纲要》中要求，建设沿江、沿河、环湖水资源保护带和生态隔离带；国务院批复的《长江经济带—长江流域国土空间规划（2021—2035 年）》中提出，强化岸线整治修复，因地制宜建设沿河沿湖植被缓冲带和隔离带；原环境保护部、发展改革委、水利部会同有关部门编制了《长江经济带生态环境保护规划》，提出加大河湖、湿地生态保护与修复，采取水量调度、湖滨带生态修复、生态补水、河湖水系连通、重要生境修复等措施，修复湖泊、湿地生态系统；《水利部关于加强河湖水域岸线空间管控的指导意见》提出，因地制宜安排河湖管理保护控制带。

三峡库区是指因三峡工程 175m 蓄水而淹没的行政区域，在长江上游生态环境保护中具有关键地位。三峡水库是国家重要战略淡水资源库，库区范围内分布有多处饮用水水源地。为了降低库区陆域对水库水质的影响，建设生态隔离带、形成复合型的生态屏障成为库区保护修复的重要举措。2004 年以来，三峡库区实施了各类库岸环境综合整治项目。但三峡库区陆域隔离带属典型的山地型隔离带，库区人地关系矛盾突出，城镇人口密集区和生态隔离带的联系更加紧密。2021 年，《中华人民共和国长江保护法》（以下简称《长江保护法》）的颁布实施，对加强三峡库区生态环境保护和修复提出了新要求。叠加自然、社会和政策等多重因素，推进三峡库区水源地生态隔离带建设，成为摆在政策制定者面前紧迫且现实的问题。相关研究与实践对促进新时期三峡库区高质量发展，以及三峡库区生态优先绿色发展国家级先行示范区设立具有重要意义。

编写组依托的长江水资源保护科学研究所立足长江、扎根长江，持续多年深耕三峡库区保护与修复工作，长期从事长江流域及三峡库区水资源保护研究工作，先后参与了《三峡后续工作总体规划》，承担了《长江经济带水资源保护带生态隔离带建设规划》《三峡库区饮用水水源地安全保障与建设》等相关规划编制与科研专项工作。编写组成员熟悉三峡水库水情、工情、库情，在相关领域积累了翔实的资料和丰富的工作经验。为解决三峡库区生态隔离带建设理论和技术难题，编写组充分发挥产学研深度融合的优势，坚持问题导向、坚持目标导向、坚持系统观念，针对受高变动水位影响的消落区和山地型隔离带的建设难题，聚焦三峡库区水质安全保障重要目标，坚持水陆统筹、系统治理的思路，提出三峡库区生态隔离带建设的布局和对策方案。

本书选择三峡库区典型饮用水水源地为对象，通过以点带面、以小窥大的形式，致力于全面、系统反映三峡库区生态隔离带建设技术与实践。第1章由李红清、闫峰陵、王孟、李志军、朱振亚、李斐编写，第2章由闫峰陵、朱振亚、刘学文、邵晓莉、邓志民、王剑编写，第3章由朱振亚、李红清、闫峰陵、李志军、王剑、邓志民编写，第4章由李志军、曹俊启、朱振亚、王剑、邓瑞、沈丹丹编写，第5章由王剑、朱振亚、刘学文、毕雪、刘伟、潘婷婷编写，第6章由朱振亚、钟迪、李小芬、刘芷兰、徐椿森、张广欣编写，第7章由闫峰陵、王孟、李红清、朱振亚、邓志民、王剑编写，附录一由钟迪、刘芷兰、饶丽、陈晓、李小芬、景朝霞编写，附录二由陈晓、李锦涛、陈荣友、陶莹莹、饶丽、徐椿森编写，全书由朱振亚负责统稿。本书能供从事饮用水水源地保护、水库消落区修复、生态隔离带建设管理和技术人员，以及相关院校师生参考。本书主要依托三峡后续项目"三峡库区饮用水水源地安全保障评估及建设"的研究成果，在编写过程中得到水利部三峡工程管理司，长江水利委员会规划计划局、水资源节约与保护局、水土保持局（农村水利水电局），重庆市水利局，湖北省水利厅等单位的大力支持与帮助，以及相关高校专家和教授的悉心指导，长江出版社高素质出版团队全程保障书稿的编撰，同时也参考了相关单位和个人的研究成果，在此一并表示衷心的感谢！

当前国家"江河战略"推动实施，《长江保护法》提出的三峡库区消落区修复、河湖保护范围划定、河湖岸线保护修复等工作正在逐步落实，江河湖库保护修复力度也在持续加大，生态隔离带相关理论和技术不断研究和创新。考虑到学术研究的动态发展，书中某些内容带有一定的前瞻性，仅作交流探讨。由于本书作者水平有限，内容难免有错漏之处，敬请广大读者批评指正！

作　者

2025 年 2 月

CONTENTS 目 录

概　述　第 1 章

1.1　研究背景和概况

1.1.1　研究背景

随着人口的增长和经济社会的快速发展，水环境污染问题日益突出，并逐渐成为威胁人类生存发展的主要问题。随着工业和生活点源污染治理取得良好效果，农业面源污染成为我国环境污染的主要来源之一。河岸带在截留颗粒物、促进水流下渗以及去除可溶性污染物方面具有显著功效。当城市空间增长显著时，河岸带往往会因人类发展活动而改变，河流水质面临的环境压力也显著增大。世界上许多国家已将河岸植被列为河岸生态系统管理的一个重要内容，利用河岸带改善环境中的水质是常见的最佳管理实践（BMP）之一。保护优质河岸带或恢复劣质河岸带作为流域层面的水质管理方式，适用以保护水质为重点的保护目标。流域管理者应将保护或恢复作为两种互补的方法，并为保护功能强大的河岸带或者恢复功能不佳的河岸带奠定基础。植被退化导致了严重的环境问题和生态功能的恶化，河岸带的植被恢复越来越受到政府和学者的广泛关注。自然恢复和种植是植被恢复的两种主要措施，对新建立的河岸生态系统结构和功能至关重要。种植具有直接经济价值和具有生态服务功能的乡土物种，是实现水库生态系统经济发展和环境保护双赢的良好做法。

三峡库区是指三峡水库 175m 正常蓄水位淹没影响涉及的 26 个区（县），位于湖北省西部和重庆市中东部，总面积近 5.8 万 km^2。三峡库区是长江流域生态安全的关键屏障，具有重要的战略地位，是我国主要的生态修复区，是党和政府关注的重点区域，是长江流域生态环境保护和修复的主控节点。《长江流域综合规划（2012—2030 年）》明确提出三峡水库是国家重要战略淡水资源库，库区范围内分布有多个饮用水水源地，被列为国家水环境保护的重点区域，在保护长江生态环境中具有关键地位。三峡库区生态环境建设与保护事关国家战略性淡水资源库的水质安全、三峡水库库容保护、三峡工程的可持续安全运行，以及长江流域的生态安全。三峡库区生态环境保护的重点在支流富营养化防治、饮用水水源地保护、城集镇污水垃圾处理、消落区生态环境治理、生态屏障区库岸绿化、地质灾害监测预警等方面。推进三峡库区生态环境建设与保护，对调控流域生态环境变化和江湖关系演变、提高库区和长江中下游饮水安全保障能力、优化跨流域水资源调配、促进长江经济带高质量发展具有重要意义。

三峡库区生态环境建设与保护工作一直是党和国家、各级政府关注的重点。2011年，国务院以国函〔2011〕69号文批复了《三峡后续工作规划》，提出污染防治与水质保护、水库岸线保护与利用控制、消落区生态环境保护、生态屏障区建设、库区生态与生物多样性保护、重要支流水土保持等系列举措。2019年，水利部启动《三峡后续工作规划》的修编工作，要求与《长江经济带生态环境保护规划》《全国重要生态系统保护和修复重大工程总体规划（2021—2035年）》等相关规划目标和任务衔接，按照"控污、提载"的思路，提出库岸环境综合整治、自然生态保留保护的库区干流综合治理措施和库区支流系统治理措施。三峡后续工作实施10多年来，库区污染治理能力和水平得到全面提高，库周生态保护带修复效果显著，生态屏障功能逐步显现，水库水生生境逐步改善，水生态系统结构和功能趋于稳定。然而，威胁三峡库区重要生态屏障和国家战略性淡水资源库的风险因素仍然存在，库区水资源管理的精准化、信息化、现代化水平不高，最严格水资源监管的合力不足；受治理技术的制约，消落区生态修复措施无法大规模推广；面源污染范围广、随机性强、成因复杂，监控、治理难度较大；水源地保护、重要支流水土流失治理、水体修复与水华控制等与相关规划要求差距较大，持续推进库区生态环境建设与保护仍十分必要。

长江生态环境保护受到党和国家领导人的高度重视，习近平总书记曾多次在推动长江经济带发展座谈会上作出重要指示，为三峡库区生态环境建设与保护提出新的要求、指明了发展方向。2020年12月26日，第十三届全国人大常委会第二十四次会议通过《长江保护法》，并于2021年3月1日起施行。《长江保护法》指出"长江流域经济社会发展，应当坚持生态优先、绿色发展，共抓大保护、不搞大开发；长江保护应当坚持统筹协调、科学规划、创新驱动、系统治理"。其中，第五十六条指出"国务院有关部门会同长江流域有关省级人民政府加强对三峡库区、丹江口库区等重点库区消落区的生态环境保护和修复，因地制宜实施退耕还林还草还湿，禁止施用化肥、农药，科学调控水库水位，加强库区水土保持和地质灾害防治工作，保障消落区良好生态功能"。为切实保障三峡水库战略性水源地安全，开展三峡库区水源地生态隔离带研究具有重要的指导意义。

1.1.2　生态隔离带研究概况

1.1.2.1　相关概念介绍

（1）河岸缓冲带

"河岸"一词来源于拉丁语 riparius，表示与水体相邻的土地。河岸缓冲带是与受纳水体邻近、具有一定宽度和植被、在空间上与农田相分割的地带。其范围包括受洪水、地下水位上升和土壤类型影响的植被低水位排放和最高水位之间的空间。河岸带包括河床、河岸、植被、邻近土地和漫滩。陆地和水生态系统之间的生物、化学和物理相互作用形成了一个三维河岸带。对于宽度小于 100m 的山谷，整个漫滩都是河岸；对于其他河流建议两岸 50m 作为河岸范围。河岸带是河流集水区和河道之间的关键过渡带，调节着两种环境之间的能量、生物群、沉积物和营养物质的流动。河岸边缘反映了包括水文、地貌和生态过程在内的重要特征，并为维持整个流域生态系统的健康提供了重要途径。健康的河岸缓冲区与邻近的水生态系统高度互动。河岸带显示出高度的时间和空间变异性。地形位置、植被结构、高边缘区域和景观连通性使河岸栖息地成为一种独特的景观。

健康的河岸带通过提供一系列生态系统功能来保护和维护河流健康。生态完整性、恢复力，以及生态系统结构、功能和服务支持是健康河流的特征。河岸带和相关植被为野生动物提供了生态走廊、食物和栖息地，调节了河流温度、稳定了河岸，缓冲了沉积物和污染物，并增强了地下水补给。河岸带的有效性取决于缓冲区条件（宽度、结构、组成和范围）和河流的特征。无植被保护的河岸，极易受到洪水冲刷，导致下游河床抬高、河道堵塞，严重影响河流的通航和泄洪功能。河岸带可以通过吸收地表径流和降低径流流速来减少水流对河岸和河床的冲刷。它具有良好的水土保持功能，对于保护堤岸、降低土壤侵蚀均具有良好的效果。河岸缓冲带可以通过过滤、渗透、吸收、滞留、沉积等河岸带机械、化学和生物功能效应，有效地阻止地表径流中颗粒物、氮磷等有机物和农药进入水体。河岸带临近河流水源充足，生态环境复杂多样，近岸陆地营养物质输入较多，为动植物提供良好的栖息地及迁移空间，有利于增加生物多样性。河岸植被缓冲带形成的景观具有多样性，水陆镶嵌的景观格局提高了流域景观的美学价值。河岸植被还提供丰富的生态系统服务，如供应、调节和文化，以及其他的产品和价值。

（2）生态隔离带

生态隔离带是由城市绿化隔离带发展而来的一个新概念。在生态隔离带研究的起步阶段，不同领域的学者根据所研究或利用的方向对它进行了不同的命名，所以在不同时期、不同地理空间位置、不同的功能作用下，它的名称有所不同。城市生态隔离带是指在城市外围或者组团之间，以林地、湿地、农业用地、园地等生态用地为主的绿色植被带，是功能复合型的生态系统。与传统绿化隔离带相比，具备生态保育、农业生产、地域文化、景观游憩等功能。生态隔离带具有连接、过渡、隔断作用，是一种近自然生物带系统，具备保持水土、保持生物多样性、修复保护生态和增加生态效益的功能作用。

河湖生态隔离带包括连接水域陆地的滨水缓冲带和陆域隔离带两部分。其中，滨水缓冲带指河湖多年平均最低水位和最高水位之间的水位变幅区域，陆域隔离带是由多年平均最高水位线向陆域延伸一定范围的岸带空间，具体宽度根据生态隔离带类型确定。典型河湖生态隔离带结构见图1.1-1。滨水缓冲带是重要的水陆交错带，通过调解水体和水体之间的物质和能量双向流动，在维持水质方面发挥着重要作用。陆域隔离带指消落区以上至岸上陆地，是介于滨水缓冲带和高地植被之间的生态过渡带，是可通过人工措施构建复合防护体系以实现管理目标的空间区域，多被工程技术人员所采用。

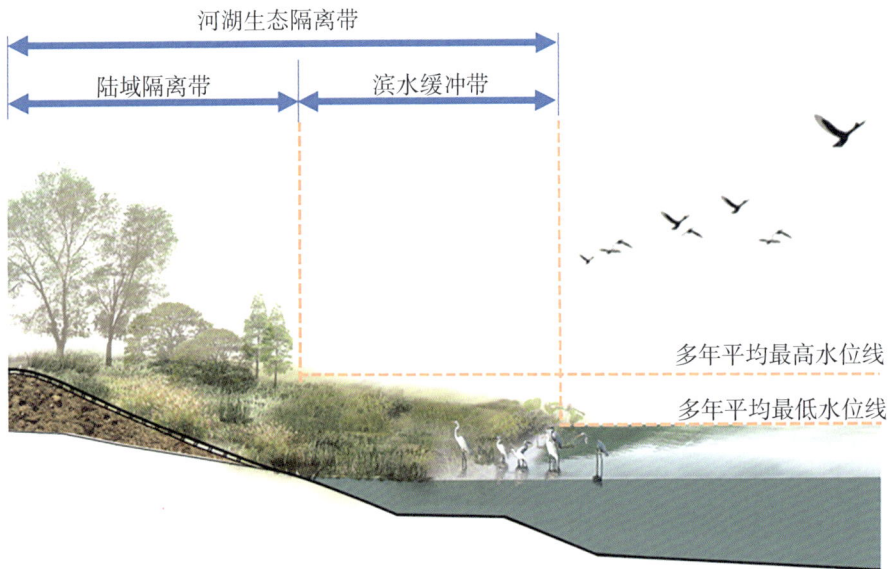

图1.1-1 典型河湖生态缓冲带结构

生态隔离带分布于陆地和水域之间，具有生态脆弱性、生物多样性以及人类活动影响较大的重要特点，对水生生态系统、陆生态系统具有深远的影响。早期的生态隔离带相关研究多定性描述其适宜宽度，为相似条件的生态隔离带提供一定的借鉴意义。但这些研究大多是一种定性的范围划分，比如宽应该从河岸岸趾起算，或参考洪水到达的界限等，至于隔离带的具体宽度以及在哪里起算等未给出明确的数据范围，这些数据的确定一直存在争议，限制了它的广泛应用。随着研究的深入，更多学者从隔离带的宽度、地形因子、面源污染削减、土壤侵蚀、水文过程以及地下生物地球化学等方面进行探索，丰富了对生态隔离带建设和防护效果的认知。

1.1.2.2　国外研究概况

城市生态隔离带起源于"绿带"（green belt），是指具有保护城市生态环境的环形土地。1938 年英国议会通过了《绿带法案》，并在 1944 年环绕伦敦城建了一条宽 5 英（（1 英里＝1.61km））里的绿带，于 1955 年，又将绿带宽度增加到 6～10 英里，是世界上第一个大城市绿化隔离带。19 世纪 90 年代，霍华德在《明日的田园城市》一书中提出城市绿化隔离带概念，在城市周围设计宽 5 英里或更宽一些的环形绿带，来限制城市面积和保护农村土地。20 世纪 50 年代，欧洲国家为缓解城市化迅速发展带来的环境问题，构建了一定宽度的生态区域来避免城市连片发展，成为最早的生态隔离带。20 世纪 80 年代，俄罗斯农业施肥量逐年增多、各种农业化学制剂应用、畜牧业快速扩展等，水库水源面临着面源污染问题，1987 年，彼得洛夫提出在水体周围建立水源保护带，在保证率为 10%、5% 和 1% 的最高水位高程以内的可淹没区域分别设置严格保护带、适度限制带和局部限制带，防止或减轻对水库水源的不利影响。

国外生态/绿化隔离带根据其结构特点，可分为不同类型：新西兰首都惠灵顿根据其地形与生态环境特点，在西部山区规划与建设了集生态保护、生物多样性保护、历史文物保护与休闲娱乐为一体的绿色屏障；莫斯科环城绿带是楔形环城绿带；巴黎的环城绿带由几个彼此隔离的大面积绿地构成。近年来，国外普遍以河岸缓冲带为研究对象，开展水源地保护领域的生态隔离带研究，认为空间结构和与周边生态系统的相互作用是河岸缓冲带的两个典型特征，河岸缓冲带可作为净化或屏障，控制过渡区能量、物质和物种的流动。河岸带调节周围腹地、水体物质和能量双向流动，对河流水体产生重要影响。河岸带是陆地生态系统和水生生态系统的过渡带，具有环境变量梯度变化的水平特征，以及特定植被组成和分布的生态走廊垂直特征。植被结构和组成、土壤性质、凋落物、栖息地和小气候的差异形成了独特的环境条件。河岸带的特点，如反复干扰、高营养和含水量、生物物理学以及独特的小气候和水生资源补贴，有助于其生物多样性的维护。

河岸缓冲带植被通常设置在河流岸坡的下坡区域，并与地表径流方向垂直。生态隔离带的功能主要由其植被结构决定，其内部存在复杂的生化反应，植被结构显著影响其对污染物的削减效果。一般而言，沿河流连续分布比间断分布的隔离效率更高，在河流上游较小支流设置植被效果更好。2022 年，Edith Eishoeei 等通过监测位于伊朗北部和里海东南侧的 Gorganroud 盆地的河岸缓冲区，在密集植被、低密度植被和水体中提取河岸缓冲带的土地利用，并在每个子流域中提取各缓冲带的面积和百分比，研究对水质、植被覆盖、野生生物、沉积物和污染源的影响。考虑到不同人为活动区域之间的差异，2023 年，Hao 等在景观指标中引入了一个新的景观强度（NLI）指标，以更好地了解水质控制和河岸缓冲区的最佳宽度，结果表明在旱季 1000m 河岸缓冲带最能解释水质变化，在雨季 200m 河岸缓冲带最能解释水质变化，该研究为开发考虑人类活动差异的景观度量提供了新的视角，有助于更好地了解河岸缓冲带对水质变化和保护水生生态系统的重要意义。然而，迄今为止，河岸带重要性的研究主要集中在氮元素上，尽管有研究表明，各种元素、化学物质和颗粒污染物循环都受到生物地球化学过程的影响。对河岸带在地下流中去除氮和在坡面流中减少磷、沉积物和农药的功效的研究，代表了实现水质效益所需的河岸带的主要特征。

1.1.2.3　国内研究概况

20 世纪 90 年代后期，我国也同样面临着城市化发展带来的环境问题，最初在北京等地开始探索城市绿化隔离带。2016 年 9 月印发的《长江经济带发展规划纲要》明确地提出，建设沿江、沿河、环湖水资源保护带和生态隔离带，增强水源涵养和水土保持的能力，生态隔离带建设正式纳入长江经济带水源地保护的顶层设计。2020 年 6 月，《全国重要生态系统保护和修复重大工程总体规划（2021—2035年）》出台。该规划以"两屏三带"及大江大河重要水系为骨架的国家生态安全战略格局为基础，突出对国家重大战略的生态支撑，研究提出了统筹山水林田湖草一体化保护和修复的总体布局、重点任务、重大工程和政策举措。

目前，国内学者开展了城市国土空间的生态隔离带规划、设计和研究。欧阳志云等运用生态规划方法、地理信息技术和遥感数据，在分析北京城市发展所面临的城市布局与生态环境问题，以及在规划范围内土地利用与生态环境功能的基础上，提出了北京绿化隔离带的总体结构、景观格局与生态规划控制指标。于俊强和姬忠科介绍了济南生态隔离带建设情况，分析了济南市域生态隔离带建设存在的问题，提出了生态隔离带建设与城市空间发展相结合的对策建议。李艳等以重庆市中心城区为例，从规、建、管一体化出发，探讨如何使组团隔离带规划更具有落地性、实施性，从而发挥组团隔离带固有的功能，打造山清水秀之地。王菲等基于 GIS 空间分析技术对北京市第二道绿化隔离带生态敏感性进行定性与定量评价，提出了"一带、三片区、六重点"的生态保护规划结构。游畅以湖北省武汉市三环线生态带 10 年来的规划建设和实施治理历程为例，提出特大城市生态隔离带要实现规划意图。

学者们还对河流、湖泊和水库水源地生态隔离带进行了大量的研究。在水库周边，合理利用河流的地形和水文等条件，营造相对连续具有一定隔离功能的生态隔离带，形成控制面源污染的第一道防线，既能有效地控制和削减库周面源污染，又可兼顾沿河环境的生态修复功能。刘文英等介绍了太湖河网地区面源污染控制所采取的农田节氮控磷工程等技术，并提出了不同工程应采取的融资模式，对于太湖流域面源污染治理具有较强的理论和现实指导意义。王孟等提出为有效维持江河湖库的水环境健康、保障水生态安全和水源地供水安全，结合污染源分布及其现状存在的问题，布置"远近结合、层次分明、从陆域到水域"的措施体系。高升等以楚雄州青山嘴水库为例，对库区范围内的污染源进行了调查，重点针对占比最大的农业生产污染源提出了表流人工湿地＋生态隔离带的生态恢复组合技术。和艳和李迎彬从景观生态学的角度出发，利用最小累积阻力模型分析昆明滇池流域景观生态安全格局，并通过城市生态隔离带建设对景观阻力值最小的生态廊道空间进行保护，确保城市生态安全。李沐慧以我国北方某湖泊为例，分析湖泊水环境现状，设计了补水退水通道规划、生态滞留塘措施、基质净化措施、生态隔离带建设和水生植物净化措施等治理方案，为湖泊生态治理提供技术参考。邓瑞等以长江流域302个重要饮用水水源地为研究对象，划定了饮用水水源地管理范围与保护范围，提出了水源地生态隔离带建设隔离格局和要求。

1.1.3 三峡库区生态隔离带研究概况

受三峡水库水文调度的影响，库区江段的水文节律发生了显著改变，原来的河流生态系统逐渐演变发育成水库生态系统，在库区陆域形成新的"库岸带"。按照河岸带的定义拓展，就三峡库区而言，其生态隔离带包括滨水缓冲的消落区及其库岸以上的陆域隔离带部分。三峡库区水源地安全保障不可避免涉及受高变动水位影响的消落区和山地型隔离带的建设问题。目前，围绕三峡库区消落区的分类、保护治理等研究较多，但三峡库区生态隔离带建设系统性研究仍较为缺乏。

1.1.3.1 三峡库区消落区研究

消落区，又称为消落带、消涨带、涨落区，是指江河、湖泊、水库等水体水位因季节性涨落使周围土地被周期性淹没和出露成陆地而形成的干湿交替的水陆衔接地带。消落带在塑造地貌、影响生态系统和该区域人类活动方面发挥着关键作用，消落区内水位的波动会导致岸线特征的变化，改变周围栖息地的生态系统，并影响人类和野生动物可用的水资源。此外，其可以通过影响地下水位，间接影响农业、基础设施稳定性和土地利用类型。根据三峡大坝的运行方案，将在库区形成一个垂直落差达30m、长度662km、总面积为349km²的消落区。三峡库区消落区主要为分布于高程145～175m的长江干支流河谷岸坡以及冲积平坝、阶地和河滩等，局部地段为峡谷。三峡库区消落区受降雨、水库波浪和水位波动引起的水力扰动的影响。由于其生态环境的特殊性、人地矛盾的尖锐性和土地季节性整理的复杂性，消落带的生态环境问题更加突出。三峡水库消落区是水陆缓冲区、生态环境敏感区、地灾易发区，是三峡库区生态建设与环境保护的重点区域，围绕消落带的治理和修复成为三峡大坝蓄水后的重大科学问题。

由于对消落区研究的区域、目的以及方法不同，分类方式也有所差异。王勇等按其形成的成因，将消落区分为自然消涨带和人工消涨带。张虹根据岩土组成、水深、坡度和土地利用类型将三峡库区消落带分为硬岩型、软岩型和松散堆积型。张信宝通过长期对消落带坡地的地貌和植被变化的观察，根据岩土组成将消落带分为稳定石质坡地、稳定土质坡地和淤积滩涂坡地。鲍玉海和贺秀斌根据岩土组成，将消落带分为土质缓坡、土石复合坡和岩质陡坡。柯学莎等认为，消落区按原土地利用方式，可分为城市废弃土地型、农业用地型、荒地滩涂型；按地层岩性，分为基岩型、松散堆积型和人工建筑弃土型；按地貌形态，分为河漫滩型、平坝阶地型、浅丘坡型、峡谷陡崖型等。有学者根据人类活动与消落区相互作用影响的性质及强度差异、导致的主要生态环境特征变化和生态环境问题的类别及程度、不同消落区生态功能定位及保护整治重点与措施的差别，将三峡水库消落区生态功能类型划分为城市、农村、大集镇、旅游地与岛屿、峡谷五种类型。还有学者根据消落区功能与人为干扰程度不同，将其分为城镇段消落区与非城镇段（农村型）消落区。

在传统的宏观尺度，消落区识别需要涉及历史数据、地质调查和水文测量领域，以了解特定区域内的水位波动范围与消落区类型。其中，水位波动范围可能受季节变化、气候变化、地质过程或人类干预（如水坝运营或水资源开采活动）等多种因素影响。通过遥感卫星数据获取的高时空分辨率地表信息，可实现多时相、大面积地表变化过程动态监测，并且其获取过程不需要接触地表，可以有效减少对环境和生态系统造成的干扰，适用于偏远与危险地区的地物监测。通过遥感手段进行消落区范围提取，能够更直观与高效地实现水位波动识别，从而降低消落区类型识别的误差。近年来，随着人工智能技术的快速发展，机器学习算法不断被应用到遥感影像解译，影像分类的精度不断提高。因此，尝试遥感影像结合机器学习方法可以快速地进行大面积的消落区岸坡类型识别。鉴于三峡水库消落区的周期性淹没和出露，遥感影像的选择需要注意影像的采集时间。

经典的遥感解译方法主要有基于像元的监督分类法和面向对象分类法。现有消落区岸坡类型识别研究相对较少，且均基于像元尺度分类。由于同一消落区岸坡类型具有典型的空间相关性和聚集性特点，而基于像元尺度的分类方法只考虑像元本身的波段特征，因此会导致最终的分类结果产生严重的椒盐现象，降低了消落区岸坡类型的识别精度。面向对象的分类方法能够有效利用物体或地物之间的空间关系、形状特征和上下文信息，通过将像元组合成对象，获取更丰富的影像信息，从而提高分类的准确性。开展面向对象的消落区岸坡分类研究，对提高遥感消落区岸坡类型识别精度至关重要，也是开展消落区保护治理、加强消落区管理的重要前提。

1.1.3.2　生态隔离带建设研究

生态隔离带是三峡库区的重要组成部分，在保障三峡库区社会经济、水资源安全等方面具有重要作用。为了最大限度地降低陆上区域对三峡库区消落带的污染影响，建设生态隔离带、形成复合型的生态屏障成为首选方案。但三峡库区库岸地形复杂，各地区的人口数量、耕地分布及利用状况、水土流失量等存在较大差异，隔离带的防护效果和适宜宽度也存在一定差异。为了恢复和保护河岸带生态系统，2004 年以来，库区实施了河岸带和消落区的植被重建（种植和自然恢复）项目。此类项目考虑了植被用地、农业用地、城市发展、林业和其他经济活动等诸多因素，以实现面源污染控制的目标。此外，三峡库区还实施了综合流域管理，以减少从上游流入水库的营养物质。

针对三峡库区消落带，不同学者提出了不同的治理和修复方案。目前，还没有满足生态系统恢复的系统方案。传统护岸大多采用浆砌石、干砌石或混凝土砌块的结构形式，较少考虑景观环境和生态效应，不利于物种多样性的发展，影响河流的自净能力。生态学者提出植被恢复的环境友好性替代方案，最大的挑战是高差 30m 持续半年的周期性淹没，而很少有植物能在这种环境中生存。植被恢复技术不适合一些斜坡的防护，如非常软的地基或非常陡峭的斜坡等。因此，在岸坡不稳定的消落区，以植被生态修复不能解决岸坡稳定问题。面对高变幅的消落带，植被建设的成本和效果需要深入探讨，特别是经常性水淹的消落区，耐水淹乔木生态修复并不是最好的选择；植被修复后再次被水库蓄水淹没后，污染物会重新释放到水体造成二次污染。

根据不同功能区的特点和不同环境问题，管理者和决策者可以采取相应的管理措施。刘云峰针对库岸的不同功能区（水上带、消落带和水下带）提出了相应的生态治理对策，同时首次将水上带（消落带上面）划分为生态经济带和生态隔离带。徐泉斌等认为消落带要根据时间、地形地貌，采取不同的土地利用方式，在保护生态环境为基础的前提下，根据高程划分为自然生态区、湿地农业生态区、农林区、边缘区、坡度大于 25°的陡坡区。江进辉等将消落区划分为保留保护区、生态修复区和工程治理区，保留保护区指通过植被系统自然恢复、自然发育，以达到保护生态系统结构和功能的区域；生态修复区需采用适度措施生态修复的区域；工程治理区指需以工程措施为主、生态措施为辅进行治理的区域，以及为满足经济社会发展需求的开发利用区域。朱振亚等利用因果循环流图构建"驱动力—压力—状态—影响—响应"的问题结构概念框架，提出"问题结构—机理分析—多准则评价"的岸坡消落带建设方法，以及"问题结构—模型模拟—多准则评价"的陆域隔离带建设方法，进而构建适用于库区水源地生态隔离带建设的多目标分析决策建设方法。

三峡库区陆域隔离带是典型的山地型隔离带，不同于平原河网地区，流域特征更加明晰和完整；加之库区人地矛盾突出，城镇等人口密集区和生态隔离带的联系更为紧密。从三峡后续工作的实践来看，在高程较低的消落区构建植被体系是非常困难的，实施效果也并不理想。此外，三峡库区陆域隔离带也要考虑地理单元的差异，实施包括植物措施在内的复合防护体系，才能更好地发挥生态隔离带水土保持、面源污染防治的作用。针对三峡库区重要战略水源地，有必要在合适的范围布设更为系统的保护措施。三峡库区水源地生态隔离带建设，是政策制定者需要重点关注的现实问题。

1.2 研究目标和内容

1.2.1 研究目标

三峡库区饮用水水源地生态隔离带是保障库区水质安全的重要屏障。本研究以三峡水库分布的重要饮用水水源地为重点，结合现场调查和资料收集，探索三峡库区水源地消落区岸坡分类方法。采用参数修正及模型评估方法，开展隔离带岸坡稳定性、水土保持效益和面源污染削减效益评估，综合评估生态隔离带的防护效果。利用改进的景观空间对比指数，分析隔离带适宜宽度与地形因子、植被覆盖、土地利用等的关系，在典型集水区提出库区生态隔离带布局建议，最终提出库区水源地生态隔离带分区分类建设方案，以期为三峡库区饮用水水源地安全保障及建设提供参考。

1.2.2 主要内容

（1）消落区岸坡分类研究

选取三峡库区典型饮用水水源地为研究对象，开展消落区岸坡类型遥感解译研究。

本研究以秭归县 A 水源地、巴东县 B 水源地、巫山县 C 水源地、云阳县 D 水源地为研究对象，研究各水源地取水口上游 1000m 至下游 200m 区域的消落区（145～175m）范围，对 4 个典型水源地消落区岸坡类型进行识别，将消落区岸坡分为土质岸坡、岩质岸坡、岩土混合岸坡和人工治理岸坡等 4 种类型。

（2）隔离带防护有效性评估

1）岸坡稳定性评估

收集三峡库区数字高程模型（DEM）数据，提取岸坡倾角，结合岸坡覆盖度、岸坡基质和岸坡坡脚冲刷强度 3 个指标，评估三峡库区典型饮用水水源地的消落区岸坡稳定性。

2）水土保持效益评估

提取隔离带的坡度坡长数据，结合水土保持措施因子，评估三峡库区饮用水水源地生态隔离带的水土保持效益。

3）面源污染削减评估

利用指数函数构建回归方程，通过模拟冲刷实验调整削减系数，计算隔离带对总氮、总磷和悬浮物的削减效果，评估三峡库区典型水源地生态隔离带的面源污染削减效果。

（3）生态隔离带建设研究

1）子流域划分

根据三峡水库的 DEM 数据，借助 ArcGIS 水文分析模块进行库区内子流域划分。

2）子流域面源污染可能性的判定

以子流域土地利用类型分布为基础，参考区域内植被、降雨，从相对距离、相对高程和坡度 3 个方面，基于 ArcGIS 数据处理平台，分析得到各子流域的景观空间负荷对比指数。通过与阈值对比，判断该汇水区内发生面源污染的可能性。

3）植被缓冲带的定位与宽度确定

在发生面源污染可能性较大的子流域中，通过污染物削减模型确定该子流域中植被缓冲带的位置和宽度。

4）生态隔离带建设方案研究

在分析生态隔离带建设的总体思路的基础上，分别提出库区消落区的分类保护治理和隔离带的分区建设方案。

1.3　研究区概况

（1）地理位置

三峡工程是目前世界上最大的水利水电工程，三峡电站总装机容量 2250 万 kW，多年平均发电量 882 亿 kW·h。三峡库区是指因三峡水库蓄水 175m 而被淹没的行政区域，地理位置跨东经 106°49′~111°39′，北纬 28°28′~31°44′，区域总面积约 5.8 万 km²，东至湖北省宜昌市夷陵区三斗坪镇，西迄重庆江津区朱沱镇，南起重庆市武隆区，北到开州区。三峡水库库容为 393 亿 m³，在高水位期间形成了水域面积约 1864km² 的狭长的河道型水库，水域总面积占三峡库区总面积的3.27%；东西长度约660km，南北宽约80km，水深最深处超过160m，平均水深约70m。依据《三峡库区近、中期农业和农村经济发展总体规划》，将湖北省和重庆市所辖部分三峡库区划为库首、库腹和库尾 3 个区域，共计 26 个行政单元。库首部分为湖北库区（三峡库区湖北段），包含湖北省恩施州的巴东县和宜昌市的兴山县、夷陵区、秭归县等 4 个区（县）；库腹包括重庆市所辖的巫溪县、巫山县、奉节县、云阳县、万州区、开州区、石柱土家族自治县、忠县、丰都县、涪陵区、长寿区、武隆区等 12 个区（县）；库尾则包括江津区及重庆主城的渝中区、渝北区、沙坪坝区、江北区、南岸区、巴南区、北碚区、九龙坡区、大渡口区等 10 个区。库腹和库尾为重庆库区，覆盖了三峡库区的大部分范围，面积约占三峡库区总面积的 85.6%（图 1.3-1）。

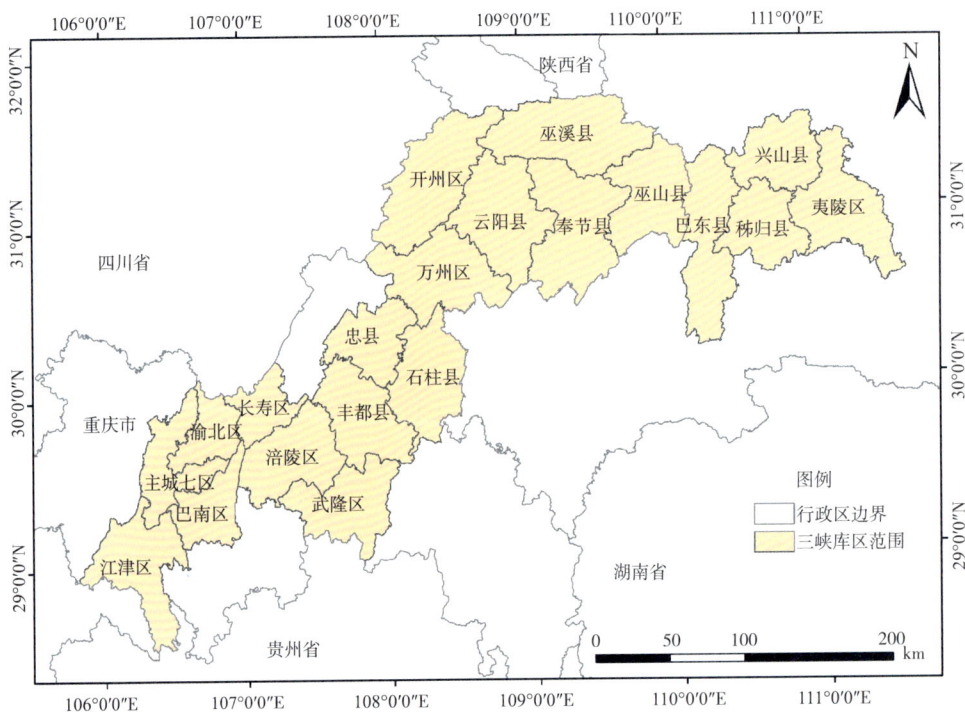

图 1.3-1　研究区概况图

（2）地形地貌

三峡库区地处四川盆地以东、江汉平原以西、大巴山脉以南、鄂西武陵山脉以北，跨越川东平行峡谷低山丘陵区和鄂、川中低山峡谷，南依云贵高原北麓，北靠大巴山麓。受地质构造、新构造运动及流水作用的影响，库区地貌特征复杂多样，表现为山高坡陡、沟壑纵横、切割强烈、岸坡陡峭等特点；地形破碎且复杂多样，东南地势高，西北地势低，地势起伏大，最高点海拔 2796.8m，最低点海拔仅 73.1m，相对高差 2723.7m。库区以山地为主，占地约为 74%，丘陵占比 21.7%，河谷平坝仅占比 4.3%（图 1.3-2）。按照地形地貌格局区域分异，三峡库区可以分为 3 个地貌区：东北部为大巴山区中山区，东部、东南部和南部则属巫山大娄山中山低山区，中部为平行岭谷区。其中，大巴山区地势陡峭，重力侵蚀现象较为突出，流水切割强烈，崩塌、滑坡和泥石流等坡地重力侵蚀较为突出，森林分布较为集中；低中山区流水侵蚀主要沿岩体破碎、易于侵蚀的断裂带和碳酸盐进行，区内岩溶地貌发育；平行岭谷区地形以顺地貌为主，地势较为平缓，较适宜城市发展和农业耕种。

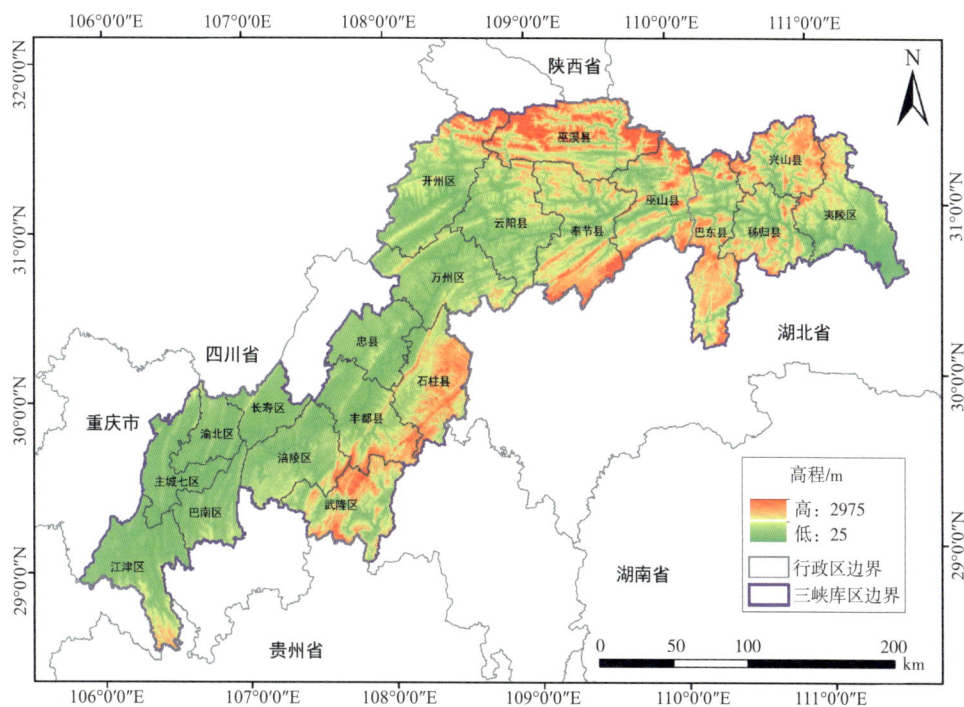

图 1.3-2 三峡库区地形

由于区内不同地区自第三纪以来构造运动的形式和幅度差异、地表岩性组合和产状差异造成的抗外力侵蚀剥蚀能力的强弱不同，所塑造的地形起伏有所差异：西部地形高差小；中部自西北向东南条形背斜低山与向斜丘陵、台地相向；北、东、南三面山地地势高耸，地面高程大势均逐级向长江河谷降低，层状地貌明显。三峡库区重庆段的东部边缘东北西南向和北部为大巴山山地、巫山山地、大娄山山地等

中低山地，海拔一般为 1000～2500m；西部大多是低山丘陵地貌，海拔一般为
200～1000m，地形起伏和缓，地质疏松，是库区垦殖系数较高的农产区，自然植
被少，水土流失较为严重，是江河泥沙的主要来源；向东逐渐变为低中山地貌，并
由南北向长江河谷倾斜。

　　总体而言，三峡库区既是我国典型的山地区域，平坝、平缓土地比例小，主要
分布在 1000m 以下的河谷阶地、台地、岩溶低中山的槽谷和洼地、低山及低中山
山麓以及向斜谷地，也是典型的生态脆弱区，其地区内高山深谷较多、地质结构复
杂，加之水土流失严重，库区内滑坡、地震、山洪、泥石流等自然灾害频发。

　　（3）地质土壤

　　三峡库区位于四川盆地与长江中下游平原的结合部，处于川东褶皱带、大巴山
断褶带和川鄂湘黔隆起褶皱带三大构造单元交汇处。其中，大巴山断褶带构造线由
北西向转为东西向，并向南突出形成弧形构造体系；东南部的川鄂湘黔隆起褶皱带
构造线由近南北向，向北逐渐变为北东，构造和岩性控制着地貌发育，地形倒置明
显。库区中西部的川东褶皱带构造线表现为北北—北东向梳状褶皱，背斜形成狭长
高峻山岭，向斜则成宽缓的丘陵，成为典型的平行岭谷区（图 1.3-3）。

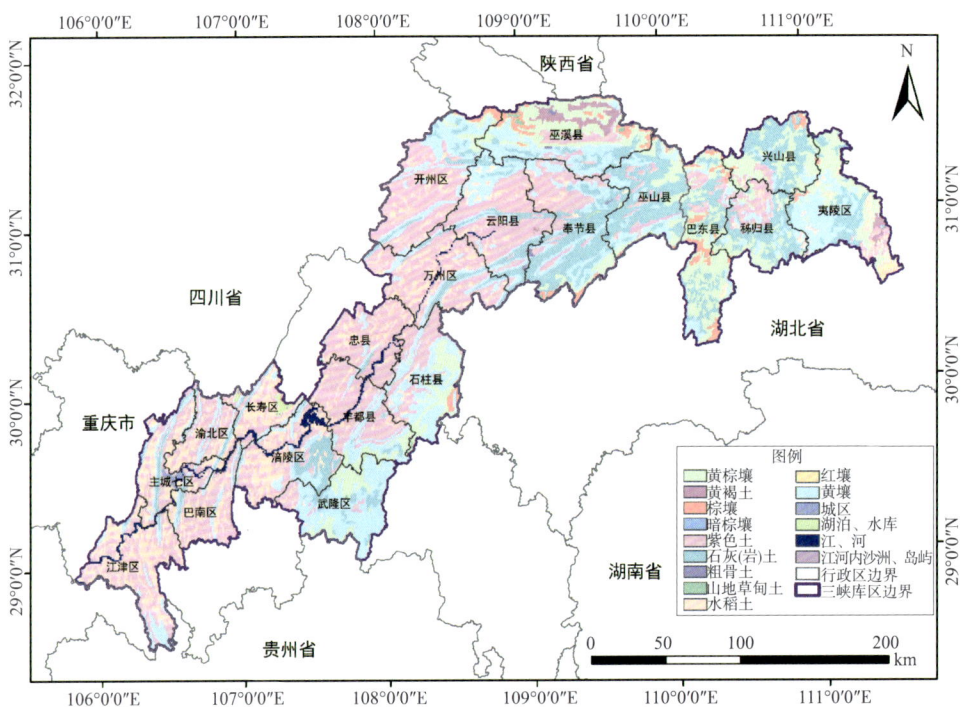

图 1.3-3　三峡库区土壤类型

　　三峡库区内主要经历过震旦纪的晋宁运动、侏罗纪末的燕山运动和老第三纪末
的喜山运动等 3 次构造运动，地层岩性跨度很大，从震旦系至第四系之间除少部分

缺失外均有分布，岩性组合为泥灰岩、泥质页岩、泥质粉沙岩、碳酸盐岩及部分煤层和黏土层。岩性成分主要有石灰岩、白云岩、砂岩、黏土岩及含煤砂页岩等，产状或陡倾或平缓近于水平。三峡库区广泛分布的侏罗系砂泥岩互层中的泥岩层、三叠系须家河组的页岩夹煤层、巴东组泥灰岩、砂岩夹泥岩、二叠系炭质页岩夹煤层、志留系页岩等，抗蚀强度低易风化，遇水易软化、泥化，水力侵蚀活跃，水土流失严重，易引发滑坡、崩塌和泥石流。东部地区地层岩性以古生代、中生代碳酸盐类地层为主，地表、地下喀斯特地貌发育，地表缺水、土层瘠薄，一旦植被遭到破坏或因过度垦殖而导致土层剥蚀，生态环境将遭受破坏。三峡库区土壤类型主要有黄壤、紫色土、石灰土、潮土和水稻土，其中黄壤占总面积的 16.3%，紫色土占 47.8%，石灰土占 34.1%；其他土壤类型还有黄棕壤、新积土、棕壤、山地草甸土、黄褐土、粗骨土等。

（4）气候特征

三峡库区地处中纬度，属典型的亚热带湿润季风气候，气候受峡谷地形影响十分显著，气候温和湿润，四季分明，具有冬暖春早、夏热伏旱、秋雨多、湿度大、云雾多、无霜期长、风力小等特征。

三峡库区年平均气温为 17～19℃，气温整体呈现出从西北向东南下降的趋势，并随海拔升高而显著变化：一般海拔每升高 100m，平均气温下降 0.4～0.6℃。其中，河谷平坝浅丘地区（海拔 400m 以下）的年平均气温为 17.5～19.0℃；海拔 400～600m 地区的年平均气温为 16.5～17.5℃；海拔 600～1000m 地区的年平均气温为 14.5～16.5℃；海拔 1000m 以上的中山地区的年平均气温低于 14℃。三峡库区夏长冬短，夏日天数最高长达 180d，最热月为 7—8 月，平均气温为 32.2～34.8℃，气候炎热，极端最高气温可达 44.3℃，气温高于 35℃的高温日数在 20d 以上；冬季约为 60d，大部分地区最冷月为 1 月，平均气温为 8.1～10.9℃，极端最低气温可低至 -7.3℃。

三峡库区雨量充沛，年平均降水量在 1100～1200mm，具有明显的空间异质性和季节差异。年内分布上，三峡库区降水主要集中在 4—10 月，约占全年降水量的 80%，年降水量相对变率为 11%～16%。降水季节分布上，三峡库区全年降水以夏季最多，占全年降水总量的 40% 左右；春、秋季各占全年的 27% 左右；冬季最少，不足 5%。空间分布上，三峡库区可分为 3 个少降水中心和 1 个多降水中心。其中，北碚、南岸区、巴南区以西少降水中心，降水量在 1100mm 以下；以涪陵、丰都、武隆为主的少降水中心，降水量在 1100～1120mm；以巫溪东部和巫山为主的弱少水中心，年平均降水量在 1110mm 以下；以开州、万州、云阳西部和南部、奉节南部、巫溪的西部小片区域以及忠县和石柱的东部地区为主的多降水中心，多年平均降水量在1200mm以上。此外，三峡库区是我国的暴雨中心之一，持续有雨天数最高可达半月，库区累计日降雨量≥25mm（大雨）的次数为8～20次/a，≥50mm（暴雨）次数为2～5次/a，主要出现在4—9月。由于降水的时空分配不均，三峡库区气象灾害频繁，旱灾、洪灾和地质灾害等自然灾害时有发生。

三峡库区相对湿度较大，年平均湿度约为75%；库区风速范围为0.3～2.0m/s，平均风速为1.4m/s；风速季节变化小，春季和夏季风速为1.4m/s，冬季风速最小为1.2m/s。三峡库区霜冻与结冰日期较少，无霜期为300～340d，年有雾日为30～40d。库区光热资源条件较差，年均日照时间仅1500h左右。

（5）水文特征

三峡库区属长江水系，是长江上游的重要水文单元，库区流域面积约102万km²，占整个长江流域面积的56%，有近40条河流纵横交错（图1.3-4）。长江干流自西向东横穿三峡库区，全长684km，北有嘉陵江汇入、南有乌江汇入，区间还有綦江、龙溪河、小江、汤溪河、磨刀溪、梅溪河、草堂河、大宁河、袁水河、童庄河、大宁河、香溪河等几十条入库支流，形成不对称的、向心的网状水系。其中，嘉陵江是长江支流，在重庆渝中区朝天门处汇入长江，入境水量275.5亿m³，全长1120km，流域面积15.79万km²，河口多年平均流量达2120m³/s；乌江在涪陵城东汇入长江，河长长度为1020km，流域面积为87920km²，多年平均流量达1650m³/s。

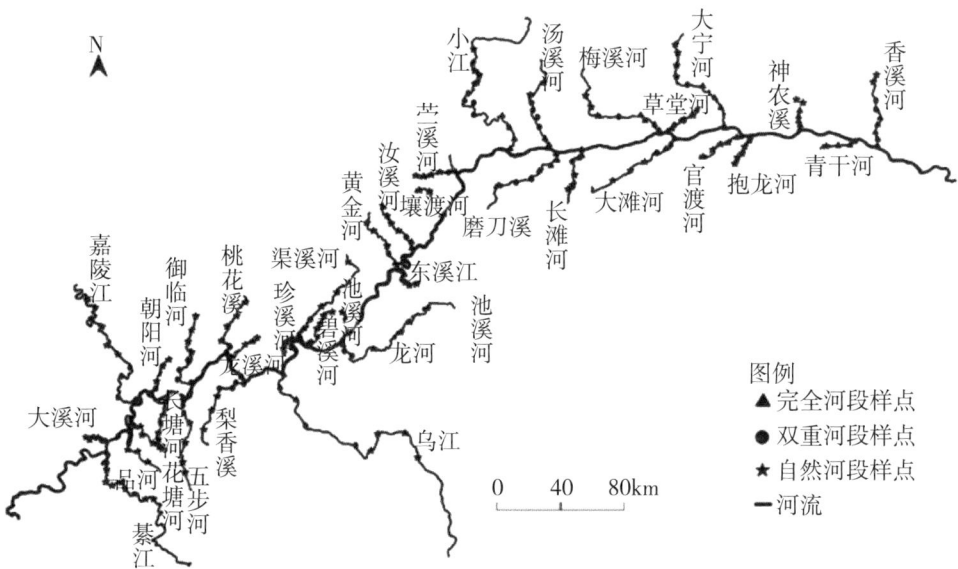

图 1.3-4　三峡库区水系

三峡库区径流量丰富，三峡水库蓄水运行后（2003—2022年），入库年径流量为3821亿 m³，主要集中在汛期6—10月，占全年径流量的66.3%，库区径流量年内分布不均。三峡库区年均入库悬移质泥沙量为7926万 t，自20世纪80年代以来，受河道采砂活动、水库拦沙、水土保持工程等影响，入库推移质泥沙量总体呈下降趋势，2003—2022年寸滩站沙质推移质输沙量为0.475万 t，较1991—2002年均值减小98.2%。三峡库区各河段因河道形态等特性不同，库区内的水位年变幅比较大，年内水位变幅达30~50m。库区河道平均水面比降约为2%，峡谷段枯水期流速为3~4m/s，中、洪水期可达4~5m/s。三峡库区水资源由过境水、地表水和地下水组成，其中地表水约占11%，地下水约占3%，过境水约占86%。

（6）土地利用

中国科学院全国30m土地利用数据（1980—2020年）研究将土地利用分为耕地、林地、草地、水域、居民地和未利用土地6个一级类型。根据2000年、2010年、2020年土地利用数据，三峡库区土地利用类型以林地、耕地和草地为主。其中，三个时期林地占地面积分别为2.68万 km²、2.77万 km²和2.76万 km²，分别占三峡库区总面积的46.59%、47.99%和47.90%，主要分布在东部库首地区；耕地占地面积分别为2.21万 km²、2.16万 km²和2.12万 km²，分别占三峡库区总面积的38.35%、37.60%和36.78%，主要分布在库腹中部、北部以及库尾；草地占地面积分别为0.74万 km²、0.62万 km²和0.59万 km²，分别占三峡库区总面积的12.85%、10.82%和10.24%，主要分布在库腹地区；水域、建设用地和未利用地等土地利用方式占地面积较小，分别占三峡库区总面积的2.20%、3.60%和5.08%，其中建设用地主要集中在西部库尾的重庆城区。与2000年相比，2020年耕地和草地占地面积分别减少902km²和1505km²，面积变化率分别为−4.09%和−20.34%；林地、水域、建设用地和未利用地面积均有所扩张，占地面积分别增加752km²、329km²、1322km²和438km²，面积变化率分别为2.81%、42.24%、275.02%和44.74%（图1.3-5）。

（7）植被特征

三峡库区地处中亚热带北缘，植被类型丰富，生物多样性丰富。根据调查，库区植物群落分属5个植被型组、7个植被型、34个群系组、110个群系类型，其中森林群系类型有61个，灌木群系类型有25个，草丛群系类型有24个。库区现有208科1428属6088种维管束植被，植被科数占全国的50%以上，属类数约占40%以上，种数约占20%。库区有珍稀濒危植物50余种，是我国重要的植物宝库（图 1.3-6）。

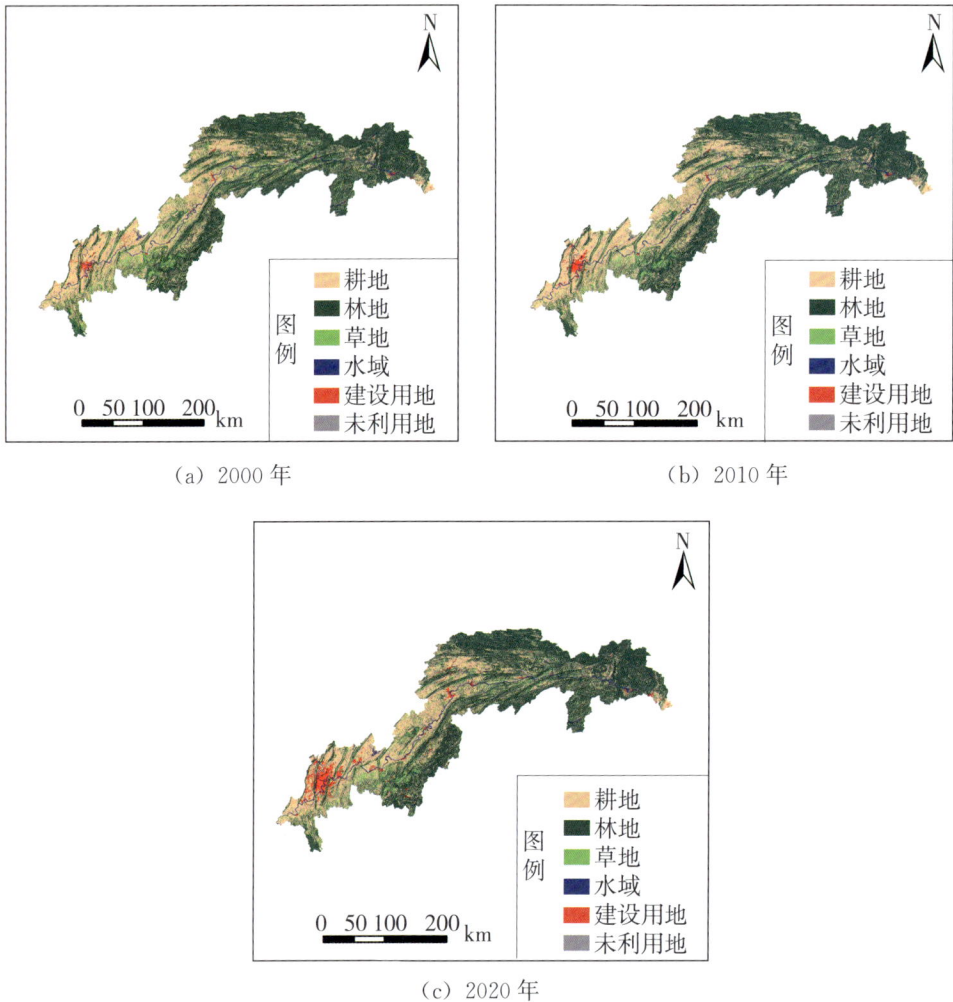

（a）2000 年

（b）2010 年

（c）2020 年

图 1.3-5 三峡库区土地利用

三峡库区植被类型主要有亚热带常绿阔叶林、落叶阔叶林、常绿落叶阔叶混交林、暖性针叶林和温带暗针叶林。其中，亚热带常绿阔叶林类型的物种密集程度最高，生态效益最为显著，是库区内最珍贵的地带性植被，其中马尾松林、柏木林在库区森林中面积最大，但多星疏林或幼林，为次生的人工或半人工林。森林植物以马尾松为主，其次为栎类；主要乔木树种有马尾松、栎类、杉木、柏木、华山松、桦木、油松、杨树、云杉、巴山松、冷杉、铁杉等；主要经济树种有板栗、核桃、杜仲、漆树、银杏、柑橘、梨、柚、桃、李、猕猴桃、杏、柿等；竹类主要有楠竹、慈竹、方竹、观音竹、水竹等。

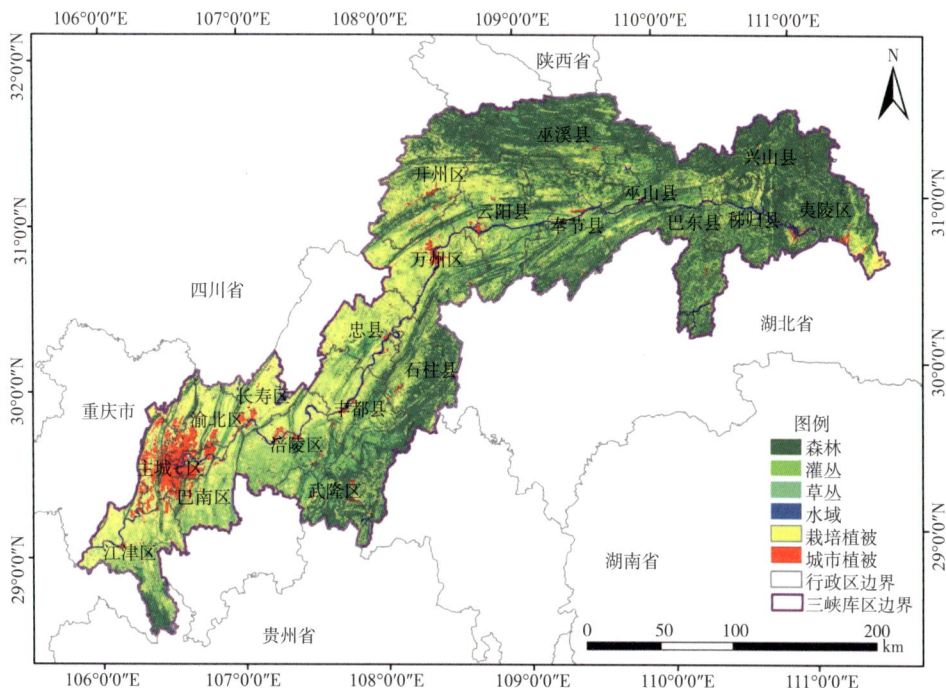

图 1.3-6 三峡库区植被类型

（8）社会经济

三峡库区是长江经济带乃至我国的重要经济区域之一。三峡水利枢纽工程自修建以来，一直保持着连续高效稳定运行，并多次成功实现 175m 阶段性蓄水目标，在防洪、发电、航运、抗旱、旅游等多方面发挥了巨大的效益。2022 年，三峡库区年末户籍人口 1709.92 万人，比 2021 年减少 2.61 万人，同比减少 0.15%。其中，重庆库区和湖北库区分别为 1557.47 万人和 153.14 万人，较 2021 年分别减少0.12% 和 0.45%。库区年末常住人口 1530.19 万人，比 2021 年增加 1.18 万人，同比减少 0.8%。其中重庆库区和湖北库区分别为 1390.45 万人和 139.74 万人，分别增长 0.93% 和增长 0.18%。2022 年三峡库区地区生产总值为 12778.99 亿元，其中重庆库区为 11525.92 亿元，占库区地区生产总值的 90.19%；湖北库区为 1253.07亿元，占库区地区生产总值的 9.81%。

三峡库区经济社会发展呈现两元化结构特征：以重庆市为代表的具有发达都市经济圈特性，以及宜昌市至万州、涪陵等库区的主要区域。由于库区的自然条件区域差异显著，库区经济发展速度相对较低，三大产业并不发达，生产力水平较弱，经济规模较小。随着三峡工程的建设和移民搬迁工作的完成，库区社会经济得到了快速发展。2022 年，三峡库区三大产业生产总值分别为 1169.39 亿元、5510.64 亿元和 6098.96 亿元，其中重庆库区三大产业生产总值分别为 981.91 亿元、5056.3

亿元和 5487.71 亿元,分别占三峡库区的 7.68%、39.57% 和 42.94%。三峡库区的
自然条件复杂,山地丘陵面积比较大,农业经济发展以种植业为主,库区经济作物
和粮食坡耕地占耕地总面积的 41.54%。以重庆库区为例,2022 年重庆库区农作物
种植总面积为 2181 万亩,其中粮食作物播种面积为 1583 万亩,占农作物种植总面
积的 72.58%。由于库区基础较差,除库尾以外,库区多数区(县)的人均收入仍
然处于较低水平,人均 GDP 约为全国人均 GDP 的 40% 左右;库区内农民人均年纯
收入约为全国农民人均纯收入的 50% 左右,经济发展仍然落后且差距较大;库区教
育、医疗、公共服务和基础设施建设差距较大,同时肩负着艰巨的生态保护任务,
发展不充分的问题较为突出。

(9) 生态功能区划

根据《全国生态功能区划(修编版)》(环境保护部公告 2015 年第 61 号),三
峡库区大部分属于三峡库区土壤保持重要区,还涉及秦岭—大巴山生物多样性保护
与水源涵养重要区、武陵山区生物多样性保护与水源涵养重要区、大娄山区水源涵
养与生物多样性保护功能区等重要生态功能区(图 1.3-7)。

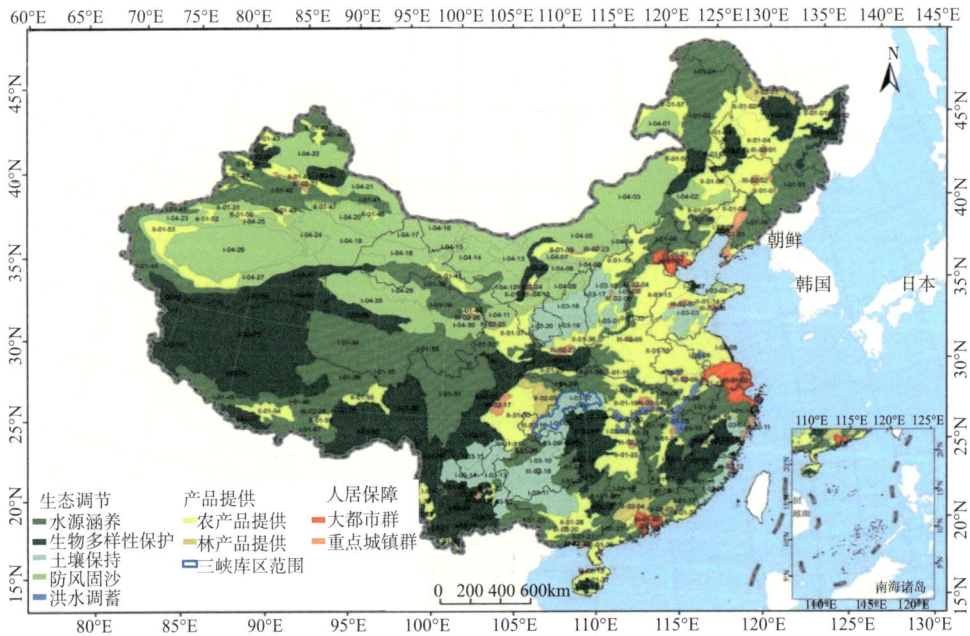

图 1.3-7　三峡库区生态功能区划

三峡库区大部区域属于Ⅰ生态调节功能区/Ⅰ-03 土壤保持功能区/Ⅰ-03-07 三
峡库区土壤保持功能区,主要涉及湖北省宜昌市、恩施州,重庆市巫山县、巫溪
县、奉节县等,该区地处中亚热带季风湿润气候区,山高坡陡,降雨强度大,水源
涵养能力较低,库区周边点源和面源污染严重,是三峡水库水环境保护的重要区

域。该区域的主要生态问题是水源涵养能力较低，库区周边点源和面源污染严重；同时，水土流失量和入库泥沙量大，地质灾害频发，给库区人民生命财产安全造成威胁。生态保护主要措施为：加大退耕还林和天然林保护力度，优化乔灌草植被结构和库岸防护林带建设和加强地质灾害防治力度等。

重庆市巫溪县属于秦岭—大巴山生物多样性保护与水源涵养功能区，石柱县属于武陵山区生物多样性保护与水源涵养功能区，江津区属于大娄山区水源涵养与生物多样性保护功能区。此外，三峡库区范围内的部分区域属于Ⅲ-人居保障功能区/Ⅲ-02 重点城镇群人居保障功能区/Ⅲ-02-16 重庆城镇群。该区的主要生态问题是城镇无序扩张，城镇环境污染严重，环保建设设施严重滞后，城镇生态功能低下，人居环境恶化。

第 **2** 章 研究数据、方法和技术路线

本章主要介绍消落区岸坡分类方法研究、隔离带防护有效性评估、生态隔离带建设布局研究的数据来源，相关研究的主要方法以及技术路线等内容。

2.1 数据来源

2.1.1 消落区岸坡分类方法研究

（1）遥感影像数据与预处理

高分系列卫星是我国自主研发的高分辨率遥感卫星，其产品具备出色的观测质量和精确度，广泛应用于我国地区的地物分类领域相关研究。其中，"高分二号"（GF-2）卫星的主要任务是获取高分辨率的地球观测数据，其载荷包括全色和多光谱相机（表 2.1-1）。这些载荷传感器具备多波段感知能力，能够捕捉不同频谱范围的电磁信号，以提供丰富多样的地表信息。GF-2 影像空间分辨率较高、幅宽较广，在地质勘探、土地利用分类、资源调查和环境监测等领域得到广泛应用。

表 2.1-1   "高分二号"（GF-2）卫星参数

卫星	谱段号	谱段范围/μm	空间分辨率/m	发射时间	幅宽/km
GF-2	1	0.45～0.90	1	2014-08-19	45
	2	0.45～0.52	4		
	3	0.52～0.59			
	4	0.63～0.69			
	5	0.77～0.89			

本研究在陆地观测卫星数据服务中心（https：//data.cresda.cn/♯/mapSearch）进行高质量 GF-2 影像的查询与下载，针对不同水源地选择的 GF-2 影像信息见表 2.1-2。

表 2.1-2　　　　　　　　　　　研究区域 GF-2 卫星覆盖情况统计

序号	景序列号	产品序列号	产品级别	采集时间	地区
1	9049650	5688135	LEVEL 1A	2021-06-07 11：20	秭归县
2	10141743	6447444	LEVEL 1A	2022-05-03 10：56	巴东县
3	10141742	6447423	LEVEL 1A	2022-05-03 10：56	巴东县
4	10157028	6455768	LEVEL 1A	2022-05-08 10：57	巴东县
5	10157029	6455769	LEVEL 1A	2022-05-08 10：57	巴东县
6	9216215	5789539	LEVEL 1A	2021-07-31 11：13	巴东县
7	9092052	5717567	LEVEL 1A	2021-06-22 11：23	巴东县
8	10507624	6700842	LEVEL 1A	2022-08-25 11：01	巫山县
9	10507623	6700831	LEVEL 1A	2022-08-25 11：01	巫山县
10	10491049	6688213	LEVEL 1A	2022-08-20 11：00	巫山县
11	10409638	6624673	LEVEL 1A	2022-07-26 10：55	云阳县

影像预处理包括 5 个步骤，其中几何校正基于 Python 3.7 arosics，其他的预处理过程基于 IDL 8.5 与 ArcGIS 10.2 软件。

1）辐射定标

辐射定标是通过传感器的辐射响应特性和辐射源的辐射能量进行标定，以建立辐射亮度与数字计数值之间的关系。通过辐射校正，可以将原始数据转换为具有物理单位的辐射亮度值，以消除大气和传感器响应对图像的影响。本研究下载中国卫星应用中心（https：//www.cresda.com/）提供的 2021 年与 2022 年 GF-2 影像定标系数，对 GF-2 影像进行辐射定标预处理（图 2.1-1）。

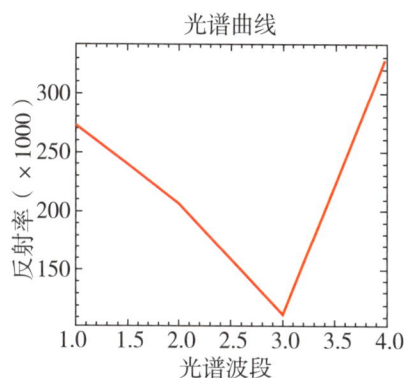

（a）辐射定标前

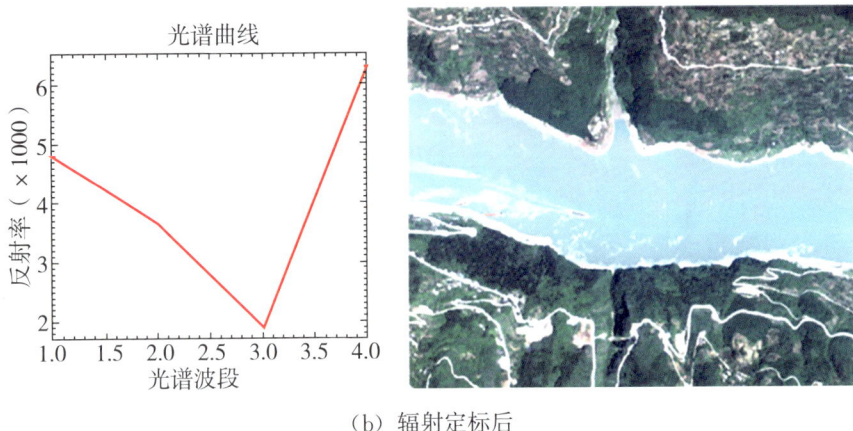

光谱曲线

（b）辐射定标后

图 2.1-1　GF-2 卫星影像辐射定标前后对比

2）正射校正

正射校正一般是通过在影像上选取一些地面控制点，并利用原来已经获取的该像片范围内的 DEM 数据，对影像同时进行倾斜改正和投影差改正，将影像重采样成正射影像。将多个正射影像拼接镶嵌在一起，并进行色彩平衡处理后，按照一定范围内裁切出来的影像就是正射影像图。正射影像同时具有地形图特性和影像特性，信息丰富，可作为 GIS 的数据源，从而丰富地理信息系统的表现形式。我们使用 ENVI 中的 RPC Orthorectification 模型进行正射校正处理（图 2.1-2）。

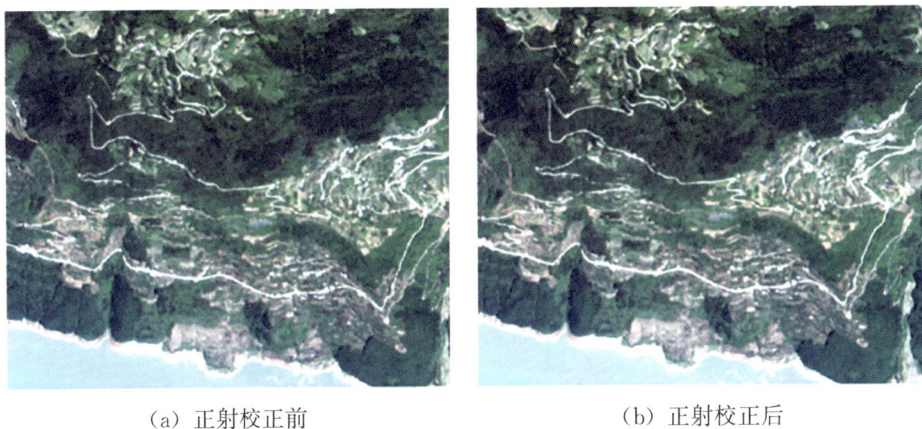

（a）正射校正前　　　　　　　　　（b）正射校正后

图 2.1-2　GF-2 卫星影像正射校正前后对比

3）图像融合

图像融合（Image Fusion）是指将多源信道所采集到的关于同一目标的图像数据经过图像处理和计算机技术等，最大限度地提取各自信道中的有利信息，最后综合成高质量的图像，以提高图像信息的利用率、改善计算机解译精度和可靠性、提升原始图像的空间分辨率和光谱分辨率，利于监测。我们使用 ENVI 中的

NNDiffuse PanSharpening 融合模式对 GF-2 影像的全色波段和多光谱波段进行融合，最终得到 4 个波段的 1m 空间分辨率研究区 GF-2 融合影像（图 2.1-3）。

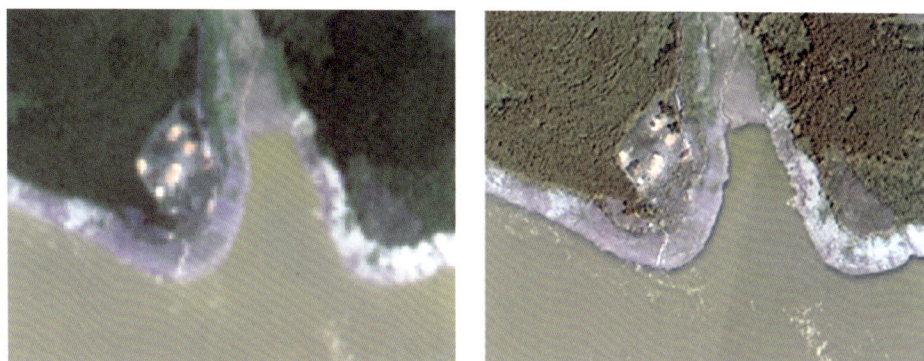

（a）图像融合前　　　　　　　　　（b）图像融合后

图 2.1-3　GF-2 卫星影像采用图像融合算法前后对比

4）大气校正

当太阳辐射通过大气以某种方式入射到物体表面然后再反射回传感器，由于大气气溶胶、地形和邻近地物等影响，使得原始影像包含了物体表面、大气等信息。大气校正的目的为消除大气中的吸收、散射和透射对影像的影响。通过大气校正可以将某一物体表面的反射信息从大气信息中分离出来。我们通过测量光谱反射率和大气参数来估计大气校正系数，并使用 ENVI 中的 Flaash 模型进行 GF-2 融合影像的大气校正处理（图 2.1-4）。

（a）大气校正前　　　　　　　　　（b）大气校正后

图 2.1-4　GF-2 卫星影像大气校正前后对比

5）图像裁剪

本研究根据巴东、巫山、云阳、秭归 4 个研究区的取水口位置，使用 ArcGIS10.2 对取水口上游 3km、下游 200m 范围内的长江河流边界进行人工勾画，并对流域边界 30m 范围进行影像裁剪。

6）几何校正

几何校正是指遥感成像过程中，受多种因素的综合影响，原始图像上地物的几何位置、形状、大小、尺寸、方位等特征与其对应的地面地物的特征往往是不一致的，这种不一致就是几何变形，也称几何畸变。传感器内部因素包括透镜、探测元件、采样速率、扫描镜等可能引起的畸变。遥感平台因素包括由于平台的高度、速度、轨道偏移及姿态变化可能引起的图像畸变。地球因素包括地球自转、地形起伏、地球曲率等及大气折射和投影方式的选择也会造成图像畸变。

为纠正 GF-2 影像的几何畸变，我们使用 Arosics 进行影像几何校正处理。Arosics 是一个 Python 软件包，支持广泛的输入数据格式。其基于在频域工作的图像匹配方法，并结合多阶段工作流程，对两个卫星图像数据集进行自动亚像素校正，有效检测几何偏移坐标。该算法可以检测并纠正两幅卫星图像之间经常出现的在亚像素尺度上的局部和全局的错位，并通过离群检测算法自动处理云层，对多波段/多时间图像的典型校正问题具有很强的适应性。用户可以通过自定义掩膜区域，控制算法只在掩膜区域内选择地面控制点，并自动检测图像的重叠区域。

本研究基于 Google Earth(https://earth.google.com/)下载研究区 1m 研究区无偏移影像，设定 Arosics 掩膜区域为 20m×20m 的影像范围，进行几何校正处理。

（2）无人机影像获取与预处理

无人机影像数据获取工作于 2023 年 7 月 5—7 日进行，无人机飞行期间风力小于 4 级，天气晴朗少云，数据采集设备为大疆精灵 M300 RTK，搭载可见光相机，航高 150m，飞行速度 5m/s，设置航向重叠率为 80%，旁向重叠率为 70%，曝光方式为自动曝光，获取图像空间分辨率 0.04m，拍摄照片的存储格式为 JPG。无人机影像数据获取完成后，对试验区域消落区信息进行实地调查，记录消落区的种类及大致的分布区域。

利用 Agisoft Metashape Professional 软件对无人机照片进行拼接，生成数字正射影像（Digital Orthophoto Map，DOM）。无人机影像具体拼接流程如下：①判断照片拍摄质量，去除聚焦不良、姿态不稳等明显受到干扰的照片；②利用筛选后照片的飞行 POS 数据进行空中三角测量处理，以计算无人机相机位置和方向，实现照片对齐并生成稀疏点云；③基于估计的相机位置信息，计算每个照片的深度信息，以组合成密集点云模型；④基于密集点云重建多边形模型网络，对影像进行色彩、纹理等校正处理，生成可见光 DOM 影像。

（3）实地调查采样数据

为了实现消落区岸坡类型的精确识别，需要实地采集数据以便更好地训练分类模型。本研究基于实地调查结合影像目视解译进行样本点收集，包括 4 个水源地取水口下游 200m、上游 1km、上游 2km 与上游 3km 的消落区岸坡类型实地调查，各水源地消落区不同岸坡类型的实地样本点照片与 GF-2 影像对应情况见表 2.1-3。

表 2.1-3　　　　　　　　　　　　　卫星覆盖情况统计

坡岸类型	水源地	距离	GF-2 影像	实地照片
人工治理岸坡	秭归县	下游 200m		
人工治理岸坡	秭归县	上游 1km		
人工治理岸坡	秭归县	上游 2km		
人工治理岸坡	秭归县	上游 3km		
岩质岸坡	巴东县	下游 200m		
岩质岸坡	巴东县	上游 1km		
岩土混合岸坡	云阳县	上游 1km		
岩土混合岸坡	巫山县	上游 3km		

根据采集的样本与对应 GF-2 的影像特征进行人工解译，以实现消落区不同岸坡类型的样本扩增。最终解译扩增消落区岸坡类型样本点 200 个，其他类别样本点 200 个，即每个研究区解译 1000 个样本点。解译扩增的消落区岸坡类型样本分布见图 2.1-5。

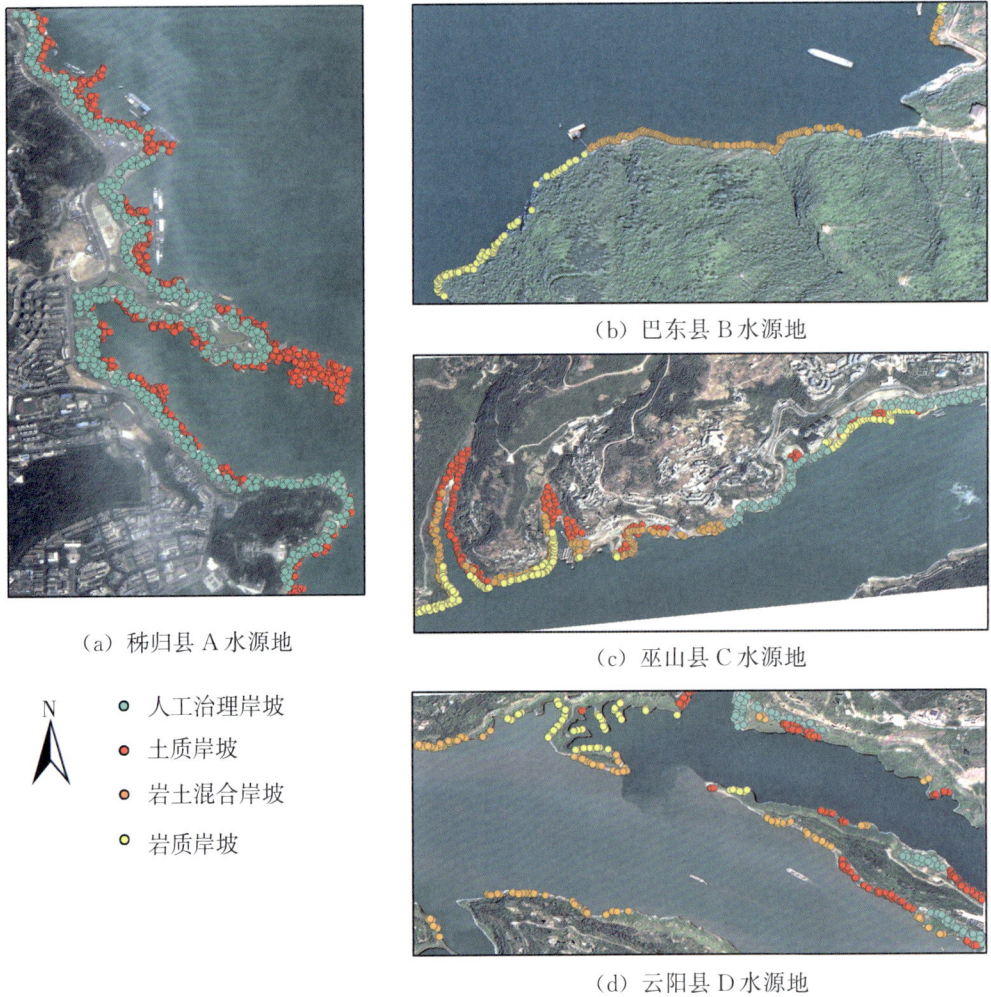

（a）秭归县 A 水源地

（b）巴东县 B 水源地

（c）巫山县 C 水源地

（d）云阳县 D 水源地

● 人工治理岸坡
● 土质岸坡
● 岩土混合岸坡
● 岩质岸坡

图 2.1-5 水源地消落区不同岸坡类型的解译样本点空间分布

2.1.2 隔离带防护有效性评估

为了解三峡库区环境背景特征，以便于进一步进行模型评估，我们对三峡库区周围的遥感影像、地形、土壤等数据进行了收集。

（1）岸坡稳定性数据

DEM 数据来自中国科学院资源与环境科学数据中心（http://

www. resdc. cn/），分辨率为 12.5m；通过实地调查，确定三峡库区陆域隔离带的基质类型和坡脚冲刷强度；植被覆盖度指数通过归一化植被指数（NDVI）进行计算，数据来自美国航空航天局 NASA 官方遥感数据网站（https：//ladsweb. modaps. eosdis. nasa. gov/）。

（2）水土保持效益数据

依据《土地利用现状分类》（GB/T 21010—2017）和城乡城市建设用地分类，将受三峡水库调度影响的陆域隔离带土地利用类型分为耕地、灌木、林地、草地裸地和建设用地等，水土保持措施因子依据中国水土保持措施分类进行赋分；坡度、坡长数据通过 ArcGIS10.7 系统工具箱—Spatial Analyst Tools—表面分析进行提取。

（3）面源污染削减数据

面源污染数据参考 SWAT 模型中非点源污染物运输模块和历史文献研究，通过坡度数据进行指数拟合分别得到氮磷污染物的削减效率。

2.1.3   生态隔离带建设布局研究

本研究使用的数据主要为土地利用数据、DEM 数据、降雨数据、归一化植被指数（NDVI），各项数据来源如下：

（1）土地利用数据

本研究所使用的土地利用数据为 Esri _ Land _ Cover _ 2020 _ 10m，该数据是由 Esri 公司基于 10m 哨兵影像数据，使用深度学习方法制作的全球土地覆盖数据。数据分辨率为 10m，总体精度为 85%。

（2）DEM 数据

本研究所使用的 DEM 数据来源于 ALOS 的 PALSAR 传感器。数据下载至 ERATHDATA 官网（https：//www. earthdata. nasa. gov/），经镶嵌、裁剪最终获得研究区 12.5m 分辨率的 DEM 数据。基于该 DEM 数据，利用 ArcGIS 数据处理平台可获得研究区坡度及相对高程数据。

（3）降雨数据

本研究所使用国家级站点降雨日数据获取自中国气象数据网（https：//data. cma. cn），并结合 Excel、SPSS 统计获得了各降雨站点经纬度坐标和海拔。

（4）NDVI

本研究所使用的 NDVI 数据获取自资源环境科学与数据中心（https：//

www. resdc. cn/）。该数据是基于 Google Earth Engine（GEE）遥感云计算平台，利用哨兵 2（Sentinel-2）遥感影像的 B8 和 B4 波段计算的逐年 NDVI 最大值数据集，数据空间分辨率为 10m。

2.2 研究方法

2.2.1 岸坡消落区分类方法研究

本项目在 GF-2 卫星影像辐射定标、正射校正、大气校正等预处理的基础上，结合实地调研和目视解译获取的消落区不同岸坡类型样本，构建基于面向对象的消落区岸坡类型识别方法。具体而言，首先通过多分辨率分割获取影像面向对象分割结果，然后利用训练样本对不同机器学习训练模型（随机森林、支持向量机和神经网络）开展训练，最后通过验证样本综合评估不同模型精度，实现消落区岸坡类型的精准识别。

（1）多分辨率分割

多分辨率分割（Multi-resolution Segmentation，MRS）是 eCognition 软件中最为常用的分割方法，其本质上是一种区域增长和合并的方法，通过调整与分割结果密切相关的尺度参数实现对影像的多尺度分割，每个尺度对应一个影像对象层次，层次间的对象具有互相依赖的父子继承关系，可以对影像反映的景观层次进行有效的模拟和表达。该方法通常是采用异致性最小的区域合并算法，从任意像元开始，先将单个像元合并为小影像对象，再将小的影像对象合并成较大的多边形对象。

MRS 方法的结果由尺度参数、光谱权重、形状权重、紧致度权重共同决定。尺度参数直接影响到分割结果中单元间的异质性，确定了分割结果对象间的最大异质性，当尺度参数增大时，分割结果对象的尺寸越大，对象间的异质性越大，分割结果越粗糙，反之越小。光谱权重意味着对于不同的分割对象可以设置不同的光谱权重。例如，在提取耕地过程中可以适当增大近红外波段的权重值而缩小蓝光波段的权重值，由于大气散射对蓝光波段造成一定的影响且近红外波段对耕地有着较为特殊的意义。形状权重主要用于控制影像的总异质性，形状权重降低时，光谱权重增大，分割出的对象较为破碎。紧致度权重主要用于控制形状异质性，当紧致度权重降低时，平滑度权重会增大，所划分出的对象边界较为平滑。

影像的总异质性、光谱异质性、形状异质性之间和相关权重之间的关系如式（2.2-1）所示：

$$k = W_{color} \cdot k_{color} + W_{shape} \cdot k_{shape} \tag{2.2-1}$$

式中，W_{color}——光谱权重；

　　W_{shape}——形状权重；

　　k_{color}——光谱异质性；

　　k_{shape}——形状异质性。

由于 $W_{color} + W_{shape} = 1$，因此在确定权重时只需要确定一种权重即可。

光谱异质性 k_{color} 由式（2.2-2）表示：

$$k_{color} = \sum_c W_c \cdot \sigma_c \qquad (2.2\text{-}2)$$

式中，W_c——光谱权重；

　　c——波段数；

　　σ_c——同一对象中 c 个波段灰度值的标准差。

形状异质性 k_{shape} 由式（2.2-3）表示：

$$k_{shape} = k \cdot k_{smooth} + W_{compact} \cdot k_{compact} \qquad (2.2\text{-}3)$$

$$k_{smooth} = \frac{l}{b} \qquad (2.2\text{-}4)$$

$$k_{compact} = \frac{l}{\sqrt{n}} \qquad (2.2\text{-}5)$$

式中，k_{smooth}——平滑度异质性指标；

　　$k_{compact}$——紧致度异质性指标；

　　W_{smooth}——平滑度权重指标；

　　$W_{compact}$——紧致度权重指标，同时要满足 $W_{color} + W_{shape} = 1$；

　　l——对象的边长；

　　b——对象在水平方向上外接矩形的最短边长；

　　n——对象所包含的像元总个数。

在 MRS 分割过程中，通过用户输入 $W_{compact}$ 和 W_{shape}，系统会自动确定 W_{smooth} 和 W_{color} 的值，结合输入的光谱权重，系统可以计算出 k_{color} 和 k_{shape}，从而确定总异质性 k 的值，用于区域合并生长，最后结合尺度参数 s 控制区域的合并生长，即 $k \leqslant s$。

本研究先对整幅影像进行多分辨率分割，选取的 $W_{compact} = 0.7$，$W_{shape} = 0.1$，总异质数为 500，各光谱权重系数均为 1，使用 eCognition 软件对 4 个区域进行分割。导出结果后使用研究区矢量进行掩膜，使用 ArcGIS 进行对象样本内像元光谱特征中值提取，提取的特征作为后期分类的依据。

（2）随机森林分类

随机森林是一种基于多重决策树对样本进行训练与验证的集成学习算法，通过建立一个可变的重要性度量，在遍历比较等过程中不断地优化参数，最终得到一个由一系列决策树组合投票得到的最优决策。在农作物分类领域，随机森林因其计算效率高、鲁棒性较强、精度较高且能够有效应对过拟合现象，在农作物识别中得到了广泛的应用。随机森林通过设置决策树数量（ntree）与每次二叉树拆分时使用的特征个数（mtry）以优化模型。本书对GF-2影像进行随机森林训练，训练样本与验证样本比例为7∶3，训练特征为4个GF-2融合波段和3个植被指数，设定随机森林分类器的ntree参数为500，mtry参数为输入的特征总数的平方根。然后，将训练后的随机森林模型应用于所有像元的时间序列特征，最终得到研究区不同类型消落区的空间分布图。

（3）支持向量机分类

支持向量机是在统计学习理论基础上发展起来的一种机器学习方法。支持向量机以统计学习理论为基础，采用结构风险最小化原则，在最小化样本误差的同时缩小模型泛化误差的上界，从而提高模型的泛化能力。相比于传统学习方法，支持向量机因其精度高、运算速度快、泛化能力强的优点在农作物分类领域得到广泛的应用。支持向量机通过选择核函数和求解核参数优化模型。本书对GF-2影像进行支持向量机训练，训练样本与验证样本比例为7∶3，训练特征为4个GF-2融合波段和3个植被指数，本书选择径向基核函数进行分类。随后，将训练后的支持向量机模型应用于所有像元的时间序列特征，最终得到研究区不同类型消落区的空间分布图。

（4）神经网络分类

BP神经网络是误差反向传播神经网络的简称，它由一个输入层、一个或多个隐含层和一个输出层构成，每一层由一定数量的神经元构成，这些神经元如同人的神经细胞一样是互相关联的。BP神经网络主要特点是信号前向传播、误差反向传播。正向传播时，输入的样本从输入层经过隐含单元一层一层地进行处理，通过所有的隐含层之后，传向输出层；在逐层处理的过程中，每一层神经元的状态只对下一层神经元的状态产生影响。到输出层时，再把现行输出和期望输出进行比较，如果现行输出不等于期望输出，则进入反向传播过程。反向传播时，又把误差信号按原来正向传播的通路反向传回，并对每个隐含层的各个神经元的权系数进行修改，从而使误差信号趋向于最小。本书对GF-2影像进行神经网络训练，训练样本与验证样本比例为7∶3，训练特征为4个GF-2融合波段和3个植被指数。随后，将训练后的神经网络模型应用于所有像元的时间序列特征，最终得到研究区不同类型消落区的空间分布图。

2.2.2　隔离带防护有效性评估方法

本研究从岸坡稳定性、水土保持效益、面源污染削减效益三个方面来表征生态隔离带的防护效果。其中，岸坡稳定性包括岸坡倾角、基质特征、植被覆盖度和岸坡坡脚冲刷强度，各指标赋分标准参考《河湖健康评估技术导则》（SL/T 793—2020）；水土保持效益包括径流削减能力、泥沙拦截能力，通过水土保持措施因子 P 值进行赋分；面源污染削减效益主要包括对氮磷养分和悬浮物的削减效果，通过对隔离带的拦截效率进行赋分。最后取三方面得分的均值代表生态隔离带防护有效性评估结果，该评估得分越高，表明生态隔离带的防护效果越好。

（1）岸坡稳定性评估方法

为了对河岸稳定性进行客观评价，首先要确定塌岸的关键影响因子。岸坡稳定性的影响因素总体上分为自然地理因素、地质因素和人为因素 3 类。其中，自然地理因素主要包括河流侵蚀、暴雨作用、植被的影响；地质因素有构造运动和地层岩性的影响；人为因素主要是滥砍植被、乱挖滥采砂石以及人类的各种活动对护岸的破坏。近年来，三峡库区生态屏障区建设稳步推进，人们的生态环境意识不断加强，人类活动对岸坡稳定性造成的影响有所缓解。

岸坡倾角对岸坡稳定性有一定的影响。地形地貌是内、外地质营力相互作用的结果。内力地质作用是地球内部深处物质运动引起的地壳水平运动、垂直运动、活动和岩浆活动，它们是造成地表主要地形起伏的动因。因此，不同的地形地貌表现出不同的岸坡稳定性。而岸坡倾角用以表现坡面的倾斜程度，是表征地形地貌特征的最重要指标之一。岸坡植被是河床演变和岸坡侵蚀的显著影响因素，岸坡植被的存在加强了根系对河岸土壤的加固以致河岸侵蚀的概率大大降低，因此植被发育程度直接和间接地影响岸坡的稳定性，植被削弱了河水对岸坡的冲刷侵蚀，对岸坡有保护作用。岸坡基质对江岸的稳定性有着非常重要的影响。如土体岸坡，结构疏松、松散，物理力学性质差，在江水暴雨、冻融、重力等外营力作用下，易产生塌岸；若岩体岸坡的岩石较为坚硬、软化性弱，抗水、抗风化及抗冻性强，则不易发生塌岸。岩体岸坡的塌岸地质灾害主要发生在凹岸的陡崖处，以重力崩塌岸为主。水流对近岸河床的冲刷作用在河岸崩塌中占主要地位特别是汛期水流对坡脚大量冲刷作用下，使岸坡变陡降低了岸坡稳定性，所以在汛期一般发生崩岸的可能性比平时大；而且在汛期末发生崩岸的可能性较大，这是由于使岸坡变陡是坡脚冲刷累积性的过程，因此将岸坡坡脚冲刷强度纳入了岸坡稳定性的评估中。

本研究的岸坡稳定性评估主要包括岸坡倾角、岸坡覆盖度、岸坡基质和岸坡坡脚冲刷强度 4 个指标。具体的指标分值标准见表 2.2-1，BKS_s 计算公式如下：

$$BKS_s = \frac{\theta_s + C_s + M_s + T_s}{4} \qquad (2.2\text{-}6)$$

式中， BKS_s ——岸坡稳定性得分值；

θ_s ——岸坡倾角分值；

C_s ——岸坡植被覆盖度得分值；

M_s ——岸坡基质得分值，该数据主要基于三峡库区岩性的实地调查，包括基岩、岩体、黏土和非黏土；

T_s ——坡脚冲刷强度得分值。

表 2.2-1   河湖（库）岸稳定性评估要素赋分标准

河湖（库）岸特征	稳定	基本稳定	次不稳定	不稳定
分值	100	75	25	0
岸坡倾角/°	≤15	≤30	≤45	≤60
植被覆盖度/%	≥75	≥50	≥25	0
基质（类别）	基岩	岩土	黏土	非黏土
坡脚冲刷强度	林草混合	草地为主	林地为主	裸地或农地
总体特征描述	近期内河湖（库）岸不会发生变形破坏，无水土流失现象	河湖（库）岸结构有松动发育迹象，有水土流失迹象，但近期不会发生变形和破坏	河湖（库）岸松动裂痕发育趋势明显，一定条件下可导致变形和破坏，重度水土流失	河湖（库）岸水土流失严重，随时可能发生大的变形和破坏，或已经发生破坏

（2）水土保持效益评估方法

通用土壤流失方程（USLE）和修正的通用土壤流失方程（RUSLE）模型在世界范围内应用广泛。20 世纪 80 年代，我国引入该模型并开展了修正与研究工作。为适应我国水土保持特征，2001 年，刘宝元等提出了中国土壤流失方程（CSLE）。CSLE 模型将 USLE /RUSLE 模型中的水土保持措施因子（P）分为生物措施因子、工程措施因子和耕作措施因子。P 指设有水土保持措施的径流小区土壤流失量与相同条件下裸地标准径流小区土壤流失量之比，因子值越小，水土保持效益越佳。因此，将 $100(1\text{-}P_r)$ 作为评估水土保持效益，其取值范围为 0～100。

坡度和坡长对水土保持效益的影响显著。坡度存在阈值效应，中等坡度时的水土保持效益低。坡度小的地方，受雨面积大，径流量大，但流速小，土壤侵蚀程度较小；坡度大的地方，受雨面积小，虽然流速大，但径流量小，侵蚀程度较小。坡面越长，汇聚的流量越大，土壤侵蚀力和径流冲刷力越强。

为计算 P 值，研究者们通过大量的径流小区实验，得到了关于坡度和坡长的 P 值。然而，由于试验中各径流小区坡度、坡长不同，为更准确地计算水土保持效益，需消除不同坡度与坡长对土壤侵蚀的影响。在计算水土保持措施因子时，本书统一将径流小区数据校正为坡度 $10°$、坡长 $20m$ 的标准径流小区数据。在缓坡上采用 MCCOOL 等提出的计算公式，即用式（2.2-9）和式（2.2-10）进行计算，在陡坡上采用 LIU 等提出的计算公式，即用式（2.2-11）进行计算；坡长因子采用江忠善等提出的计算公式，即式（2.2-12）。具体公式如下：

$$SWC_S = (1 - P_r) \times 100 \tag{2.2-7}$$

$$P_r = \frac{S_i L_i}{S_{10} L_{20}} \tag{2.2-8}$$

$$S = 10.8\sin\theta + 0.03 \quad (\theta < 5°) \tag{2.2-9}$$

$$S = 16.8\sin\theta - 0.5 \quad (5° \leqslant \theta < 10°) \tag{2.2-10}$$

$$S = 21.91\sin\theta - 0.96 \quad (\theta \geqslant 10°) \tag{2.2-11}$$

$$L = (\lambda/20)^{0.4} \tag{2.2-12}$$

式中，　SWC_S——水土保持效益评分；

　　P_r——水土保持措施因子，取值范围为 0～1，当土地利用为建设用地时，取 $P_r = 0$，即 SWC_S 取值为 1；

　　S_i——隔离带的坡度因子；

　　θ——坡度（°）；

　　L_i——隔离带的坡长因子；

　　W——隔离带的宽度（m），本研究中对于 $10m \times 10m$ 的单元格坡长取 $10m$。

　　L_{20}——坡长 $20m$ 的坡长因子；

　　S_{10}——坡度为 $10°$ 的坡度因子。

（3）面源污染削减效益评估

河岸植被缓冲带是截留农业面源污染物的有效手段，具有较高的氮磷截留转化效率。然而，河岸植被缓冲带对污染物削减效果受各种因素的影响，主要包括河流两岸水文地质特征、河岸带陆域土壤状况、污染物类型、河岸植被缓冲带的坡度/宽度、河岸带植物组成状况等。不同因素可通过影响缓冲带的下渗能力、径流的入流速度、植被的吸收特性、微生物的降解能力等造成不同缓冲带面源污染效果的明显差异。

随着三峡大坝的建设，三峡水库水文调度引起库区水位变化形成了消落区，具有明显的环境因子、生态过程和植物群落梯度，对水土流失、养分循环和非点源污染有较强的缓冲和过滤作用，是生态环境十分脆弱的敏感地带。目前，大部分研究集中于消落区的研究，并提出了相关理论和治理模式，但是对于陆域隔离带的研究仍然是一个待开拓的领域。如何有效评估隔离带的面源污染防治效果，是进行深入研究和后续治理模式开发的前提条件。由于三峡库区生态隔离带种类丰富、景观多样，影响隔离带防护效果的因素也复杂多变，构建多因素的复杂评价模型不利于在空间尺度上进行推广应用。本研究拟从坡度和隔离带宽度进行探究，利用尺度外推的方法对整个三峡库区的隔离带的防护效果进行评估。氮、磷是两种主要的面源污染物。为了计算隔离带的防护效果，我们将总氮和总磷的去除效率的均值作为单个隔离带的面源污染防护效果的评价指标。其中，对于单个污染物去除效率与隔离带宽度与坡度的关系，采取 SWAT 模型中非点源污染物运输模拟的简化方法，通过指数函数构建回归方程，具体的计算公式如下：

$$E_{SS} = (5.67\tan\theta)^{-1} \times 100 \tag{2.2-13}$$

$$E_{TN} = (5.67\tan\theta)^{-1.1} \times 100 \tag{2.2-14}$$

$$E_{TP} = (5.67\tan\theta)^{-0.5} \times 100 \tag{2.2-15}$$

$$NPS_S = (E_{SS} + E_{TN} + E_{TP})/3 \tag{2.2-16}$$

式中，NPS_S——面源污染削减效益得分；

E_{SS}——悬浮物的削减效果得分；

E_{TN}——总氮的削减效果得分；

E_{TP}——总磷的削减效果得分；

θ——评价网格的平均坡度（°）。

本研究初步设定隔离带网格分辨率为 10m×10m。

（4）具体的实施步骤

本研究通过文献综述调整削减系数，利用指数函数构建回归方程，计算隔离带对总氮、总磷和悬浮物的削减效果，明确三峡库区饮用水水源地隔离带的面源污染防治效益。

第一步，结合表 2.2-1 获取岸坡倾角、岸坡覆盖度、岸坡基质和岸坡坡脚冲刷强度得分值，再根据式（2.2-6）计算岸坡稳定性得分值；

第二步，依据式（2.2-9）至式（2.2-12）将实际土壤侵蚀数据校正为相同条件下标准径流小区上的土壤侵蚀数据，再根据式（2.2-8）和式（2.2-7）得到水土保持效益得分值；

第三步，依据式（2.2-13）和式（2.2-14）分别计算隔离带对总氮和总磷的去除率，再根据式（2.2-15）得到面源污染防治效益得分值；

第四步，依据式（2.2-16）来表征隔离带的整体防护效果，包括岸坡稳定性、隔离带的水土保持效益、隔离带的面源污染防治效益三个方面。具体公式如下：

$$RZ_S = \frac{BKS_S + SWC_S + NPS_S}{3} \qquad (2.2\text{-}17)$$

式中，RZ_S——隔离带防护效果得分；

BKS_S——隔离带稳定性指标得分；

SWC_S——隔离带水土保持效益指标得分；

NPS_S——隔离带面源污染物削减效果得分。

评估得分和各分指标得分的范围介于 0～100 分。评估结果得分越高，表明隔离带的防护效果越好；评估结果分数越低，表明隔离带的防护效果越差。本研究中单个水源地生态隔离带分别按照 50m 和 1000m 范围，空间分辨率按照 10m×10m 的评估典型水源地生态隔离带防护效果得分。

2.2.3　生态隔离带布局及建设方案

本研究针对人类活动造成的面源污染问题，参考国内外面源污染控制技术，充分发挥植被缓冲带对污染物的消纳功能，在当前区域土地利用的基础上，在陆域隔离带上科学合理地设置植被缓冲带，从而有效控制区域内的面源污染。本研究拟重点解决的问题：植被缓冲带的布设位置，植被缓冲带的宽度，植被缓冲带的植物种类及配置。

（1）汇水区划分

本研究利用 ArcGIS 水文分析模块，基于研究区 DEM 数据进行研究区汇水区划分，具体步骤如下：

1）无洼地 DEM 生成

原始 DEM 的误差以及部分真实地形地貌的存在，导致其原始 DEM 表面存在部分凹陷的区域。在进行水流方向的分析时，由于这部分凹陷区域的存在，通常会出现不合理的水流方向。因此，首先对研究区原始 DEM 进行洼地填充而得到无洼地 DEM 是进行水流方向计算的前提。

洼地填充的基本过程是使用 ArcGIS 中水文分析模块中的 Flow Direction 工具，输出水流方向数据，根据该数据分析 DEM 中的洼地区域，确定洼地深度，最后根据洼地深度来设定填充阈值。ArcGIS 中的水流方向提取主要是利用 D8 算法，对于每一格网，水流方向指水流离开此格网时的指向。水流方向是通过计算中心栅格网和邻域栅格网之间最大距离权落差确定的。距离权落差则指中心栅格与邻域栅格之间的高程差除以两相邻栅格间的距离，栅格间距离与方向有关。

2）累积流量与河网提取分级

计算出研究区无洼地 DEM 上每一个栅格的水流方向后，按照水流由高处流向低处的自然规律，分析得到在水流方向上每一个栅格累积的水流数值（即汇流累积量）。基于地表径流漫流模型中假定每一个栅格携带一分水流，因此栅格的汇流累积量就代表栅格的水流量，当汇流累积量达到大于临界值的栅格就可以认为是潜在的水流路径，进而形成河网。

3）汇水区划分

由于缺少研究区内出水点数据，本试验将栅格河网数据生成的 Stream link 数据作为汇水区的出水口数据，生成记录各流域出水口的河流链路图。结合出水口和水流方向的数据，搜索该出水点上游所有流过该出水口的栅格，直至流域边界，最后形成汇水区。利用 ArcGIS 水文工具集中的 Watershed 工具栏，划分各汇水区的栅格数据图，最终完成对研究区的汇水区划分（图 2.2-1）。

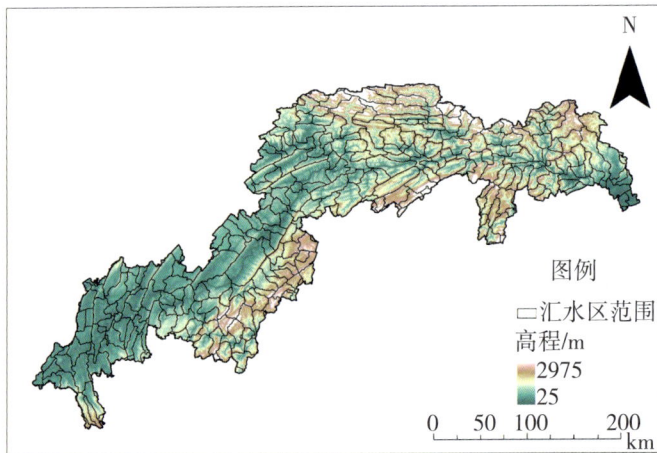

图 2.2-1 三峡库区汇水区划分

（2）景观负荷对比指数计算

1）景观空间负荷对比指数原理

景观空间负荷对比指数是以"源—汇"景观理论为基础，在营养物质随地表径流流入受纳水体之前，确保营养物质在每个斑块单元上达到"盈""亏"平衡状态。"源—汇"景观理论认为当汇水区内"源""汇"斑块的空间布局合理，基本达到营养物质的收支平衡，则该汇水区内发生面源污染的可能性小。"源—汇"景观模型中各斑块单元对应的地形特征主要包括各斑块单元的空间位置到汇水区出水口的相对距离、相对高程和坡度三个因素，对于"源"斑块，一般认为相对距离和相对高程这两项值越小，"源"斑块对汇水区内发生面源污染的贡献值就越大；而坡度值的含义正好相反，"源"斑块中坡度指标值越大，营养物质流入水体的概率就越大，汇水区发生面源污染的可能性也就越大。对于"汇"斑块，一般认为相对距离和相对高程这两项值越小，"汇"斑块对汇水区内控制面源污染的贡献值就越大；而坡度值的含义正好相反，"汇"斑块中坡度指标值越大，有效控制营养物质流入水体的概率就越小，汇水区发生面源污染的可能性也就越大。

根据洛伦兹曲线理论，综合汇水区中的"源""汇"斑块空间分布数据和流域出水口监测点数据，计算各斑块类型在相对距离、相对高度和坡度三个方面的累积面积百分比，其中不规则曲线围成的面积用很多小的梯形面积来代替，可得到：

$$A = (\sum_{i=1}^{n-1} M_i + 0.5)/n \tag{2.2-18}$$

式中，A——各斑块类型的相对距离、相对高程或坡度的面积累计值；

M——累积各等级内斑块单元数目比例；

n——相对距离、相对高程或坡度的等级分布。

2）不同斑块类型权重确定

本试验将"源"斑块分为农田、建筑和裸地；"汇"斑块分为林地、草地和水体。但由于不同的斑块类型在截留养分方面的生态效益不同，因此需要考虑各斑块类型的作用大小。本书分别选定农田和林地作为"源""汇"斑块赋值的参照系，从而确定其他斑块类型的贡献值。经咨询专家和查阅已有研究成果，确定不同斑块类型的权重值（表 2.2-2）。

表 2.2-2   不同斑块类型对养分流失/截留作用能力的权重值

斑块类型	用地类型		
源斑块	农田	裸地	建筑用地
	0.60～0.80	0.10～0.30	0.64
汇斑块	林地	草地	水体
	0.60～0.80	0.40～0.60	0.80

由于降雨对养分流失的影响较大，本研究基于归一化的降雨侵蚀力（r）对农田和裸地斑块的养分流失强度进行了调整：

$$W_{source} = Min(W_{source}) + Range(W_{source}) \times r \tag{2.2-19}$$

式中，W_{source}——源斑块对养分流失作用能力的权重值；

$Min(W_{source})$——W_{source} 取值范围的最小值；

$Range(W_{source})$——W_{source} 最大值与最小值的差。

降雨侵蚀力 R 值和年降水量（P）、高程（Z）、日降水强度（$SD \text{II}$）存在以下回归关系：

$$\log R = 0.524 + 0.462 \times \log P + 1.97 \times \log SD \text{II} - 0.106 \times \log Z \tag{2.2-20}$$

$$r = \frac{R - R_{\min}}{R_{\max} - R_{\min}} \tag{2.2-21}$$

式中，日降水强度 SDⅡ 等于每日降雨量≥1mm 的总降雨量与天数的比值。本研究利用研究区内站点的日降水数据计算出各个站点的年平均降雨侵蚀力，再结合普通克里金差值方法进行空间插值获得。

植被对景观养分拦截的影响较大，因此本研究基于植被覆盖度（VFC）对林地和草地斑块的养分截留作用进行了调整：

$$W_{sink} = \text{Min}(W_{sink}) + \text{Range}(W_{sink}) \times VFC \tag{2.2-22}$$

$$VFC = (NDVI - NDVI_{\min}) / (NDVI_{\max} - NDVI_{\min}) \tag{2.2-23}$$

式中，W_{sink}——汇斑块对养分流失作用能力的权重值；

$\text{Min}(W_{sink})$——W_{sink} 取值范围的最小值；

$\text{Range}(W_{sink})$——W_{sink} 最大值与最小值的差。

3）景观负荷对比指数计算

基于以下公式对研究区景观负荷对比指数进行计算：

$$LWLI = \sum_{i=1}^{m} A_{sourcei} \times W_i \times AP_i / (\sum_{i=1}^{m} A_{sourcei} \times W_i \times AP_i + \sum_{j=1}^{n} A_{sinkj} \times W_j \times AP_j) \tag{2.2-23}$$

$$LWLI = LWLI_{distance} \times LWLI_{elevation} / LWLI_{slope} \tag{2.2-24}$$

式中，$A_{sourcei}/A_{sinkj}$——第 i 中"源"斑块类型的相对距离、相对高程或坡度的面积累计值和第 j 种"汇"斑块类型的相对距离、相对高程或坡度的面积累值；

W_i/W_j——第 i 种"源"斑块类型的权重值和第 j 种"汇"斑块类型的权重值；

AP_i/AP_j——第 i 种"源"斑块类型在整个研究区域内所占的面积百分比和第 j 种"汇"斑块类型在整个研究区域内所占的面积百分比；

m——"源"斑块类型的个数；

n——"汇"斑块类型的个数；

$LWLI_{distance}$、$LWLI_{elevation}$ 和 $LWLI_{slope}$——景观空间相对距离对比指数、相对高程对比指数和坡度对比指数。

本研究参照谷歌地球影像，基于研究区土地利用对三峡库区长江及主要支流河网进行了提取。基于研究区 DEM 数据，运用 ArcGIS 分区统计工具计算了水体平均，用实际高程减去获得集水区的相对高程，并利用 ArcGIS 距离分析工具计算了集水区内各点到河流的最短距离为相对距离。基于研究区土地利用当"源""汇"斑块中各营养物质分布达到平衡状态时，$LWLI$ 的值等于 0.5。若 $LWLI$ 值大于

0.5，则表明该汇水区内发生面源污染的可能性较大；若 $LWLI$ 值小于或等于 0.5，则表明该汇水区内发生面源污染的可能性较小。

（3）植被缓冲带优化布设

为满足三峡库区水质要求，需在景观负荷对比指数超标汇水区沿河岸建立一定宽度的植被缓冲带对污染物进行拦截和消纳，使植被缓冲带对总氮、总磷、固体悬浮物的削减效率最高。因此采用多目标优化方法确定植被缓冲带的布设区域。其最终目标是确定使总氮、总磷、固体悬浮物削减效率最高的植被缓冲带宽度。此外，布设植被缓冲带后应使 $LWLI$ 满足要求。为保证植被缓冲带成活率，植被缓冲带应位于消落区以上，即海拔大于 178m，且植被缓冲带建设不能占用建设用地。最终，将优化公式设定为：

1）目标公式

$$\text{Max} \sum NPS_s \tag{2.2-25}$$

2）约束条件

$$LWLI \leqslant 0.5 \tag{2.2-26}$$

$$DEM \geqslant 178 \tag{2.2-27}$$

$$k \notin [建设用地] \tag{2.2-28}$$

其中

$$E_{SS} = 2.8 \times w^{0.1} \times \theta^{-1} \tag{2.2-29}$$

$$E_{TN} = 0.4 \times w^{0.1} \times \theta^{-1.1} \tag{2.2-30}$$

$$E_{TP} = 0.35 \times w^{0.2} \times \theta^{-0.5} \tag{2.2-31}$$

$$NPS_s = (E_{SS} + E_{TN} + E_{TP})/3 \tag{2.2-32}$$

式中，NPS_s——面源污染的削减率；

E_{SS}——固体悬浮物的削减率；

E_{TN}——总氮的削减率；

E_{TP}——总磷的削减率；

θ——河岸带坡度（%）；

w——评估的河岸宽度。

计算植被缓冲带布设后集水区 $LWLI$ 时，将植被缓冲带对养分截留作用能力的权重值定为 0.8。

（4）生态隔离带的植物选择

1）选取原则

根据水体分布区域将其分为城镇型、农村型、乡野型三类，不同区域存在问题及生态隔离带建设目标有较大差别。其中，城镇植被景观具有生态功能、构景功能、美化功能、净化功能等，在植被配置时要很好地体现这些功能。城镇型临办公区段、临生活区段、临主干道段等不同区域的功能侧重点有所不同。为发挥相应的隔离带功能，应选取合适植物品种及修复模式。农村型一般面临较高的面源污染负荷。此外，农村植物一般具有自然、野趣、农家、乡土等特征，质感粗犷、管理模式粗放，需根据相应特点进行植被建设，最终达到净化水质且易于管理的目的。乡野型一般植被状态良好且污染物负荷较低。在植被状态较差或遭到破坏的区域需要进行人工促进天然更新或植被补植，以发挥其拦截污染、保障水质功能。

  2）参考物种

  通过查阅相关资料和文献，参照三峡库区的自然植被体系，根据生态隔离带植物种类选取原则，库区生态隔离带常用的植物品种见表 2.2-3。

表 2.2-3　　　　　　　　　三峡库区生态隔离带常用的植物品种

乔木		灌木		草本	
A	桉树	B	八角金盘	B	波斯菊、百日菊、薄荷
B	白玉兰、白蜡	C	茶树、垂丝海棠	C	酢浆草、葱兰、车前草
C	侧柏、刺槐、垂叶榕、臭椿、垂柳	D	冬青、杜鹃、大叶黄杨、丁香、多花木蓝	F	粉黛乱子草
D	杜英、大叶女贞、杜仲	G	构骨	G	狗牙根、高羊茅
F	枫杨、枫香	H	红叶石楠、黄杨、海桐、花叶青木、红檵木、红叶小檗、火棘、胡枝子、黄花槐	H	黑麦草、花烟草
G	广玉兰、桂花、国槐、构树			J	结缕草、金鸡菊、鸡冠花、菊花、金银花、苫草
H	黄葛兰、黄葛树、红叶李、红枫、合欢、黄葛榕、黄杨	J	鸡爪槭、夹竹桃、接骨木、锦鸡儿、金丝桃、金叶女贞	L	狼尾草
J	橘树、榉树			M	麦冬、美人蕉、马尼拉草、芒草、美女樱
L	楝、栾树、乐昌含笑、柳树、李子树	L	龙爪槐、蜡梅		
M	麻栎、毛白杨、马尾松	M	木槿、木瓜、马桑		
N	楠木、柠檬桉	N	南天竹	P	蒲公英、蒲苇
P	枇杷、泡桐、朴树、蒲葵、苹果树	Q	蔷薇	S	三色堇、鼠尾草
Q	脐橙	R	忍冬	T	天竺葵
R	榕树	S	十大功劳、三角梅、溲疏	W	五节芒
S	苏铁、四季桂、石榴、水杉、山黄麻、桑树				

续表

乔木		灌木		草本	
T	天竺桂、桃树	T	贴梗海棠	X	细叶美女樱
W	梧桐、五角枫	X	小叶女贞、仙人掌	Y	沿阶草、虞美人、一串红、鸭跖草、野菊、羊茅、燕覆子
X	香樟、小叶榕、悬铃木、雪松	Y	月季、盐肤木、野蔷薇		
Y	樱花、银杏、羊蹄甲、银叶金合欢、元宝枫、榆树、油桐、杨梅	Z	紫薇、紫穗槐	Z	紫花苜蓿、紫羊茅、早熟禾
Z	樟树、紫荆				

此外，还可以种植常春藤、葛藤、九重葛、凌霄、爬山虎、藤本月季、迎春、紫藤等藤本植物。

2.3　技术路线

本研究中消落区岸坡分类方法研究、隔离带防护有效性评估和生态隔离带建设布局等技术路线见图 2.3-1 至图 2.3-3。

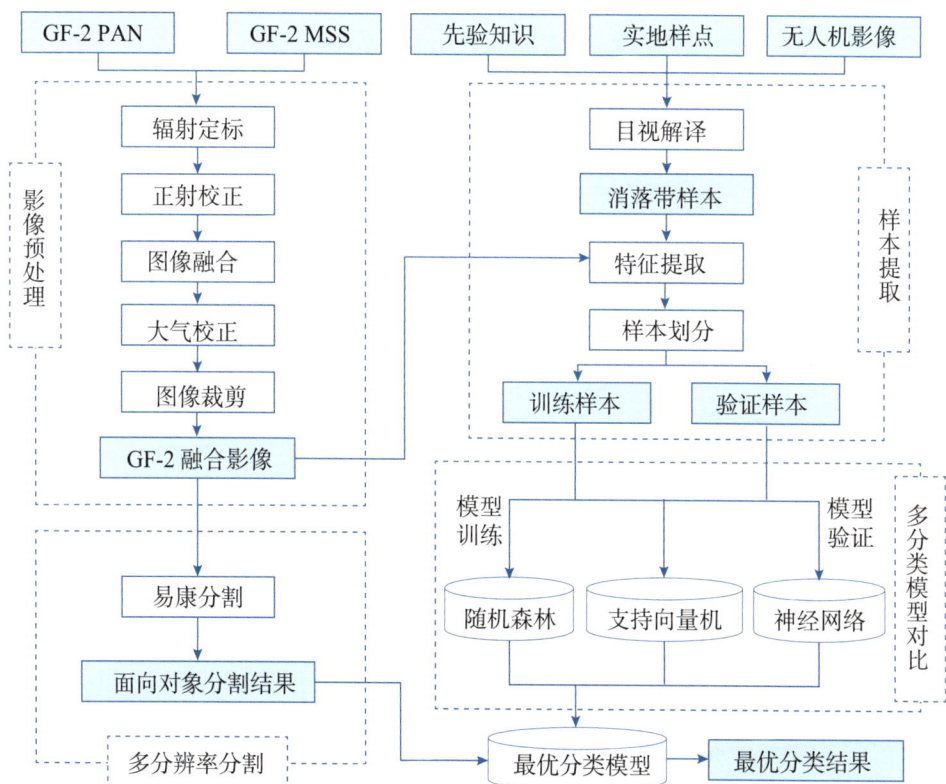

图 2.3-1　消落区岸坡分类技术路线

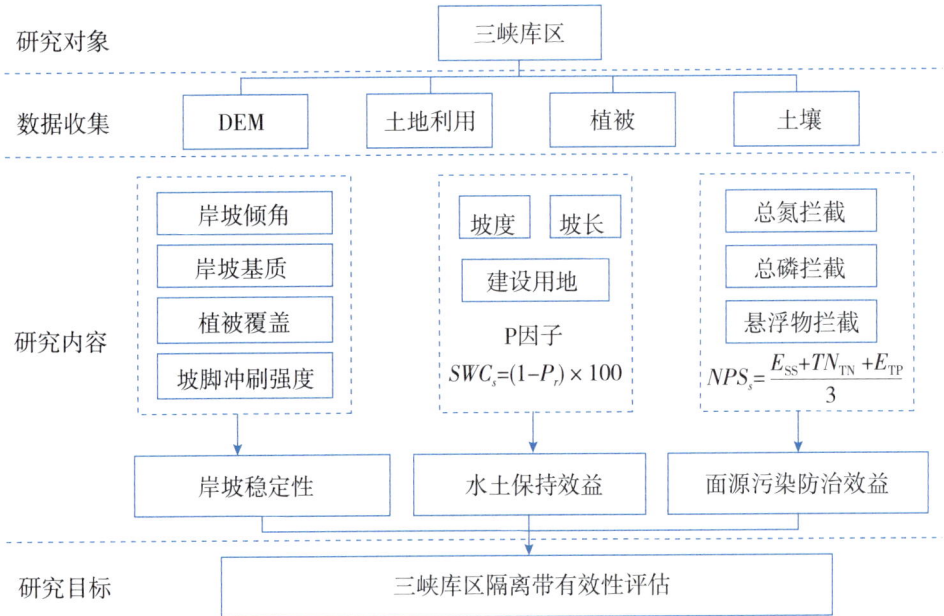

图 2.3-2 隔离带防护有效性评估技术路线

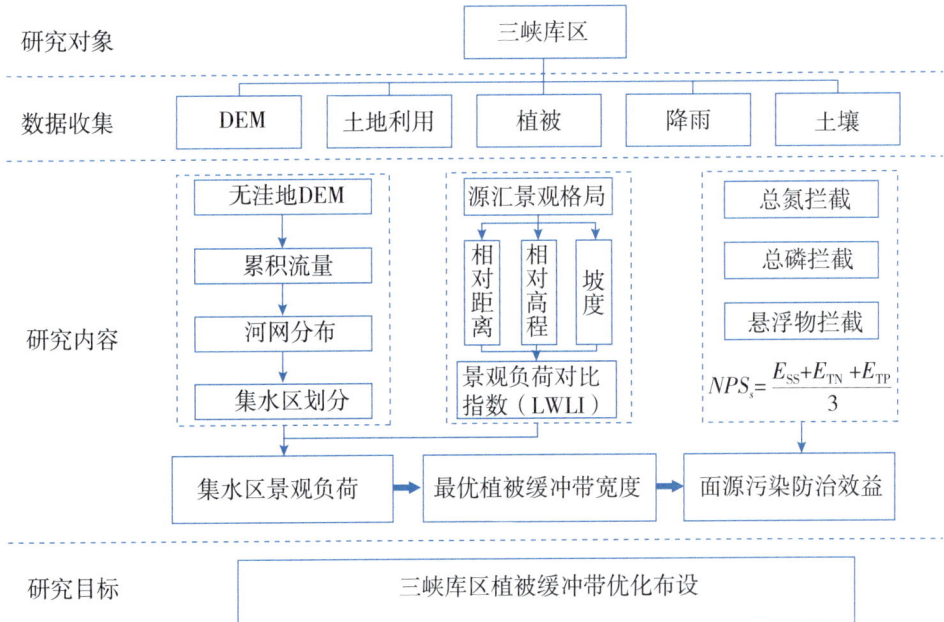

图 2.3-3 生态隔离带建设布局技术路线

消落区岸坡分类方法研究结果 第 3 章

以三峡水库 4 个典型饮用水水源地为研究对象，基于覆盖研究区域的 GF-2 遥感影像，在辐射定标、正射校正、大气校正等预处理的基础上，结合无人机拍摄和目视解译获取的消落区不同岸坡类型样本，构建基于面向对象的消落区岸坡类型识别方法，结合随机森林、支持向量机和神经网络等方法，对典型水源地的岸坡类型进行分类，并比较了不同机器学习方法的分类效果，实现典型水源地消落区岸坡类型的精准识别，最后分析了面向像元与面向对象策略对消落区岸坡分类精度的影响。

3.1 植被指数时序曲线分析

在各类消落区岸坡类型中选取 100 个人工解译样本点进行光谱分析。在 6—8 月 GF-2 影像中，不同岸坡类型的 GF-2 光谱特征见图 3.1-1。结果显示，人工治理岸坡和土质岸坡的光谱反射率高于岩质岸坡与岩土混合岸坡的光谱反射率，使其两两之间能够进行较好区分。然而，由于人工治理岸坡和土质岸坡的坡岸具有相似的地表特征，导致二者的光谱反射率相似，仅仅依靠光谱反射率难以进行区分。此外，岩土混合岸坡的坡岸植被丰度大于岩质岸坡的坡岸植被丰度，因此二者在红波段和近红外波段的光谱反射率具有一定差异。总体而言，仅仅基于光谱反射率难以区分各类消落区岸坡类型，需要增加更多的复合信息（如植被指数）去表征不同消落区岸坡类型之间的地表形态差异。

在 6—8 月 GF-2 影像中，图 3.1-2 展示了 4 种消落区岸坡类型的植被指数特征。由于岩质岸坡上很少具有植被覆盖，其 NDVI、EVI 与 VIgreen 值均低于 0.2，因此通过植被指数能够较好地区分岩质岸坡与其他岸坡类型。此外，土质岸坡能够较好地与岩土混合岸坡和人工治理岸坡进行区分，这主要是因为土质岸坡的 EVI 值大于岩土混合岸坡和人工治理岸坡。尽管岩土混合岸坡和人工治理岸坡具有相似的植被指数变化特征，但是二者在光谱反射率变化中具有明显的差异。因此，结合光谱反射率和植被指数信息可以较好地识别不同消落区岸坡类型。

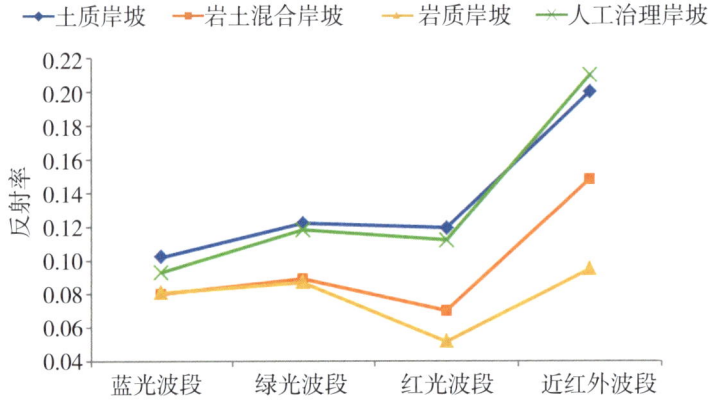

图 3.1-1　不同岸坡类型的 GF-2 光谱特征

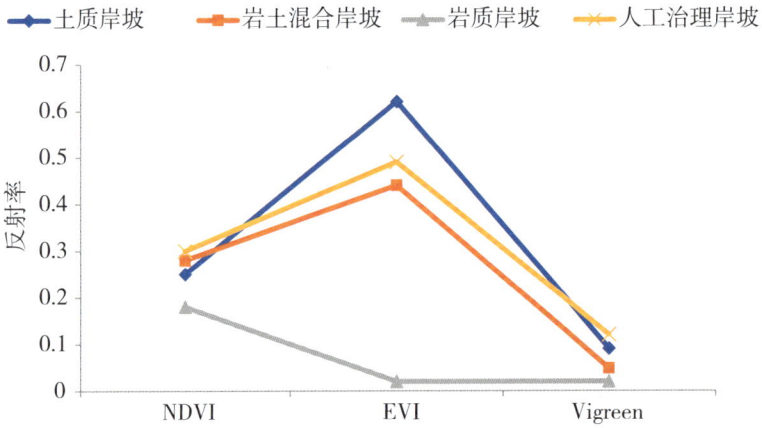

图 3.1-2　不同消落区岸坡类型植被指数特征

3.2　不同分类方法对比及分析

基于随机森林法、支持向量机法、神经网络法等三种分类方法，利用训练数据集和验证数据集训练模型对 4 个水源地消落区的影像进行分类，各研究对象不同分类方法在各区域分类精度对比见表 3.2-1。

（1）秭归县 A 水源地

秭归县 A 水源地不同分类方法得到的消落区岸坡分类结果见图 3.2-1，主要的消落区类型为土质岸坡和人工治理岸坡。结果显示，不同消落区岸坡分类方法在该水源地均得到较好的分类精度，3 种分类方法的总体精度差异小于 2%，Kappa 系数差异小于 0.05。其中随机森林法的分类效果最好，分类结果精度较高，其总体精度为 91.82%，Kappa 系数约为 0.86。

表 3.2-1　　　　　　　　不同分类方法在各区域分类精度对比

区域	分类方法	总体精度 OA/%	Kappa 系数
秭归县 A 水源地	随机森林法	91.82	0.8552
	支持向量机法	90.79	0.8310
	神经网络法	89.77	0.8166
巴东县 B 水源地	随机森林法	88.73	0.8147
	支持向量机法	88.73	0.8474
	神经网络法	76.06	0.6670
巫山县 C 水源地	随机森林法	53.75	0.3925
	支持向量机法	48.75	0.3204
	神经网络法	41.88	0.2597
云阳县 D 水源地	随机森林法	72.57	0.6360
	支持向量机法	67.93	0.5734
	神经网络法	67.09	0.5687

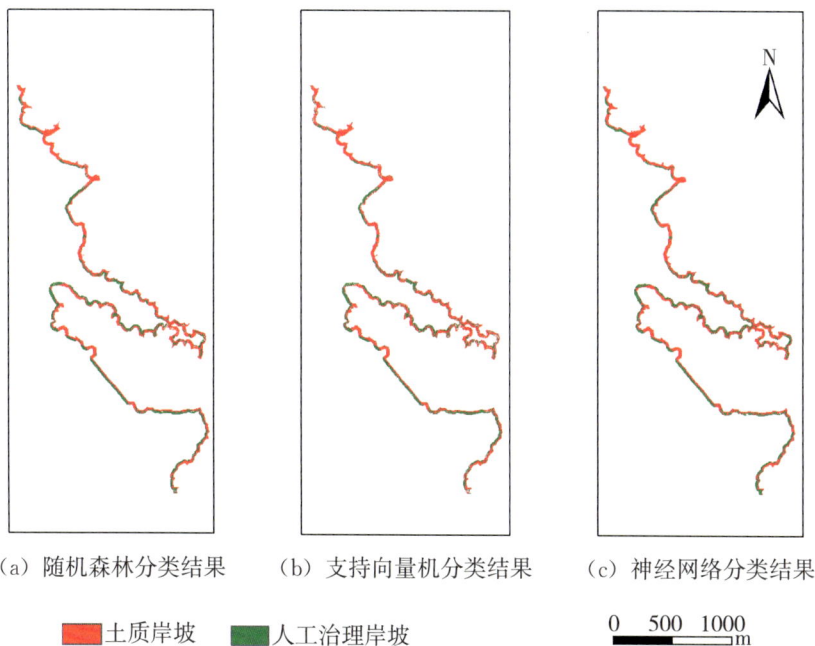

（a）随机森林分类结果　　（b）支持向量机分类结果　　（c）神经网络分类结果

■ 土质岸坡　　■ 人工治理岸坡　　　　　　0　500　1000 m

图 3.2-1　秭归县 A 水源地消落区岸坡分类结果

（2）巴东县 B 水源地

巴东县 B 水源地不同分类方法得到的消落区岸坡分类结果见图 3.2-2。结果表明，支持向量机能够获取最高的分类精度，其总体精度为 88.73%，Kappa 系数约为 0.85，该水源地消落区岸坡类型主要为岩土混合岸坡（图 3.2-2（a））。尽管随机森林法与支持向量机法的总体分类精度相近，然而支持向量机法的 Kappa 系数比随机森林法高约 0.04，两种分类方法得到的消落区岸坡类型空间分布也存在较大差异，主要体现在该水源地取水口上游的部分区域（图 3.2-2（a）、图 3.2-2（b））。此外，随机森林分类法和神经网络法得到的消落区空间分布结果相似，该水源地取水口下游区域以岩土混合岸坡为主，取水口上游区域以岩质岸坡为主（图 3.2-2（a）、图 3.2-2 c）。然而，神经网络法的分类精度最低，其总体精度为 76.06%，Kappa 系数为 0.67。

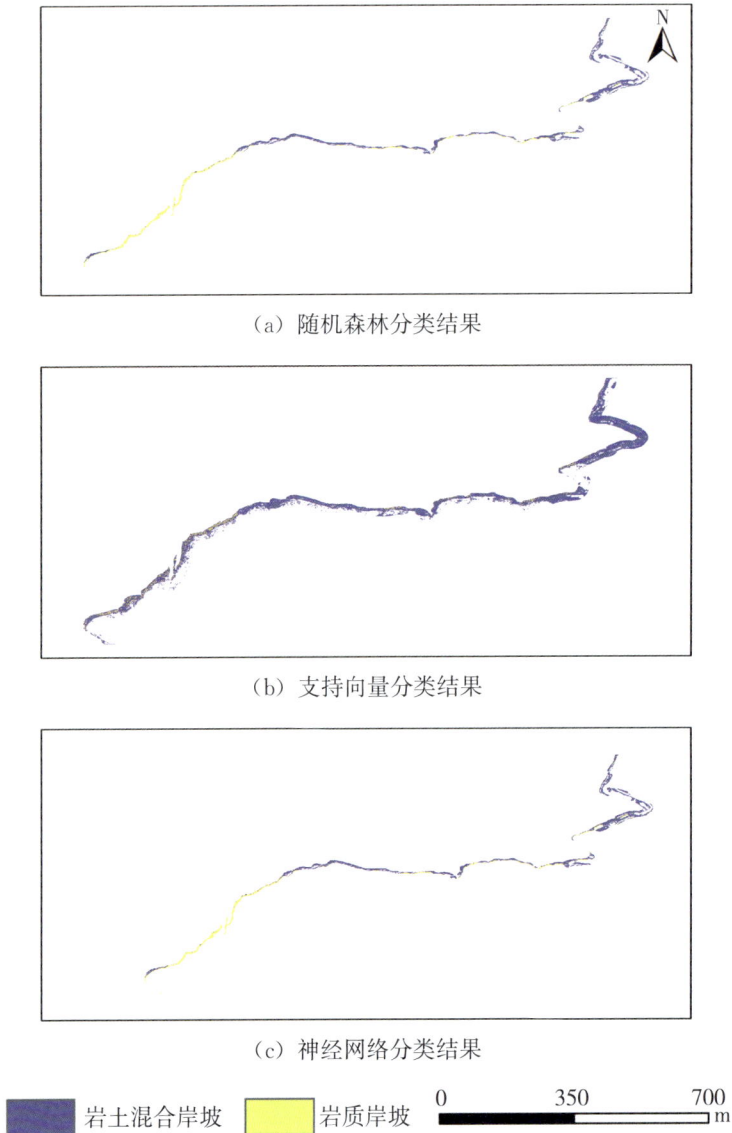

（a）随机森林分类结果

（b）支持向量分类结果

（c）神经网络分类结果

岩土混合岸坡　　岩质岸坡

图 3.2-2　巴东县 B 水源地消落区岸坡分类结果

（3）巫山县 C 水源地

巫山县 C 水源地的消落区岸坡分类结果见图 3.2-3。结果表明，基于随机森林法和支持向量机法的消落区分类结果在空间分布上较为相似，该水源地取水口上游以岩土混合岸坡为主，取水口下游区域消落区岸坡类型主要为人工治理岸坡（图 3.2-3（a）、图 3.2-3（b））。基于神经网络法的消落区岸坡分类结果在空间分布上与其他两种方法的分类结果存在差异，主要体现为人工治理岸坡与岩质岸坡的空间分布（图 3.2-3（c））。从分类精度来看，随机森林、支持向量机、神经网络三种分类方法的总体分类精度差距较大，依次为 53.75%、48.75%、41.88%。此外，三种分类方法的 Kappa 系数依次为 0.39、0.32、0.26。综上所述，随机森林分类法总体精度及 Kappa 系数在 3 种分类方法均最高，分类效果最好。

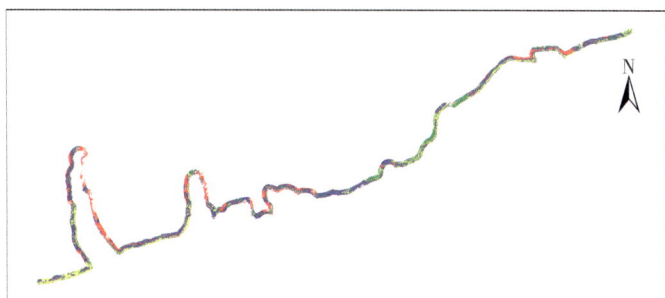

（a）随机森林分类结果

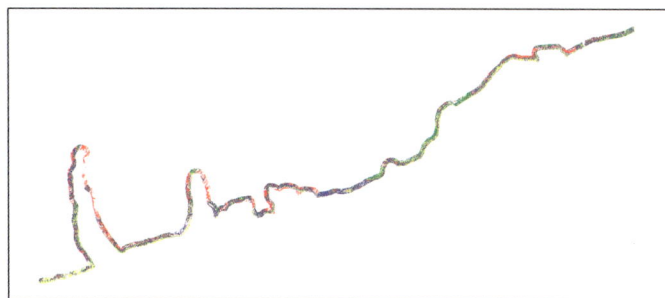

（b）支持向量机分类结果

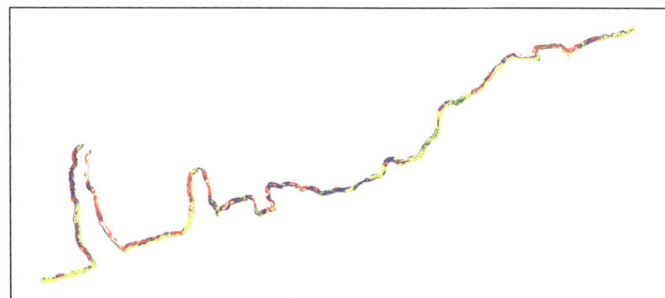

（c）神经网络分类结果

■ 土质岸坡　　■ 岩土混合岸坡　　■ 岩质岸坡　　■ 人工治理岸坡　　0　500　1000 m

图 3.2-3　巫山县 C 水源地消落区岸坡分类结果

（4）云阳县 D 水源地

云阳县 D 水源地不同分类方法的消落区岸坡分类结果较为相似，其中消落区岸坡的主要类型为土质岸坡，其次是岩质岸坡和岩土混合岸坡（图 3.2-4）。3 种分类方法中，随机森林分类方法优于其他两种分类方法，其总体分类精度为 72.57％，Kappa 系数均优于 0.64。支持向量机法与神经网络法得到的分类精度相似，总体分类精度分别为 67.93％、67.09％，Kappa 系数均在 0.57 左右。总体而言，随机森林法能够较好地识别该水源地消落区岸坡类型，分类精度较高，能够反映该水源地消落区岸坡类型的空间分布情况。

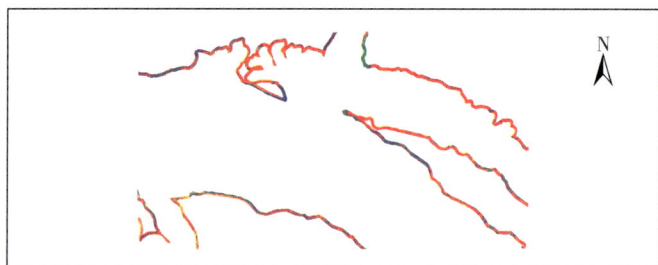

（a）随机森林分类结果

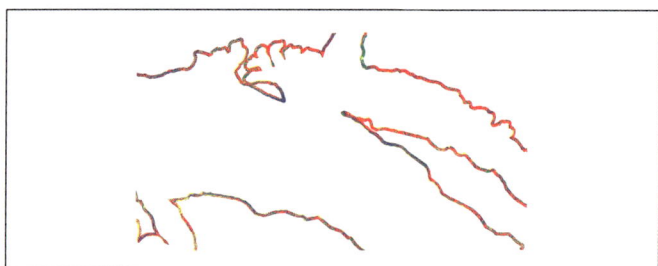

（b）支持向量机分类结果

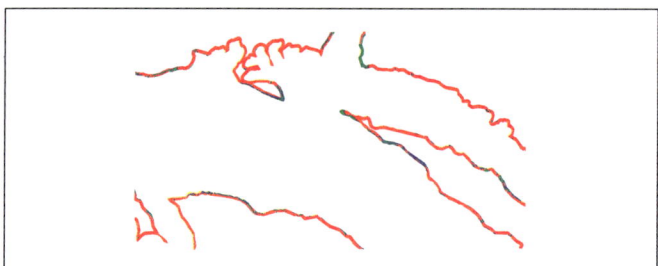

（c）神经网络分类结果

■土质岸坡 ■岩土混合岸坡 □岩质岸坡 ■人工治理岸坡　　0　500　1000 m

图 3.2-4　云阳县 D 水源地消落区岸坡分类结果

总体而言，与支持向量机法与神经网络相比，随机森林法在秭归县、巴东县、巫山县、云阳县 4 个水源地能够得到较好的分类结果精度，分类精度最高能达到

92%左右。此外，支持向量机法在秭归县和巴东县水源地的总体分类精度与随机森林法精度类似，仅有1%左右的差异。由于秭归县和巴东县水源地消落区岸坡仅有两种类型，分类精度最高能分别达到91.82%和88.73%。然而，巫山县和云阳县水源地消落区岸坡类型较多，不同消落区岸坡类型间具有一定的相似性（如土质岸坡、岩土质岸坡、人工治理岸坡和岩质岸坡等），导致巫山县和云阳县水源地的分类精度较低，总体精度分别只有53.75%和72.57%。为了进一步准确识别不同消落区岸坡类型，又采用基于面向对象的随机森林分类进行消落区岸坡类型识别。

3.3 多分辨率分割分类效果

结合验证样点数据集，对各水源地分别采用多分辨率分割后进行基于随机森林的面向对象分类和面向像元分类结果的精度对比，结果见表3.3-1至表3.3-4。与面向像元的随机森林法分类结果相比，多分辨率分割—随机森林法在各水源地的分类精度均有显著提升。具体而言，多分辨率分割—随机森林法在巫山县C水源地消落区岸坡分类中精度提高最为显著，总体精度可达到81.88%，相比于面向像元的分类精度提升了28.13%。这主要由于面向对象的分类降低了土质岸坡和岩土混合岸坡的误分、错分。其次，巴东县B水源地面向对象的消落区岸坡分类减少了岩土混合岸坡和岩质岸坡的误分、错分，使其分类总体精度提升了7%左右。尽管在云阳县D水源地，多分辨率分割—随机森林法提高了人工治理岸坡和岩土混合岸坡的错分和误分，却增加了岩质岸坡和土质岸坡的误分，导致面向对象的总体分类精度增加不足2%。此外，在秭归县A水源地，基于随机森林的面向像元分类结果精度已经达到91.82%，面向对象的总体精度增幅较小（小于2%）。总体而言，与随机森林法面向像元的消落区岸坡分类结果相比，基于随机森林法面向对象的消落区岸坡分类结果更准确（图3.3-1），表明面向对象分类效果更好，具有较高可信性，能用于三峡库区大范围消落区岸坡类型的识别。

表3.3-1　　　　　　　　秭归县A水源地消落区岸坡分类精度对比

岸坡类型	随机森林法			多分辨率分割—随机森林法		
	岩土混合岸坡	岩质岸坡	PA/%	岩土混合岸坡	岩质岸坡	PA/%
岩土混合岸坡	106	13	89.08	103	16	86.55
岩质岸坡	19	253	93.01	9	263	96.69
UA/%	84.80	95.11	91.82	91.96	94.37	93.61

注：PA表示生产者精度，UA表示使用者精度，下同。

表 3.3-2   巴东县 B 水源地消落区岸坡分类精度对比

岸坡类型	随机森林法			多分辨率分割—随机森林法		
	岩土混合岸坡	岩质岸坡	PA/%	岩土混合岸坡	岩质岸坡	PA/%
岩土混合岸坡	49	5	90.74	54	0	100.00
岩质岸坡	3	14	82.35	3	14	82.35
UA/%	94.33	73.68	88.73	94.74	100.00	95.77

表 3.3-3   巫山县 C 水源地消落区岸坡分类精度对比

岸坡类型	随机森林法					多分辨率分割—随机森林法				
	土质岸坡	岩土混合岸坡	岩质岸坡	人工治理岸坡	PA/%	土质岸坡	岩土混合岸坡	岩质岸坡	人工治理岸坡	PA/%
土质岸坡	16	14	1	1	50.00	27	5	0	0	84.38
岩土混合岸坡	7	31	9	3	62.00	1	49	0	0	98.00
岩质岸坡	1	4	17	8	56.67	0	16	11	3	36.67
人工治理岸坡	0	15	11	22	45.83	2	0	2	44	91.67
UA/%	66.67	48.44	44.74	64.71	53.75	90.00	70.00	84.62	93.62	81.88

表 3.3-4   云阳县 D 水源地消落区岸坡分类精度对比

岸坡类型	随机森林法					多分辨率分割—随机森林法				
	土质岸坡	岩土混合岸坡	岩质岸坡	人工治理岸坡	PA/%	土质岸坡	岩土混合岸坡	岩质岸坡	人工治理岸坡	PA/%
土质岸坡	51	7	1	1	85.00	54	1	5	0	90.00
岩土混合岸坡	12	36	5	7	60.00	9	48	3	0	80.00
岩质岸坡	4	5	47	1	82.46	19	6	32	0	56.14
人工治理岸坡	12	10	0	38	63.33	6	12	0	42	70.00
UA/%	64.56	62.07	88.68	80.85	72.57	61.36	71.64	80.00	100.00	74.36

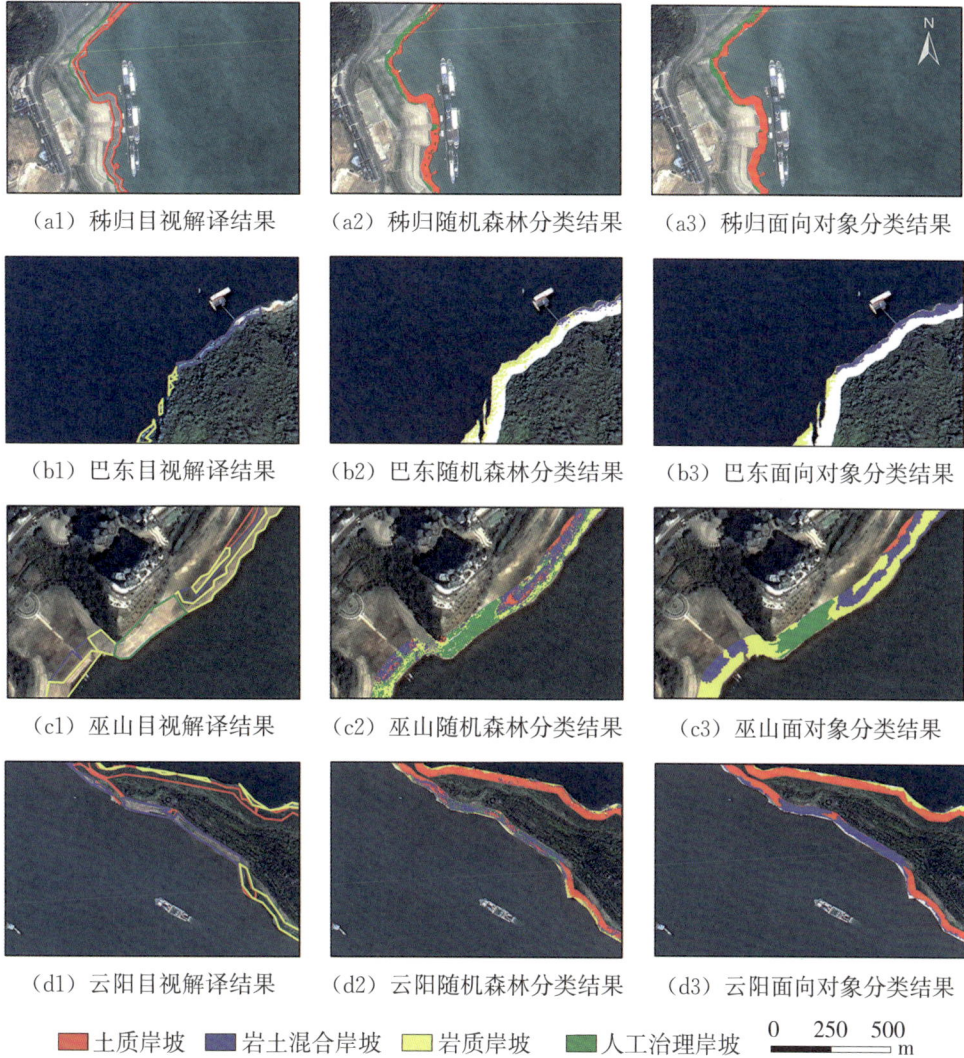

（a1）秭归目视解译结果　　（a2）秭归随机森林分类结果　　（a3）秭归面向对象分类结果

（b1）巴东目视解译结果　　（b2）巴东随机森林分类结果　　（b3）巴东面向对象分类结果

（c1）巫山目视解译结果　　（c2）巫山随机森林分类结果　　（c3）巫山面对象分类结果

（d1）云阳目视解译结果　　（d2）云阳随机森林分类结果　　（d3）云阳面向对象分类结果

■ 土质岸坡　　■ 岩土混合岸坡　　□ 岩质岸坡　　■ 人工治理岸坡

0　250　500
m

图 3.3-1　随机森林法与多分辨率分割—随机森林法分类效果对比

3.4　分类结果图与分类精度分析

基于多分辨率分割—随机森林的消落区岸坡分类结果见图 3.4-1。其中，云阳县 D 水源地和巫山县 C 水源地消落区岸坡均包括土质岸坡、岩土混合岸坡、岩质岸坡与人工治理岸坡等 4 种类型，巴东县 B 水源地消落区岸坡以岩土混合岸坡、岩质岸坡为主，秭归县 A 水源地消落区岸坡以土质岸坡、人工治理岸坡为主。典型水源地的最终分类精度见表 3.4-1，其中巴东县 B 水源地消落区岸坡总体分类精度最高，为 95.77％；其次是秭归县 A 和巫山县 C 水源地，分别为 93.61％和 81.88％；云阳县 D 水源地的总体分类精度最低，为 74.36％。

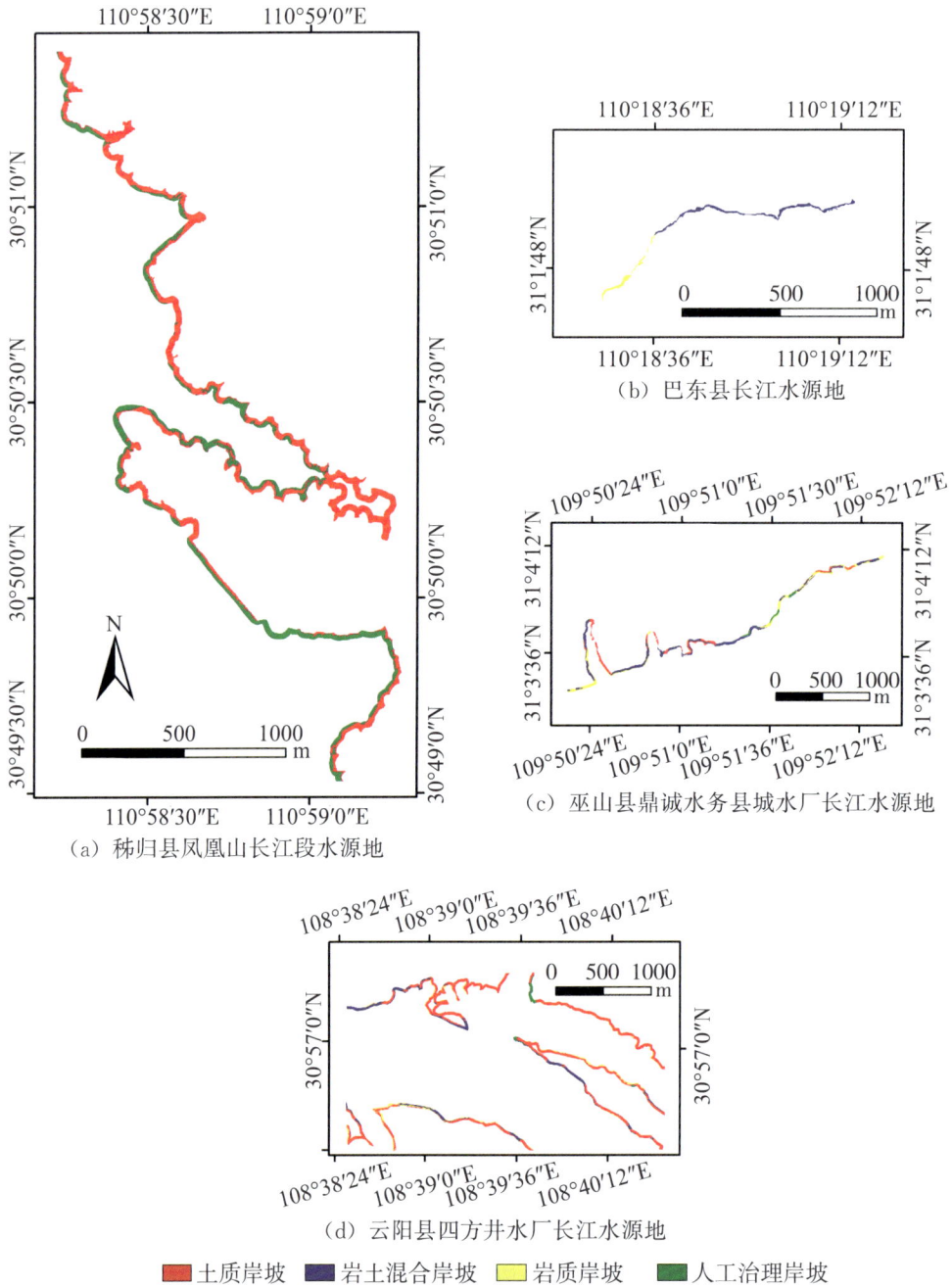

（a）秭归县凤凰山长江段水源地

（b）巴东县长江水源地

（c）巫山县鼎诚水务县城水厂长江水源地

（d）云阳县四方井水厂长江水源地

■ 土质岸坡　■ 岩土混合岸坡　■ 岩质岸坡　■ 人工治理岸坡

图 3.4-1　典型各水源地消落区岸坡分类结果

表 3.4-1　　　　　　　　　多分辨率分割—随机森林方法最终分类精度

岸坡类型	秭归县 A 水源地			巴东县 B 水源地			巫山县 C 水源地			云阳县 D 水源地		
	PA	UA	OA	PA	UA	OA	PA	UA	OA	PA	UA	OA
土质岸坡/%	86.6	91.9	93.6	/	/	95.8	84.4	90.0	81.9	90.0	61.4	74.3
岩土混合岸坡	/	/		100.0	94.7		98.0	70.0		80.0	71.6	
岩质岸坡	/	/		82.4	100.0		36.7	84.6		56.1	80.0	
人工治理岸坡	96.7	94.3		/	/		91.7	93.6		70.0	100.0	

3.5　小结

　　构建基于面向对象的消落区岸坡类型识别方法，对典型水源地岸坡类型进行分类，并探究了面向像元和面向对象策略对岸坡分类精度的影响，研究发现不同消落区岸坡的光谱特征存在较大的差异性。在 6—8 月 GF-2 影像中，土质岸坡与人工治理岸坡区可分度最低，岩质岸坡与岩土混合岸坡次之，土质岸坡与岩质岸坡可分度最高。研究区总体分类精度为 86.26%，其中巴东县 B 水源地岸坡总体分类精度最高，为 95.77%；云阳县 D 水源地岸坡总体分类精度最低为 74.26%，其原因可能是岸坡类型复杂且缺少无人机样本点的补充解译，无人机样本点对岸坡分类具有辅助作用。与面向像元分类结果相比较，面向对象的分类效果较好，具有较高的可信性。其中，巫山县 C 水源地岸坡分类精度提高最为显著，总体精度提高了 28.13%；云阳县 D 岸坡分类精度提高相对最小，总体精度提高了 1.69%。

　　基于多分辨率分割—面向对象消落区岸坡分类操作简单、成本较低且精度较高，分类结果具有较高的可信度，能用于三峡库区大范围消落区岸坡类型识别。该方法能解决高分辨率遥感影像对象内部光谱异质性和对象之间同质性增加问题，有效提高三峡水库消落区岸坡分类精度。研究能为三峡库区消落区生态保护、修复和治理提供先决条件，对维护长江上游重要生态安全屏障具有重要意义。

第 **4** 章 隔离带防护有效性评估结果

基于三峡库区野外调查，结合岸坡倾角、基质特征、植被覆盖度和岸坡坡脚冲刷强度等指标，评估库区水源地隔离带岸坡稳定性；利用坡度、坡长，并借助水土保持措施因子评价隔离带的水土保持效益；通过 SWAT 模型中非点源污染物运输模拟的简化方法，分析隔离带氮磷养分的削减效果，揭示隔离带的面源污染防治效益。综合考虑岸坡稳定性、水土保持效益和面源污染削减效益，评估库区水源地隔离带的防护效果。

4.1 总体评估结果分析

4.1.1 生态隔离带（纵深 50m）评估结果

从总体来看，三峡库区水源地生态隔离带（纵深 50m）防护效果得分为 74 分，其中岸坡稳定性、水土保持、面源污染削减的得分分别为 66 分、98 分和 57 分（表 4.1-1）。从单个水源地来看，江北区 R 水源地、沙坪坝区 S 水源地和渝北区 T 水源地隔离带的防护效果得分均高于 80 分，高于库区水源地隔离带防护效果的平均分（图 4.1-1）。而巫山县 C 水源地、万州区 E 水源地、涪陵区 G 水源地、南岸区 K 水源地和南岸区 L 水源地防护效果得分均低于 70 分，低于库区水源地生态隔离带的平均得分。从单项指标来看，南岸区 K 水源地的岸坡稳定性得分最低，沙坪坝区 S 水源地的岸坡稳定性得分最高；而从水土保持得分来看，库区水源地生态隔离带的水土流失风险均较低；从面源污染阻控来看，库区水源地隔离带面源污染削减效益的空间变异较大，其中巫山县 C 水源地、万州区 E 水源地、南岸区 K 水源地面源污染削减得分较低。

表 4.1-1　　　　三峡库区水源地生态隔离带防护效果指标得分（纵深 50m）

序号	水源地名称	岸坡稳定性	水土保持	面源污染削减	总得分
01	秭归县 A 水源地	64	98	51	71
02	巴东县 B 水源地	62	95	59	72
03	巫山县 C 水源地	56	98	50	68
04	云阳县 D 水源地	70	97	67	78
05	万州区 E 水源地	58	99	50	69
06	涪陵区 F 水源地	68	98	59	74
07	涪陵区 G 水源地	59	99	44	67
08	长寿区 H 水源地	62	96	59	73
09	江北区 I 水源地	66	97	61	74
10	巴南区 J 水源地	70	99	62	77
11	南岸区 K 水源地	53	99	50	68
12	南岸区 L 水源地	57	98	51	69
13	大渡口区 M 水源地	74	98	64	78
14	九龙坡区 N 水源地	64	100	50	71
15	九龙坡区 O 水源地	79	98	58	78
16	渝中区 P 水源地	58	98	53	70
17	沙坪坝区 Q 水源地	63	100	49	70
18	江北区 R 水源地	78	98	70	82
19	沙坪坝区 S 水源地	81	97	65	81
20	渝北区 T 水源地	80	98	64	81
21	北碚区 U 水源地	72	97	59	76

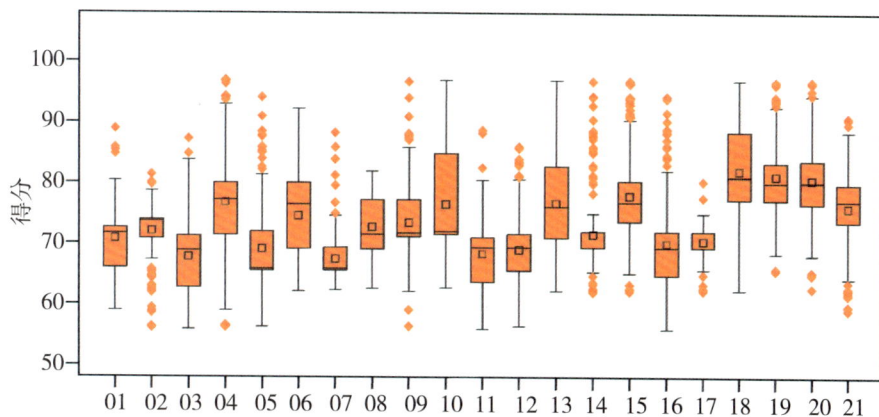

图 4.1-1　三峡库区水源地生态隔离带防护效果得分（纵深 50m）

4.1.2 生态隔离带（纵深1000m）评估结果

从总体来看，三峡库区水源地生态隔离带（纵深1000m）防护效果得分为76分，其中岸坡稳定性、水土保持、面源污染削减的得分分别为66分、99分和68分（表4.1-2）。从单个水源地来看，九龙坡区O水源地、长寿区H水源地、江北区I水源地以及北碚区U水源地隔离带的防护效果得分均高于80分，高于库区水源地隔离带防护效果的平均得分（图4.1-2）。而巫山县C水源地和万州区E水源地防护效果得分均为73分，低于库区水源地隔离带的平均得分。从单项指标来看，渝中区P水源地的岸坡稳定性最低，九龙坡区O水源地的岸坡稳定性最高；而从水土保持效益得分来看，库区水源地隔离带的水土保持效益均较好；从面源污染削减效益来看，库区水源地隔离带的面源污染削减效益空间变异较大，其中云阳县D水源地得分最低，九龙坡区O水源地得分最高。

表 4.1-2 三峡库区水源地生态隔离带防护效果指标得分（纵深1000m）

序号	水源地名称	岸坡稳定性	水土保持	面源污染削减	总得分
1	秭归县A水源地	67	99	58	75
2	巴东县B水源地	65	96	60	74
3	巫山县C水源地	64	98	56	73
4	云阳县D水源地	71	98	52	75
5	万州区E水源地	64	99	56	73
6	涪陵区F水源地	70	99	62	77
7	涪陵区G水源地	66	99	57	74
8	长寿区H水源地	73	99	71	81
9	江北区I水源地	74	98	72	81
10	巴南区J水源地	67	99	55	74
11	南岸区K水源地	66	99	60	75
12	南岸区L水源地	68	99	60	76
13	大渡口区M水源地	70	99	65	78
14	九龙坡区N水源地	67	99	60	75
15	九龙坡区O水源地	75	99	79	84
16	渝中区P水源地	64	99	58	74
17	沙坪坝区Q水源地	65	99	57	74
18	江北区R水源地	70	99	65	78
19	沙坪坝区S水源地	67	99	61	76
20	渝北区T水源地	70	99	67	79
21	北碚区U水源地	74	98	69	80

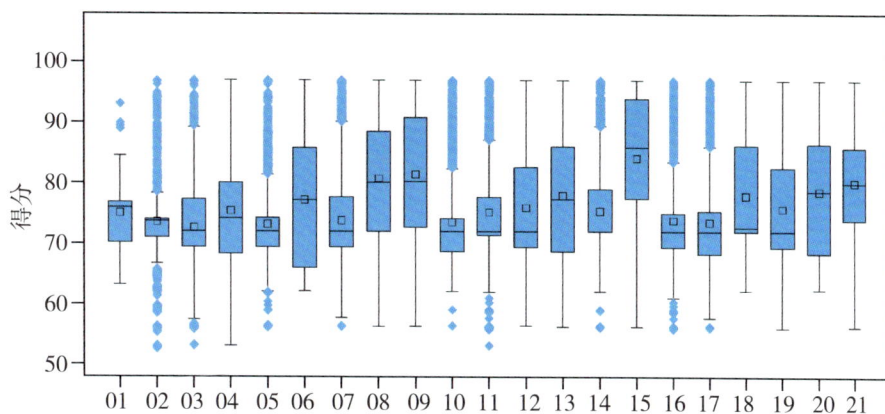

图 4.1-2　三峡库区水源地生态隔离带防护效果得分（纵深 **1000m**）

4.2　典型水源地评估结果

4.2.1　秭归县 A 水源地

秭归县 A 水源地生态隔离带（纵深 50m）防护效果得分为 71 分（图 4.2-1）。其中，岸坡稳定性、水土保持、面源污染削减得分分别为 64 分、98 分和 50 分。从纵向范围来看，水源地取水口上游 0～500m 隔离带防护效果得分为 74 分，水源地取水口上游 500～1000m 隔离带的防护效果得分为 70 分，表明取水口附近隔离防护效果相对较好；水源地取水口下游 0～100m 隔离带防护效果略高于陆域隔离带（纵深 50m）平均水平。总体来说，该水源地生态隔离带（纵深 50m）的防护效果得分略低于所有评估对象防护效果得分的平均值。

该水源地生态隔离带（纵深 1000m）防护效果得分为 75 分（图 4.2-2）。其中，岸坡稳定性、水土保持、面源污染削减得分分别为 67 分、99 分和 58 分。从纵向范围来看，水源地取水口上游 0～1000m 隔离带防护效果得分为 74 分，水源地取水口上游 1000～3000m 隔离带的防护效果得分为 73 分，均与隔离带整体防护效果的比较接近；水源地取水口下游 0～300m 隔离带防护效果略高于该隔离带的平均得分。总体来说，该水源地生态隔离带（纵深 1000m）的防护效果得分略低于所有评估对象防护效果得分的平均值。

从该水源地生态隔离带防护效果得分的分布来看，50m 宽的隔离带的防护效果得分低于 1000m 宽的隔离带。从得分频率分布来看，50m 宽的隔离带和 1000m 宽的隔离带的防护效果得分均集中在 70～80 分，分布频率分别为 56% 和 55%。当得分区间为 60～70 分，50m 宽的隔离带的得分频率低于 1000m 宽的隔离带；而在 80～90 分区间，1000m 宽的隔离带的得分频率高于 50m 宽的隔离带（表 4.2-1、图 4.2-3）。

表 4.2-1　　　　　　　　　秭归县 A 水源地生态隔离带防护效果得分概况

生态隔离带	岸坡稳定性	水土保持	面源污染削减	总得分
宽度（纵深 50m）	64	98	50	71
宽度（纵深 1000m）	67	99	58	75

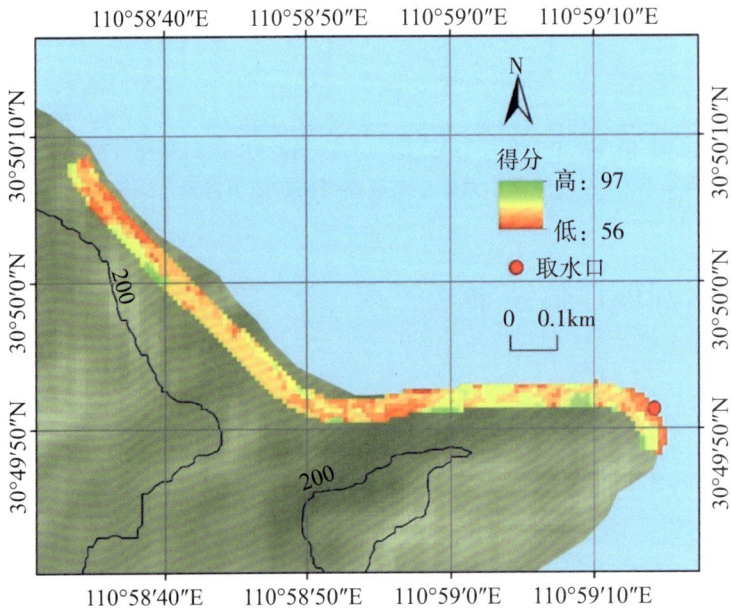

图 4.2-1　秭归县 A 水源地生态隔离带防护效果得分（纵深 50m）

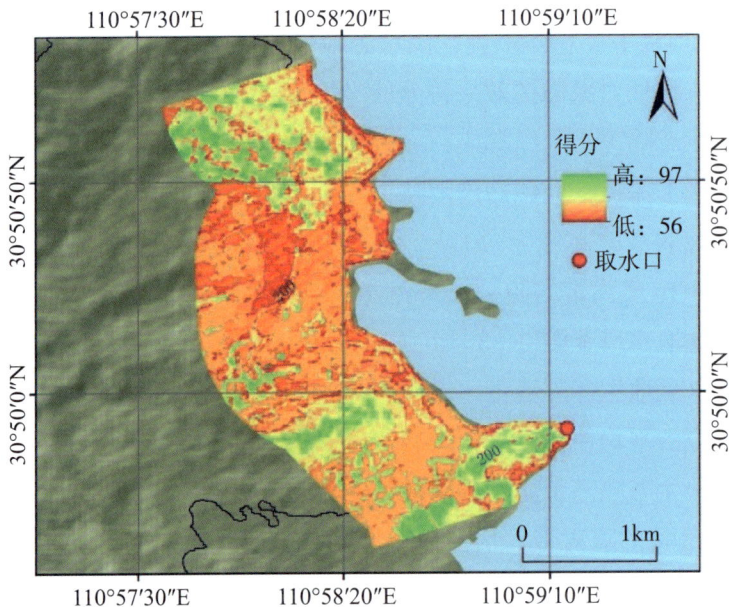

图 4.2-2　秭归县 A 水源地生态隔离带防护效果得分（纵深 1000m）

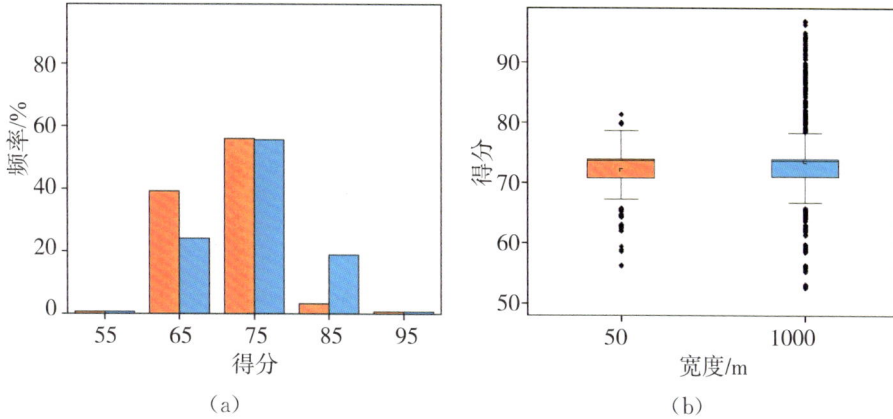

（a）　　　　　　　　　　　（b）

图 4.2-3　秭归县 A 水源地生态隔离带防护效果得分统计

4.2.2　巴东县 B 水源地

巴东县 B 水源地生态隔离带（纵深 50m）防护效果得分为 72 分（图 4.2-4）。其中，岸坡稳定性、水土保持、面源污染削减得分分别为 62 分、95 分和 59 分。从纵向范围来看，水源地取水口上游 0～500m 隔离带防护效果得分为 73 分，水源地取水口上游 500～1000m 隔离带的防护效果与 0～500m 隔离带的基本一致；水源地取水口下游 0～100m 隔离带防护效果平均值为 67 分，低于该水源地生态隔离带（纵深 50m）的平均水平，表明取水口附近隔离防护效果一般。总体来说，该水源地生态隔离带（纵深 50m）的防护效果得分略低于所有评估对象防护效果得分的平均值。

该水源地生态隔离带（纵深 1000m）防护效果得分为 74 分（图 4.2-5）。其中，岸坡稳定性、水土保持、面源污染削减得分分别为 65 分、96 分和 60 分。从纵向范围来看，水源地取水口上游 0～1000m 隔离带防护效果接近该隔离带的平均得分，隔离效果得分的低值区域分布在江边部分区域；水源地取水口上游 1000～3000m 隔离带的防护效果的平均值为 72 分，其中水源地的最上游区域得分较高，表明该区域隔离防护效果较好；水源地取水口下游 0～300m 隔离带防护效果与隔离带整体防护效果接近。总体来说，该水源地生态隔离带（纵深 1000m）的防护效果得分低于所有评估对象防护效果得分的平均值。

从该水源地生态隔离带防护效果得分的分布来看，50m 宽的隔离带的防护效果平均得分略低于 1000m 宽的隔离带，且 1000m 宽隔离带的防护效果得分空间变异更强。从得分频率分布来看，50m 宽的隔离带和 1000m 宽的隔离带的防护效果得分均集中在 70～80 分，分布频率分别为 81％和 85％。当得分区间为 60～70 分，50m 宽的隔离带的得分频率低于 1000m 的宽隔离带；而在 80～90 分得分区间，

1000m 宽的隔离带的得分频率高于 50m 宽的隔离带（表 4.2-2、图 4.2-6）。

表 4.2-2　　　　　　　　　巴东县 B 水源地生态隔离带防护效果得分概况

生态隔离带	岸坡稳定性	水土保持	面源污染削减	总得分
宽度（纵深 50m）	62	95	59	72
宽度（纵深 1000m）	65	96	60	74

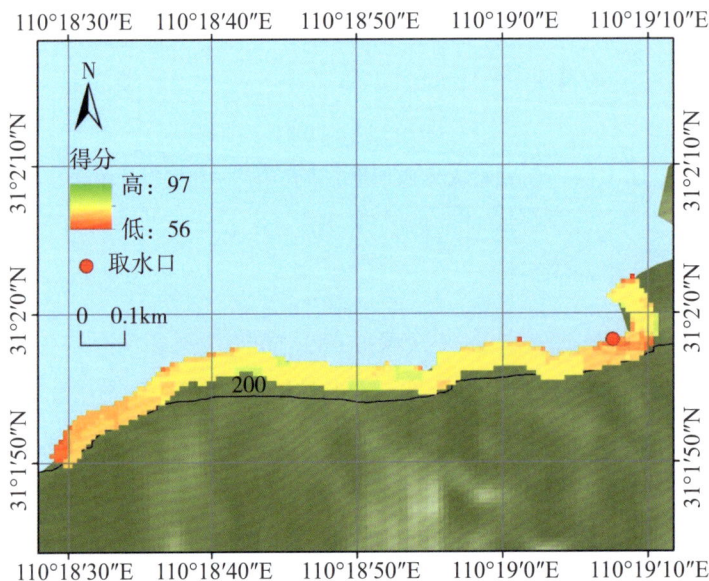

图 4.2-4　巴东县 B 水源地生态隔离带防护效果得分（纵深 50m）

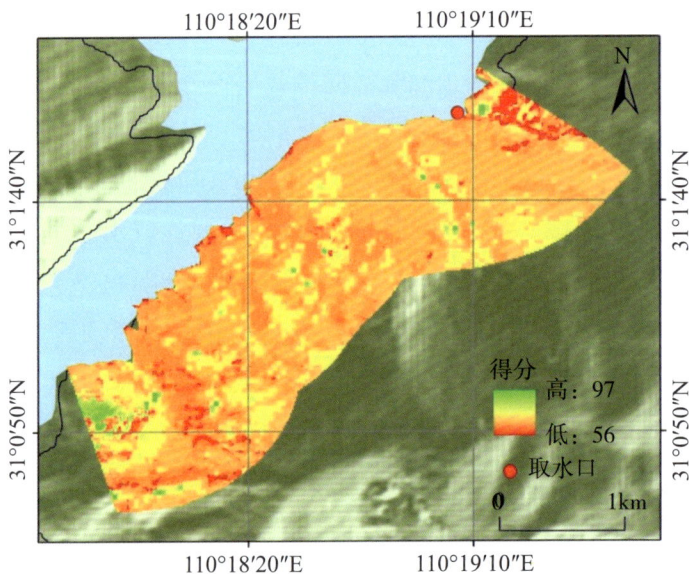

图 4.2-5　巴东县 B 水源地生态隔离带防护效果得分（纵深 1000m）

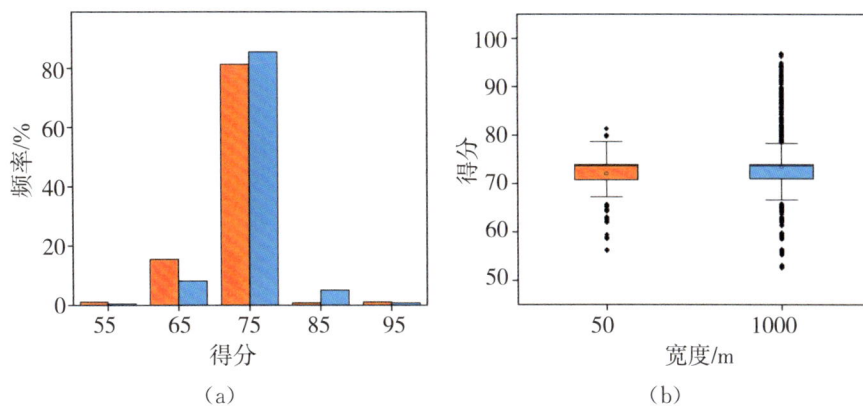

图 4.2-6　巴东县 B 水源地生态隔离带防护效果得分统计

4.2.3　巫山县 C 水源地

巫山县 C 水源地生态隔离带（纵深 50m）防护效果得分为 68 分（图 4.2-7）。其中，岸坡稳定性、水土保持、面源污染削减得分分别为 56 分、98 分和 50 分。从纵向范围来看，水源地取水口防护效果得分的空间变异性较高：水源地取水口上游 0～500m 隔离带防护效果平均得分为 66 分，低于该水源地隔离带的平均水平；水源地取水口上游 500～1000m 隔离带防护效果的平均得分为 73 分，表明该区域隔离防护效果较好；水源地取水口下游 0～100m 隔离带防护效果的平均得分为 68 分，接近隔离带防护效果平均分。总体来说，该水源地生态隔离带（纵深 50m）的防护效果得分在所有评估对象防护效果得分中较低。

该水源地生态隔离带（纵深 1000m）防护效果得分为 73 分（图 4.2-8）。从单项得分来看，岸坡稳定性、水土保持、面源污染削减得分分别为 64 分、98 分和 56 分。从纵向范围来看，水源地取水口上游 0～1000m 与 1000～3000m 防护效益得分比较接近，与该水源地隔离带防护效果的得分差别不大；下游 0～300m 的隔离带防护效果得分最高为 74 分。总体来说，该水源地生态隔离带（纵深 1000m）的防护效果得分在所有评估对象防护效果得分中较低。

从该水源地生态隔离带防护效果得分的分布来看，50m 宽的隔离带的防护效果得分低于 1000m 宽的隔离带。从得分频率分布来看，50m 宽的隔离带的防护效果得分均集中在 60～70 分，分布频率为 58％；而 1000m 宽的隔离带的防护效果得分集中在 70～80 分，分布频率为 53％。当得分区间为 80～90 分，50m 宽的隔离带的分布频率明显高于 1000m 宽的隔离带；而在 50～60 分和 90～100 分区间，1000m 宽的隔离带的分布频率明显高于 50m 宽的隔离带（表 4.2-3、图 4.2-9）。

表 4.2-3　　　　　　　　　　巫山县 C 水源地生态隔离带防护效果得分概况

生态隔离带	岸坡稳定性	水土保持	面源污染削减	总得分
宽度（纵深 50m）	56	98	50	68
宽度（纵深 1000m）	64	98	56	73

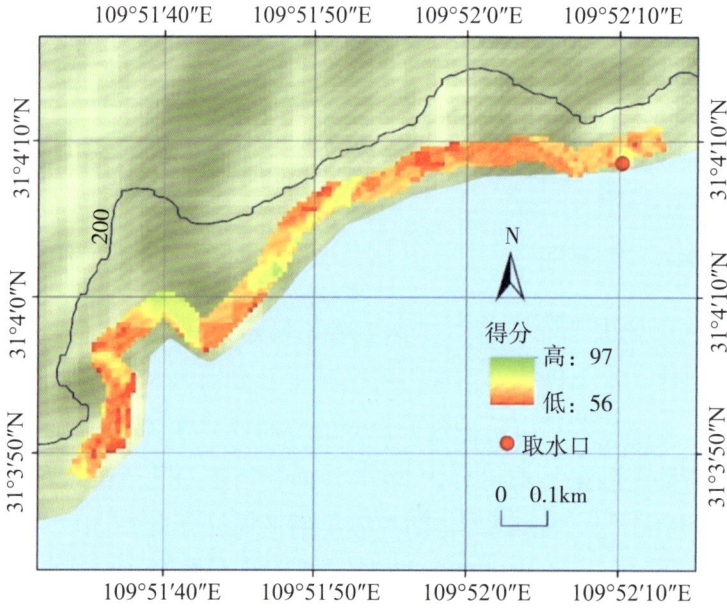

图 4.2-7　巫山县 C 水源地生态隔离带防护效果得分（纵深 50m）

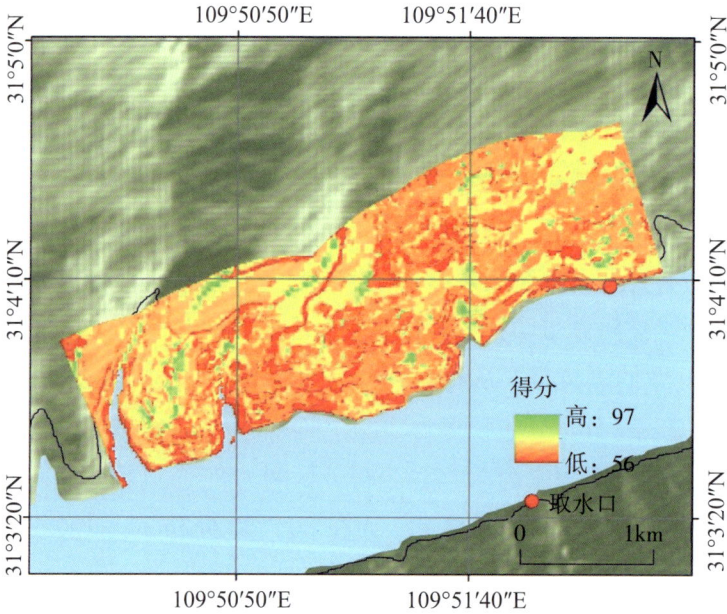

图 4.2-8　巫山县 C 水源地生态隔离带防护效果得分（纵深 1000m）

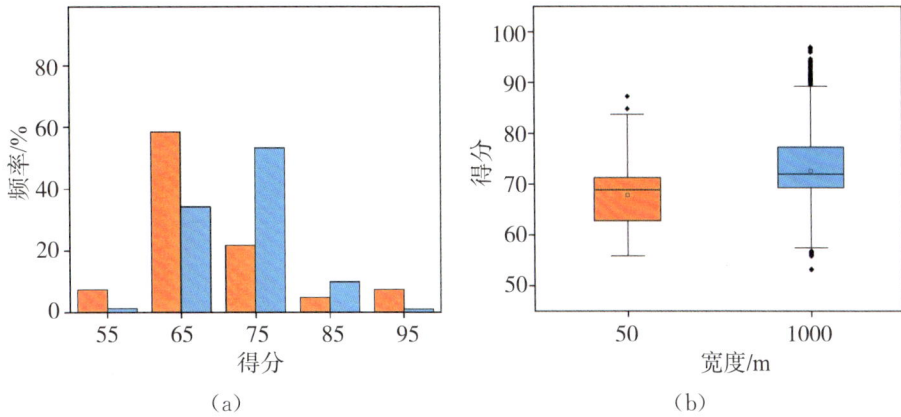

（a）　　　　　　　　　　　　（b）

图 4.2-9　巫山县 C 水源地生态隔离带防护效果得分统计

4.2.4　云阳县 D 水源地

云阳县 D 水源地生态隔离带（纵深 50m）防护效果得分为 78 分（图 4.2-10）。其中，岸坡稳定性、水土保持、面源污染削减得分分别为 70 分、97 分和 67 分。从纵向范围来看，水源地取水口上游 0～500m 隔离带防护效果平均得分为 73 分；水源地取水口上游 500～1000m 隔离带的防护效果平均得分为 79 分，该纵向区域的防护效果相对较好；水源地取水口下游 0～100m 隔离带防护效果平均得分为 70 分，低于该水源地生态隔离带（纵深 50m）防护效果的平均水平。总体来说，该水源地陆域隔离带（纵深 50m）的防护效果得分略高于所有评估对象防护效果得分的平均值。

该水源地生态隔离带（纵深 1000m）防护效果得分为 75 分（图 4.2-11）。其中，岸坡稳定性、水土保持、面源污染削减得分分别为 71 分、98 分和 52 分。该水源地取水口上游 0～1000m 隔离带与该水源地隔离带整体防护效果接近，防护效果得分的低值区主要分布在临江区域；水源地取水口上游 1000～3000m 隔离带防护效果的平均得分值为 72 分；水源地取水口下游 0～300m 隔离带防护得分接近该水源地隔离带防护效果的均值。总体来说，该水源地陆域隔离带（纵深 1000m）的防护效果得分略低于所有评估对象防护效果得分的平均值。

从该水源地生态隔离带防护效果得分的分布来看，50m 宽的隔离带的防护效果得分略高于 1000m 宽的隔离带。从得分频率分布来看，50m 宽的隔离带和 1000m 宽隔离带的防护效果得分均集中在 70～80 分，但 50m 宽的隔离带分布频率更高。当得分区间为 80～90 分以及 60～100 分时，50m 宽的隔离带的分布频率均低于 1000m 宽的隔离带；当得分为 50～60 分之间时，50m 的宽隔离带的分布频率略高于 1000m 宽的隔离带（表 4.2-4、图 4.2-12）。

表 4.2-4   云阳县 D 水源地生态隔离带防护效果得分概况

陆域隔离带	岸坡稳定性	水土保持	面源污染削减	总得分
陆域（纵深 50m）	70	97	67	78
陆域（纵深 1000m）	71	98	52	75

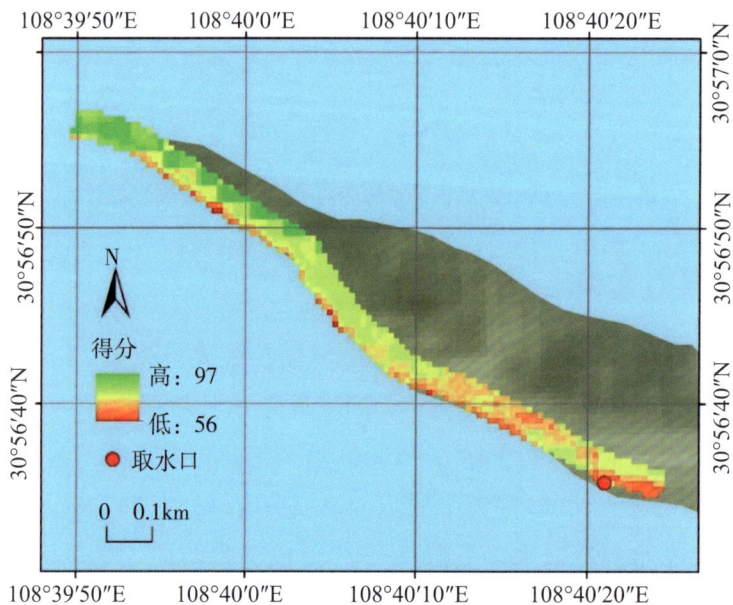

图 4.2-10 云阳县 D 水源地生态隔离带防护效果得分（纵深 50m）

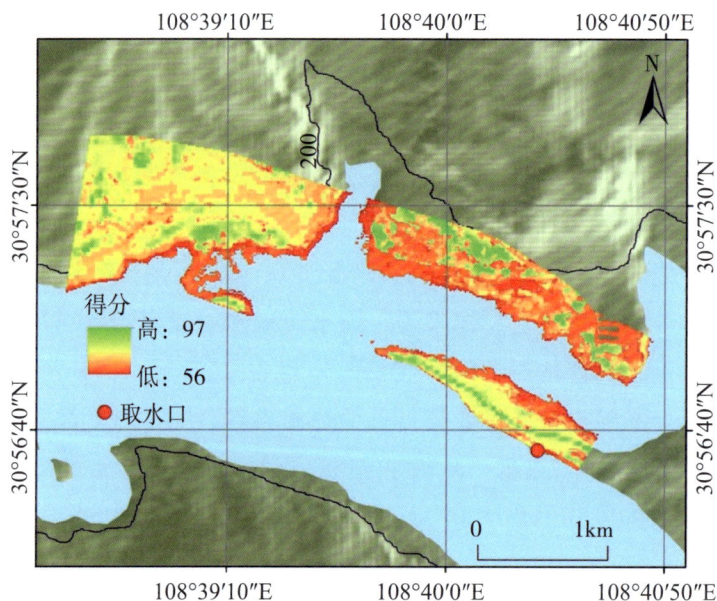

图 4.2-11 云阳县 D 水源地生态隔离带防护效果得分（纵深 1000m）

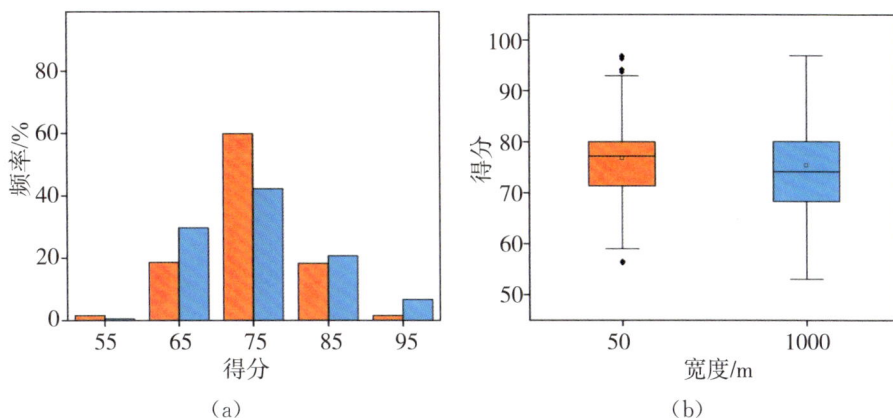

图 4.2-12　云阳县 D 水源地生态隔离带防护效果得分统计

4.2.5　涪陵区 F 水源地

涪陵区 F 水源地生态隔离带（纵深 50m）防护效果得分为 75 分（图 4.2-13）。其中，岸坡稳定性、水土保持、面源污染削减得分分别为 68 分、98 分和 59 分。从纵向范围来看，水源地取水口上游 0～500m 隔离带防护效果的平均得分为 74 分，与该水源地隔离带防护效果得分接近；水源地取水口上游 500～1000m 隔离带防护效果的平均得分为 63 分，表明取水口上游区域隔离防护效果较差；水源地取水口下游 0～100m 隔离带防护效果略低于该水源地生态隔离带防护效果的平均得分。总体来说，该水源地生态隔离带（纵深 50m）的防护效果得分略高于所有评估对象防护效果得分的平均值。

该水源地生态隔离带（纵深 1000m）防护效果平均值为 77 分（图 4.2-14）。其中，岸坡稳定性、水土保持、面源污染削减得分分别为 70 分、99 分和 62 分。从纵向范围来看，水源地取水口上游 0～1000 隔离带防护效果的平均得分为 78 分，1000～3000m 隔离带防护效果的平均得分为 77 分，表明水源地取水口隔离防护效果较好；下游 0～300m 隔离带防护效果的平均得分为 76 分，接近该水源地生态隔离带（纵深 1000m）防护效果的平均得分。总体来说，该水源地陆域隔离带（纵深 1000m）的防护效果得分接近所有评估对象防护效果的平均水平。

从该水源地生态隔离带防护效果得分的分布来看，50m 宽的隔离带的防护效果得分略低于 1000m 宽的隔离带。从得分频率分布来看，50m 宽的隔离带和 1000m 宽的隔离带的防护效果得分分别集中在 70～80 分和 60～70 分，分布频率分别为 47％和 35％。当得分区间为 80～90 分时，50m 宽隔离带的分布频率接近 1000m 宽隔离带的分布频率。当得分高于 90 分时，50m 宽隔离带的分布频率小于 1000m 宽隔离带的分布频率（表 4.2-5、图 4.2-15）。

表 4.2-5　　　　　　　　涪陵区 F 水源地生态隔离带防护效果得分概况

生态隔离带	岸坡稳定性	水土保持	面源污染削减	总得分
宽度（纵深 50m）	68	98	59	75
宽度（纵深 1000m）	70	99	62	77

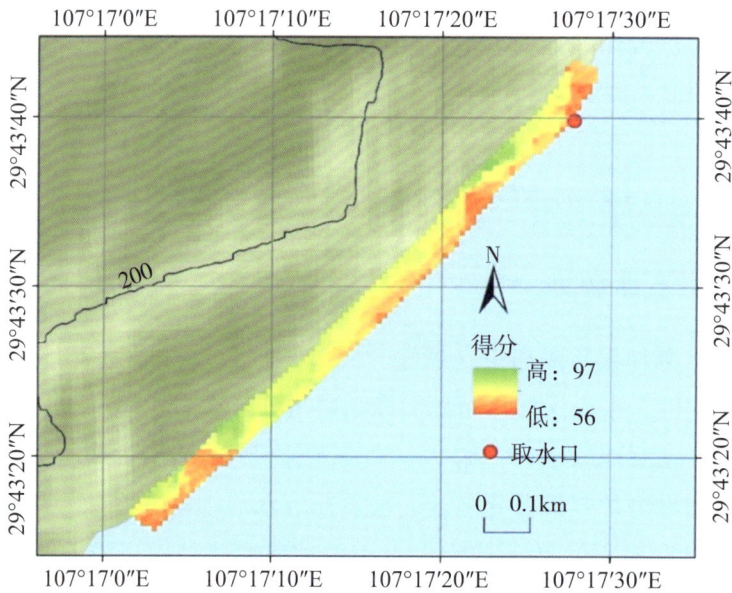

图 4.2-13　涪陵区 F 水源地生态隔离带防护效果得分（纵深 50m）

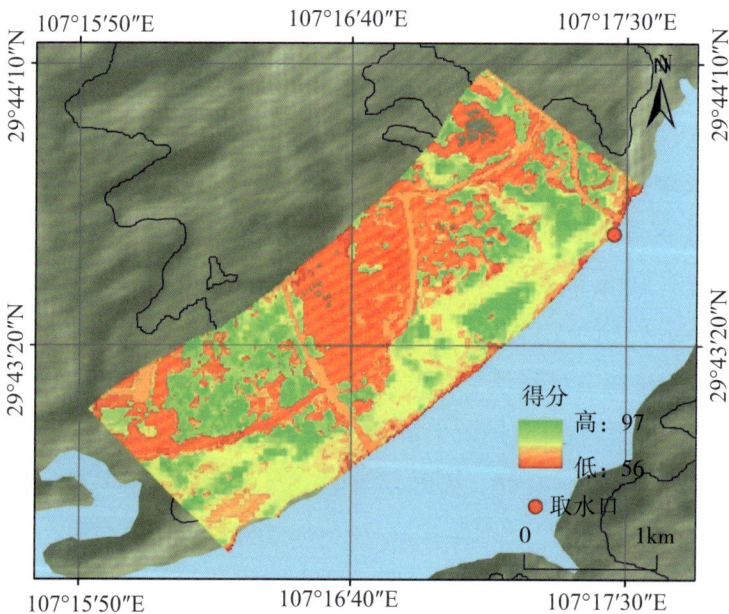

图 4.2-14　涪陵区 F 水源地生态隔离带防护效果得分（纵深 1000m）

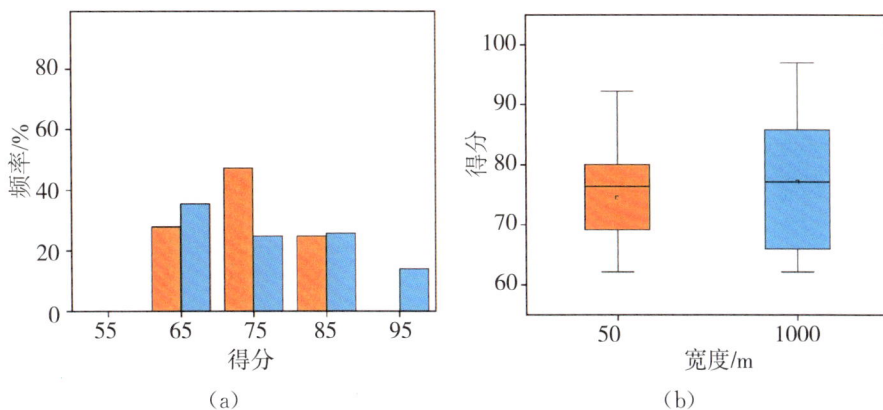

图 4.2-15　涪陵区 F 水源地生态隔离带防护效果得分统计

4.2.6　涪陵区 G 水源地

涪陵区 G 水源地生态隔离带（纵深 50m）防护效果得分为 67 分（图 4.2-16）。其中，岸坡稳定性、水土保持、面源污染削减得分分别为 59 分、99 分和 44 分。从纵向范围来看，水源地取水口上游 0～500m 隔离带防护效果的平均得分为 68 分；水源地取水口上游 500～1000m 隔离带防护效果的平均得分为 67 分，与该水源地生态隔离带（纵深 50m）防护效果的得分接近；水源地取水口下游 0～100m 隔离带的防护效果平均得分为 69 分。总体来说，该水源地生态隔离带（纵深 50m）的防护效果得分低于所有评估对象防护效果得分的平均值。

该水源地生态隔离带（纵深 1000m）防护效果得分为 74 分（图 4.2-17）。其中，岸坡稳定性、水土保持、面源污染削减得分分别为 66 分、99 分和 57 分。从纵向范围来看，水源地取水口上游 0～1000m 隔离带防护效果的平均得分为 73 分，略低于该隔离带整体防护效果的平均水平；水源地取水口上游 1000～3000m 隔离带防护效果的平均得分为 75 分，该区域生态隔离带防护效果较好；水源地取水口下游 0～300m 隔离带防护效果的平均得分为 72 分。总体来说，该水源地生态隔离带（纵深 1000m）的防护效果得分低于所有评估对象防护效果得分的平均值。

从该水源地生态隔离带防护效果得分的分布来看，50m 宽的隔离带的防护效果平均得分低于 1000m 宽的隔离带。从得分频率分布来看，50m 宽的隔离带和1000m 宽的隔离带的防护效果得分分别集中在 60～70 分和 70～80 分。而当得分区间为 60～70 分时，50m 宽的隔离带的分布频率约为是 1000m 宽的隔离带的 2 倍。此外，50m 宽的隔离带防护效果没有得分超过 90 分的区域，而 1000m 宽的隔离带防护效果超过 90 分的分布频率为 5％（表 4.2-6、图 4.2-18）。

表 4.2-6 涪陵区 G 水源地生态隔离带防护效果得分概况

生态隔离带	岸坡稳定性	水土保持	面源污染削减	总得分
宽度（纵深 50m）	59	99	44	67
宽度（纵深 1000m）	66	99	57	74

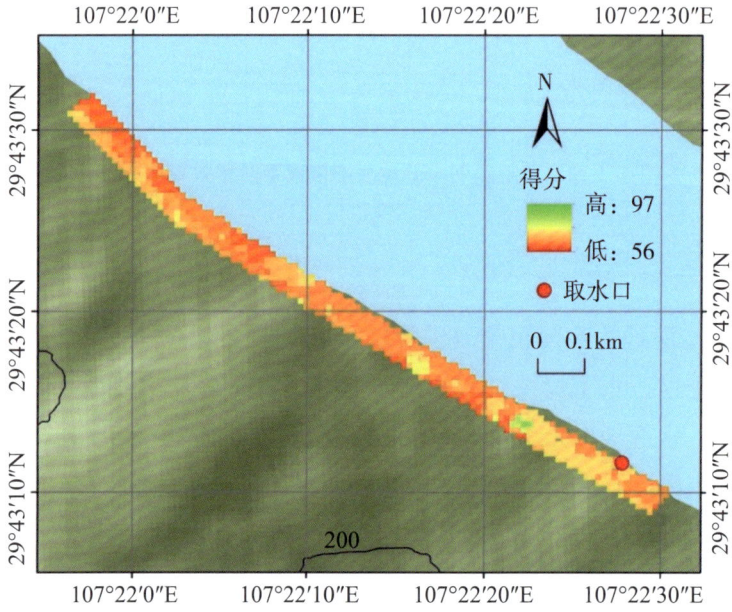

图 4.2-16 涪陵区 G 水源地生态隔离带防护效果得分（纵深 50m）

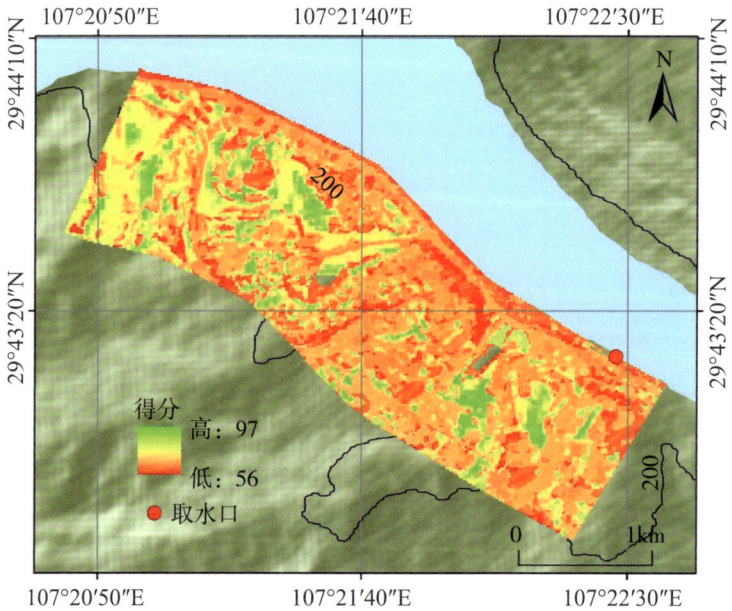

图 4.2-17 涪陵区 G 水源地生态隔离带防护效果得分（纵深 1000m）

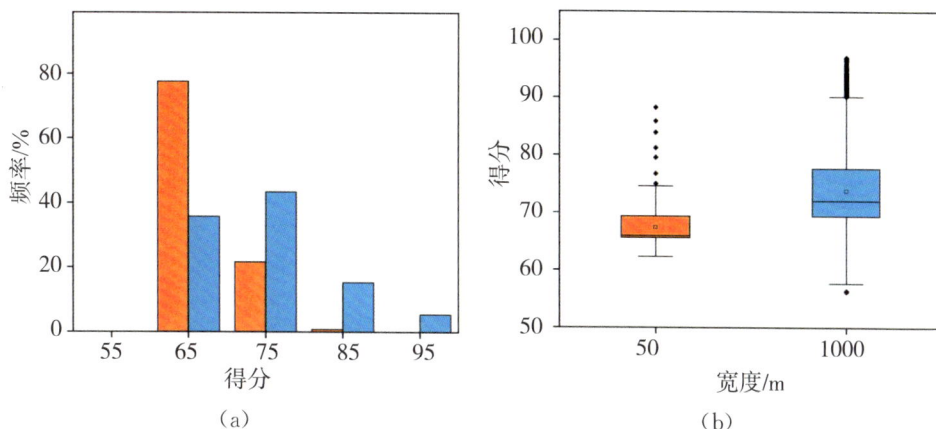

（a）　　　　　　　　　　　　（b）

图 4.2-18　涪陵区 G 水源地生态隔离带防护效果得分统计

4.2.7　北碚区 U 水源地

北碚区 U 水源地生态隔离带（纵深 50m）防护效果得分为 76 分（图 4.2-19）。其中，岸坡稳定性、水土保持、面源污染削减得分分别为 72 分、97 分和 59 分。从纵向范围看，水源地取水口上游 0~500m 隔离带防护效果的平均得分为 78 分，水源地取水口上游 500~1000m 隔离带的防护效果平均得分为 76 分，水源地取水口下游 0~100m 隔离带的防护效果与上游 500~1000m 隔离带基本相同。从总体来说，该水源地生态隔离带（纵深 50m）的防护效果得分略高于所有评估对象防护效果得分的平均值。

该水源地生态隔离带（纵深 1000m）防护效果得分为 80 分（图 4.2-20）。其中，岸坡稳定性、水土保持、面源污染削减得分分别为 74 分、98 分和 69 分。从纵向范围来看，水源地取水口上游 0~1000m 隔离带防护效果得分与取水口上游 1000~3000m 隔离带基本相同，均接近该水源地隔离带的整体防护效果；水源地取水口下游 0~300m 隔离带防护效果得分为 79 分，略低于该隔离带防护效果的平均得分。总体来说，该水源地生态隔离带（纵深 1000m）的防护效果得分高于所有评估对象防护效果得分的平均值。

从该水源地生态隔离带防护效果得分的分布来看，50m 宽隔离带的防护效果平均得分低于 1000m 宽隔离带。其中，50m 宽隔离带和 1000m 宽的隔离带防护效果得分均集中在 70~80 分，分布频率分别为 76% 和 42%。当得分区间为 60~70 分，50m 宽隔离带的分布频率接近 1000m 宽的隔离带；而在 80~90 分区间，1000m 宽隔离带的分布频率高于 50m 宽隔离带（表 4.2-7、图 4.2-21）。

表 4.2-7　　　　　　北碚区 U 水源地生态隔离带防护效果得分概况

生态隔离带	岸坡稳定性	水土保持	面源污染削减	总得分
宽度（纵深 50m）	72	97	59	76
宽度（纵深 1000m）	74	98	69	80

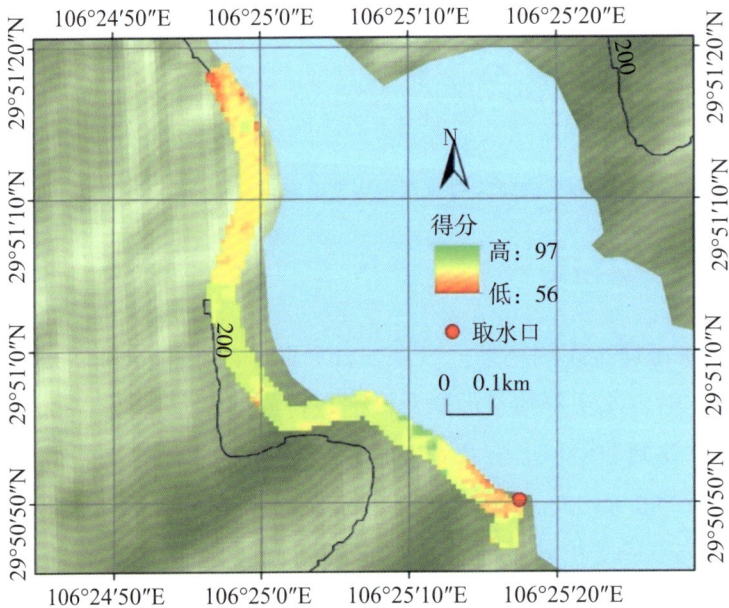

图 4.2-19　北碚区 U 水源地生态隔离带防护效果得分（纵深 50m）

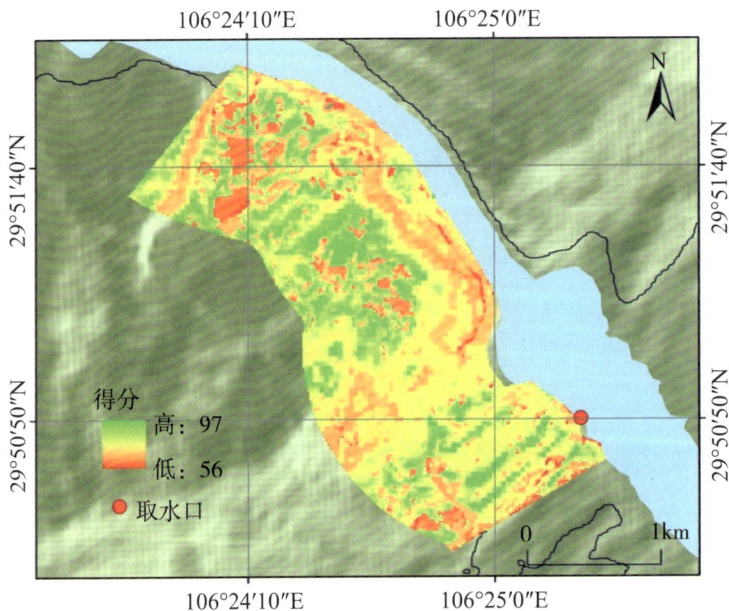

图 4.2-20　北碚区 U 水源地生态隔离带防护效果得分（纵深 1000m）

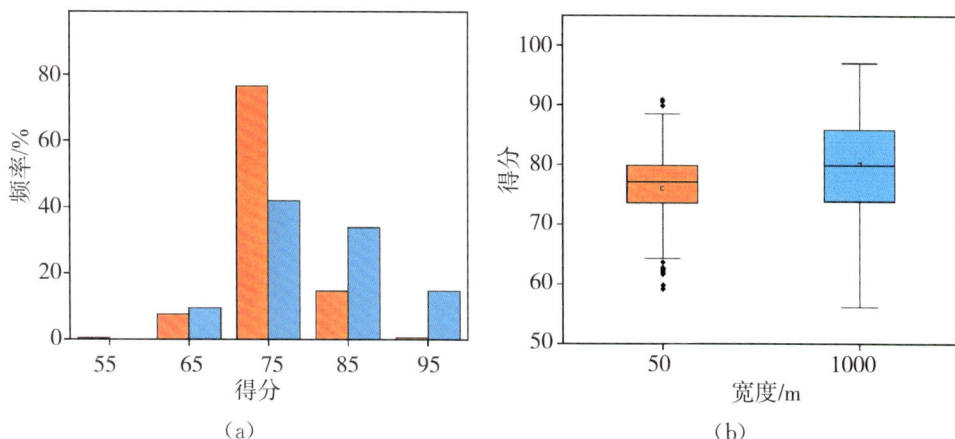

图 4.2-21　北碚区 U 水源地生态隔离带防护效果得分统计

4.3　小结

　　水源地保护和规范化建设的重要性不言而喻，然而生态隔离带建设未来仍然不确定。虽然生态隔离带是一个流行的概念，关于科学化、规范化建设仍然需要改进。我们需要更多地识别和评估，进而推进水源地河岸带政策制定和实施。研究应基于稳健的测度和量化，以便评估生态建设方案的实施效果。

　　三峡库区水源地生态隔离带（纵深 50m）防护效果得分为 74 分，库区水源地生态隔离带（纵深 1000m）防护效果得分为 76 分。典型水源地评估结果显示，秭归县 A 水源地生态隔离带（纵深 50m）和（纵深 1000m）防护效果得分分别为 71 分和 75 分；巴东县 B 水源地生态隔离带（纵深 50m）和（纵深 1000m）防护效果得分分别为 72 分和 74 分；巫山县 C 水源地生态隔离带（纵深 50m）和（纵深 1000m）防护效果得分分别为 68 分和 73 分；云阳县 D 水源地生态隔离带（纵深 50m）和（纵深 1000m）防护效果得分分别为 78 分和 75 分；涪陵区 F 水源地生态隔离带（纵深 50m）和（纵深 1000m）防护效果得分分别为 75 分和 77 分；涪陵区 G 水源地生态隔离带（纵深 50m）和（纵深 1000m）防护效果得分分别为 67 分和 74 分；北碚区 U 水源地生态隔离带（纵深 50m）和（纵深 1000m）防护效果得分分别为 76 分和 80 分。从典型水源地生态隔离带防护效果得分来看，除云阳县 D 水源地以外，其他水源地 50m 宽的隔离带防护效果得分均低于 1000m 宽的隔离带。

第 5 章 生态隔离带建设布局研究

采用改进的景观空间对比指数，分析隔离带适宜宽度与地形因子、植被覆盖、土地利用等的关系，研究三峡库区和各区（县）"源—汇"分布格局和景观空间负荷比。在此基础上，选择发生面源污染可能性较大的子流域（黄柏河集水区、涪陵—李渡集水区、北碚—嘉陵江集水区等），开展典型集水区生态隔离带建设布局研究，进而确定各集水区植被缓冲带的位置和宽度。

5.1 研究区面源污染现状分析

5.1.1 研究区源汇格局分析

由于研究区内生态质量较高，林地占比较高，研究区景观斑块以"汇"为主，"汇"斑块占比达 80％以上（图 5.1-1）。研究区"汇"斑块对养分截留作用能力作用较高，其权重范围为 0.40～0.80，均值为 0.74，标准差为 0.02。研究"汇"斑块对养分截留作用能力差异较小，绝大多数"汇"斑块的权重值均在 0.7 以上。而在研究区中部，由于存在一定比例植被覆盖度略低的灌木和草地，使得该区域"汇"斑块的权重值略低。

研究区"源"斑块占地较少，其占比不足 20％（图 5.1-2）。研究区"源"斑块主要分布在人口密度较高的重庆市、宜昌市主城区和各县城区。其主要土地利用类型为建设用地和耕地。研究区"源"斑块对养分流失能力作用能力差异较大，其权重范围为 0.10～0.80，均值为 0.66，标准差为 0.04。对养分流失作用能力较大的斑块主要集中在研究区中西部的长寿区、涪陵区、丰都县和忠县等农田占比较高，农业活动频繁的区域。

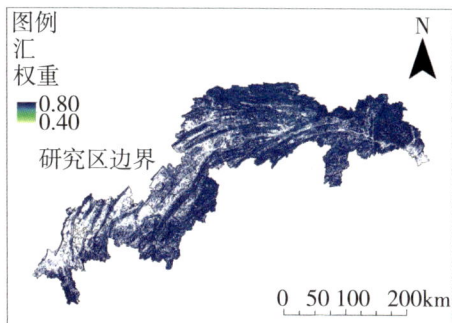

图 5.1-1　"汇"斑块类型对养分截留作用
能力权重值的空间分布

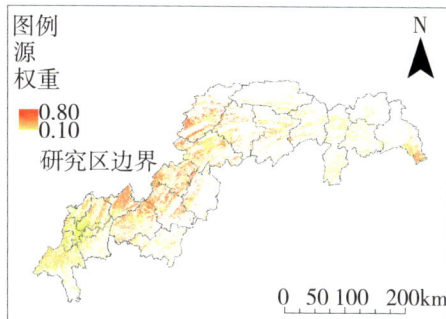

图 5.1-2　"源"斑块类型对养分流失作用
能力权重值的空间分布

就行政区而言，不同行政区"源""汇"斑块面积占比存在较大差别（图 5.1-3）。其中，重庆市"源"斑块占比达 27%，湖北省仅为 15%。就不同区（县）而言，渝中区"汇"斑块面积占比最少，仅为 2%。大渡口区、九龙坡区"汇"斑块面积占比也较少，均未超过 30%。兴山县"源"斑块面积占比最少，仅为 7%。巫溪县"源"斑块占比为 8%，石柱土家族自治县占比为 13%。共有 13 个区（县）"汇"斑块面积占比超过 70%，主要集中在湖北省。共有 5 个区（县）"源"斑块面积占比超过 60%，均分布在重庆市内。

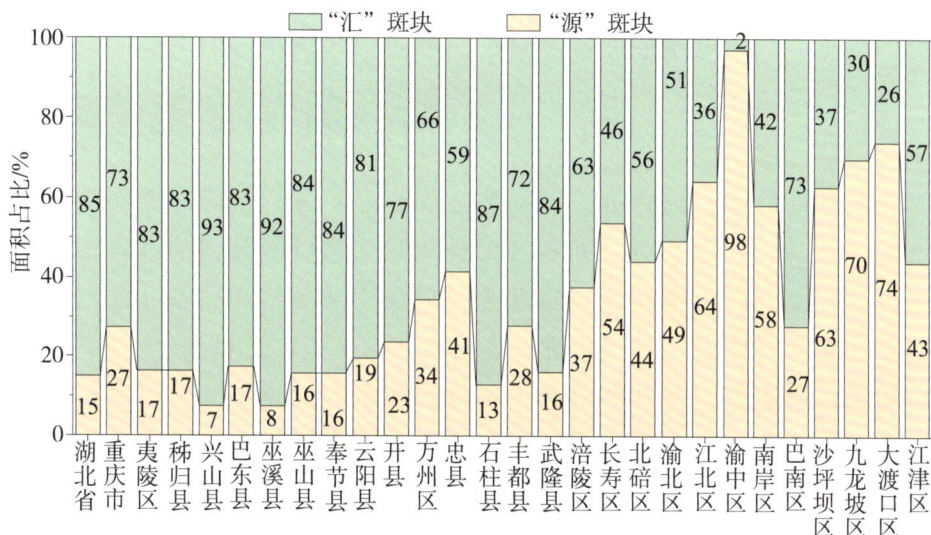

图 5.1-3　各行政区"源""汇"斑块面积占比

5.1.2 汇水区景观空间负荷比

总体而言，研究区景观空间负荷对比指数为0.24，"汇"斑块对研究区内面源污染控制较大，研究区面源污染发生可能性较低。其中，湖北库区和重庆库区景观空间负荷对比指数分布为0.18和0.21。绝大多数汇水区LWLI处于0~0.2，其累积频率达48.5%（图5.1-4）。LWLI小于0.5的汇水区占比达82.4%，相应汇水区发生面源污染的可能性较小。此外，共有59个汇水区LWLI超过0.5，相应区域发生面源污染的可能性较高。LWLI超过0.8的汇水区共有24个，相应区域发生面源污染的可能性极高。相应城市汇水区应建立完善的市政污水处理设施。而在农业汇水区除采取措施处理农民生活污水外，还应建立植被隔离带以防止农业面源污染发生。

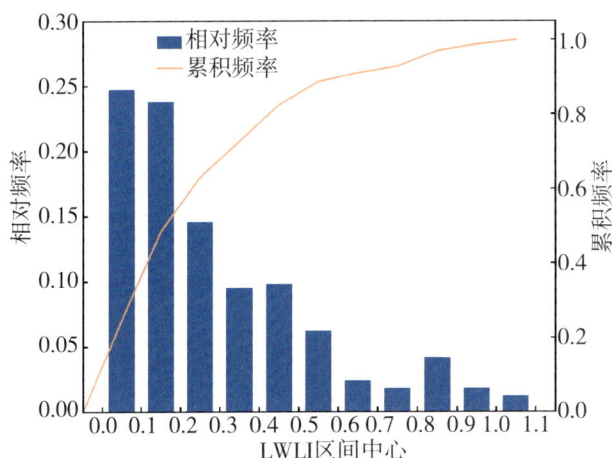

图 5.1-4　研究区 LWLI 频率统计

从空间分布而言，景观空间负荷对比指数超过0.5的集水区主要分布在重庆市境内。渝中区、沙坪坝区、九龙坡区、大渡口区的集水区景观空间负荷对比指数全部超过0.5（图5.1-5），相应区域的面源污染应该引起政府相关部门的重视。此外，江津区、江北区、渝北区、长寿区的大部分集水区的LWLI也超过0.5，相应区域应引起重视，避免面源污染风险加剧。夷陵区绝大部分集水区LWLI并未超过0.5，但区域西部多个集水区LWLI超标，表现出较高的面源污染风险。LWLI超过1的4个集水区中，有2个位于夷陵区。另外，有1个集水区位于沙坪坝区和九龙坡区，1个位于九龙坡区和江津区，这些区域的面源污染风险防治需要加强跨地区的合作。

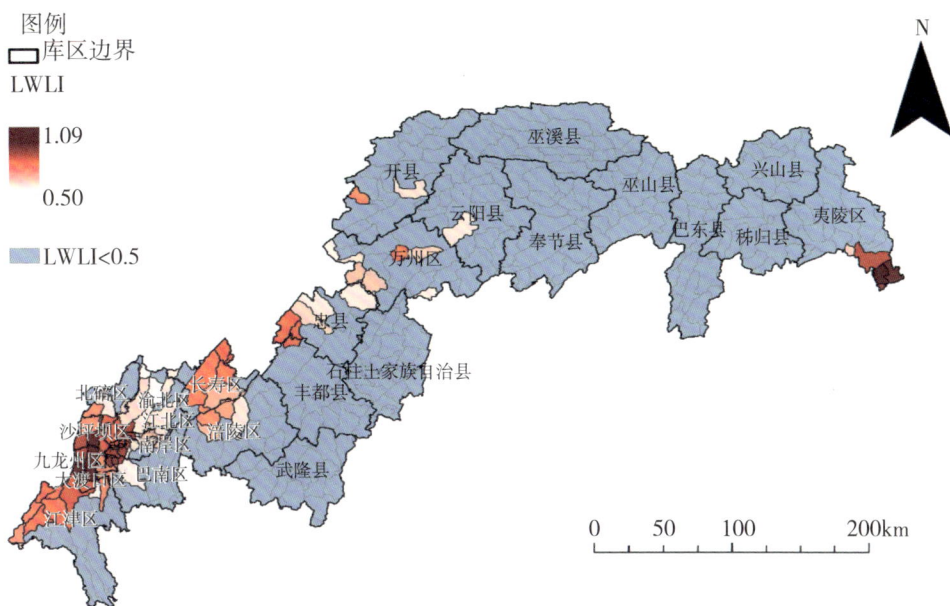

图 5.1-5　三峡库区各区（县）景观空间负荷比

5.2　典型集水区生态隔离带布设

为防治三峡库区的面源污染，充分发挥植被缓冲带对污染物的削减作用，选取黄柏河、涪陵—李渡、北碚—嘉陵江等典型集水区，基于多准则算法进行植被缓冲带优化布设研究。

5.2.1　黄柏河集水区

黄柏河集水区位于宜昌市夷陵区内，集水区占地 $40km^2$，长江支流黄柏河从内穿流而过。研究区当前 LWLI 为 0.62，存在一定的面源污染风险。集水区土地利用以林地与建设用地为主（图 5.2-1），二者占比分别为 47.7%、38.3%。此外，集水区内分布一定比例农田，其占比为 6.4%。在本集水区内，河流南侧土地利用多为建设用地，不适宜直接布设植被缓冲带，因此研究仅考虑河流北侧布设植被一种情况。

在黄柏河集水区内，随着植被缓冲带宽度的增加，其对总氮、总磷、固体悬浮物的削减效率都表现出不断上升趋势（图 5.2-2）。其中，植被缓冲带对总氮的削减率最低，当植被缓冲带宽度为 100m 时，其对总氮的削减率仅为 0.012。当植被缓冲带宽度小于 13m 时，其对固体悬浮物的削减率最高。当植被缓冲带宽度超过 13m 后，其对总磷的削减率最高，当植被缓冲带宽度为 100m 时，其对总磷的削减率为 0.148。综合考虑总氮、总磷、固体悬浮物，当植被缓冲带宽度为 100m 时，其对污染物的削减率可达 0.10。当河岸北侧植被缓冲带宽度为 24m 时，集水区内 LWLI 低于 0.5。此时，植被缓冲带对总氮、总磷、固体悬浮物的削减率分别为 0.010、0.109、0.104，对污染物的总体削减率为 0.075。

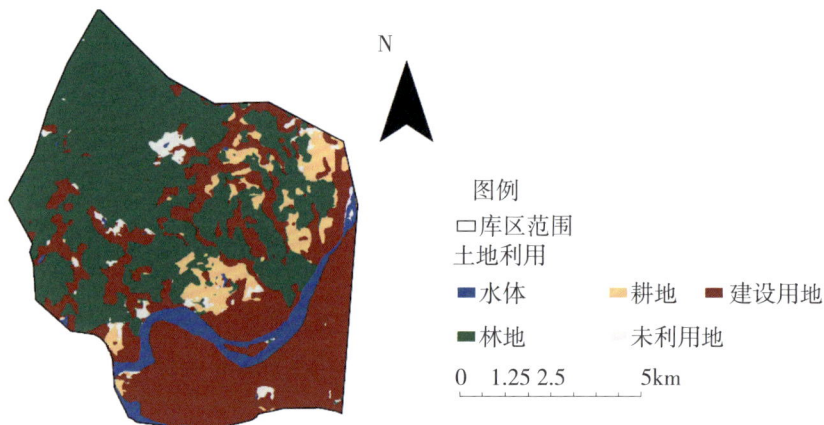

图 5.2-1　黄柏河集水区土地利用现状

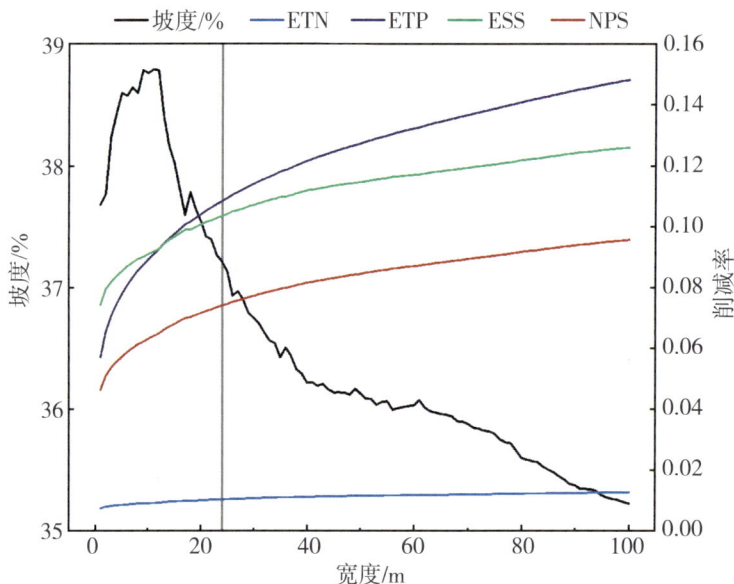

图 5.2-2　河岸北侧布设植被缓冲带时污染物的削减率

5.2.2　涪陵—李渡集水区

涪陵—李渡集水区位于涪陵区内，集水区面积为 242km²，长江从内穿流而过。研究区当前 LWLI 为 0.56，存在一定的面源污染风险。集水区土地利用以林地与建设用地为主（图 5.2-3），二者占比分别为 42.9% 及 35.7%。此外，集水区内分布一定比例的农田，其占比为 14.8%。本研究分别考虑了河流两侧布设、南侧布设和北侧布设 3 种情况，确定了不同情况下的最佳布设方案。

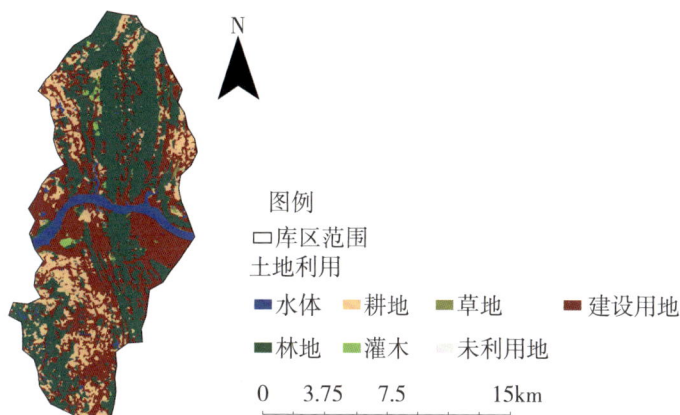

图 5.2-3　涪陵—李渡集水区土地利用现状

在涪陵—李渡集水区内，随着植被缓冲带宽度的增加，其对总氮、总磷、固体悬浮物的削减率都表现出不断上升趋势（图 5.2-4）。其中，植被缓冲带对总氮的削减率最低，当植被缓冲带宽度为 50m 时，其对总氮的削减率仅为 0.009；当植被缓冲带宽度小于 4m 时，其对固体悬浮物的削减率最高；当植被缓冲带宽度超过 4m 时，其对总磷的削减率最高；当植被缓冲带宽度为 50m 时，其对总磷的削减率为 0.115。综合考虑总氮、总磷、固体悬浮物，当植被缓冲带宽度为 50m 时，其对污染物的削减率可达 0.07。当河岸两侧植被缓冲带宽度为 8m 时，集水区内 LWLI 低于 0.5。此时，植被缓冲带对总氮、总磷、固体悬浮物的削减率分别为 0.007、0.079、0.073，对污染物的总体削减率为 0.053。

在河流南侧布设植被缓冲带时，随着宽度的增加，缓冲带其对总氮、总磷、固体悬浮物的削减效率变化趋势与在两侧同时布设时相同（图 5.2-5）。其中，植被缓冲带对总氮的削减率最低，当植被缓冲带宽度为 100m 时，其对总氮的削减率仅为 0.008。植被缓冲带对总磷的削减率最高，当植被缓冲带宽度为 100m 时，其对总磷的削减率为 0.127。综合考虑总氮、总磷、固体悬浮物，当植被缓冲带宽度为 100m 时，其对污染物的削减率可达 0.076。当河岸南侧植被缓冲带宽度为 19m 时，集水区内 LWLI 低于 0.5。此时，植被缓冲带对总氮、总磷、固体悬浮物的削减率分别为 0.007、0.088、0.072，对污染物的总体削减率为 0.056。

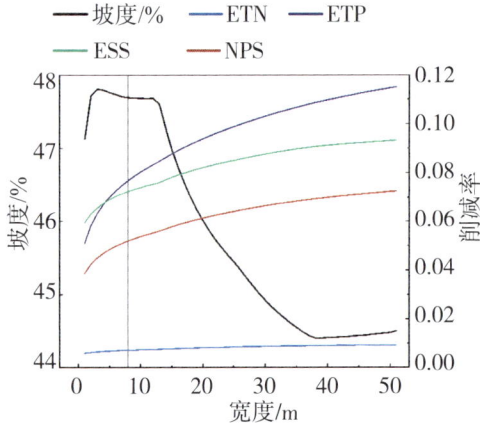

图 5.2-4 河岸两侧布设植被缓冲带时
污染物的削减率

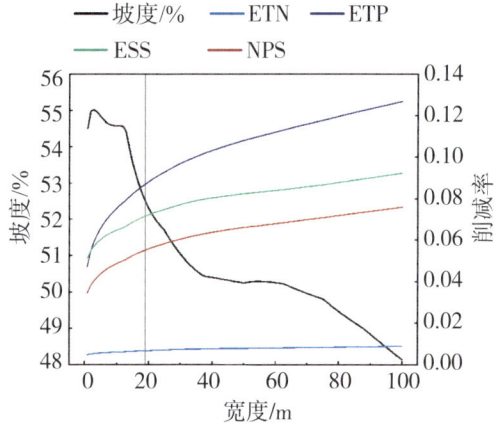

图 5.2-5 河岸南侧布设植被缓冲带时
污染物的削减率

在河流北侧布设植被缓冲带时，随着植被缓冲带宽度的增加，其对总氮、总磷、固体悬浮物的削减效率都表现出不断上升趋势（图 5.2-6）。其中，植被缓冲带对总氮的削减率最低，当植被缓冲带宽度为 100m 时，其对总氮的削减效率仅为 0.010。植被缓冲带对总磷的削减率最高，当植被缓冲带宽度为 100m 时，其对总磷的削减率为 0.135。综合考虑总氮、总磷、固体悬浮物，当植被缓冲带宽度为 100m 时，其对污染物的削减率可达 0.084。当河岸北侧植被缓冲带宽度为 13m 时，集水区内 LWLI 低于 0.5。此时，植被缓冲带对总氮、总磷、固体悬浮物的削减率分别为 0.008、0.088、0.080，对污染物的总体削减率为 0.059。

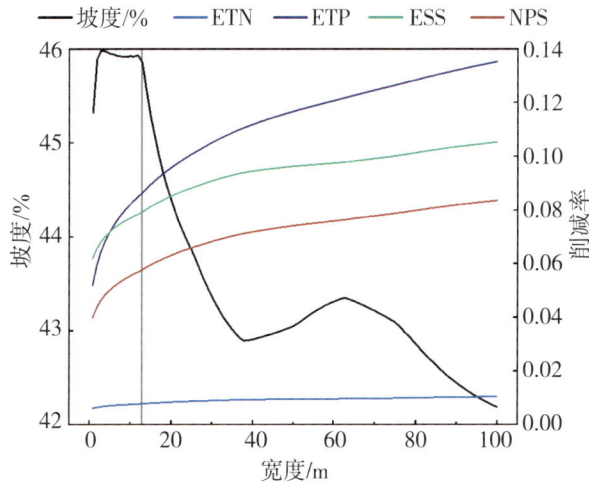

图 5.2-6 河岸北侧布设植被缓冲带时污染物的削减率

5.2.3　北碚—嘉陵江集水区

该集水区位于北碚区内，集水区面积为 127km²，长江支流嘉陵江从内穿流而过。研究区当前 LWLI 为 0.55，存在一定的面源污染风险。集水区土地利用以林地与建设用地为主（图 5.2-7），二者占比分别为 49.5% 及 36%。此外，集水区内零星分布一定比例的农田，其占比为 5.5%。本研究分别考虑了河流两侧布设、南侧布设、北侧布设 3 种情况，确定了不同情况下的最佳布设方案。

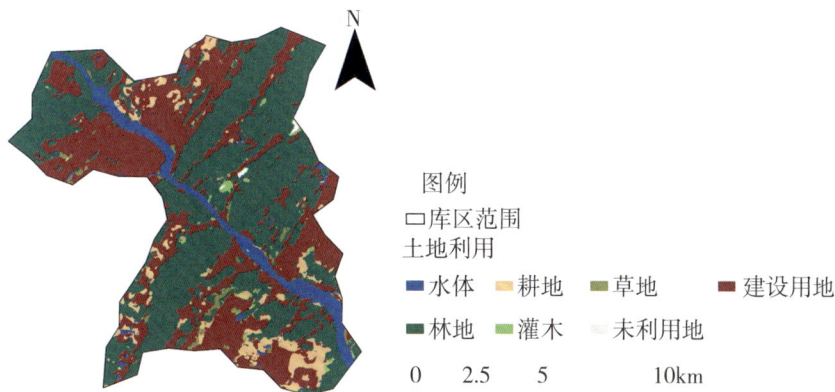

图 5.2-7　北碚—嘉陵江集水区土地利用现状

植被缓冲带对污染物的削减效率主要受缓冲带宽度主导。在河流两侧布设植被缓冲带时，随着植被缓冲带宽度的增加，其对总氮、总磷、固体悬浮物的削减效率都表现出不断上升趋势（图 5.2-8）。其中，植被缓冲带对总氮的削减率最低，当植被缓冲带宽度为 50m 时，其对总氮的削减率仅为 0.005。植被缓冲带对总磷的削减率最高，当植被缓冲带宽度为 50m 时，其对总磷的削减率为 0.090。综合考虑总氮、总磷、固体悬浮物，当植被缓冲带宽度为 50m 时，其对污染物的削减率可达 0.05。当河岸两侧植被缓冲带宽度为 14m 时，集水区内 LWLI 低于 0.5。此时，植被缓冲带对总氮、总磷、固体悬浮物的削减率分别为 0.004、0.066、0.047，对污染物的总体削减率为 0.039。

在河流南侧布设植被缓冲带时，随着宽度的增加，缓冲带其对总氮、总磷、固体悬浮物的削减效率变化趋势与在两侧同时布设类似（图 5.2-9）。但在河流南侧布设其对污染物的削减略低于两侧布设。其中，植被缓冲带对总氮的削减率最低，当植被缓冲带宽度为 50m 时，其对总氮的削减率仅为 0.005。植被缓冲带对总磷的削减率最高，当植被缓冲带宽度为 50m 时，其对总磷的削减率为 0.081。综合考虑总氮、总磷、固体悬浮物，当植被缓冲带宽度为 50m 时，其对污染物的削减率可达 0.049。但当植被缓冲带超过 50m 后，其对污染物的削减率增加速度有所降低。当植被缓冲带宽度为 100m 时，其对总氮、总磷、固体悬浮物的削减率分别为 0.006、

0.106、0.065。当河岸南侧植被缓冲带宽度为 33m 时，集水区内 LWLI 低于 0.5。此时，植被缓冲带对总氮、总磷、固体悬浮物的削减率分别为 0.005、0.084、0.055，对污染物的总体削减率为 0.048。

在河流北侧布设植被缓冲带时，随着植被缓冲带宽度的增加，其对总氮、总磷、固体悬浮物的削减效率都表现出不断上升趋势（图 5.2-10）。其中，植被缓冲带对总氮的削减率最低，当植被缓冲带宽度为 100m 时，其对总氮的削减率仅为 0.006。植被缓冲带对总磷的削减率最高，当植被缓冲带宽度为 100m 时，其对总磷的削减率为 0.106。综合考虑总氮、总磷、固体悬浮物，当植被缓冲带宽度为 100m 时，其对污染物的削减率可达 0.059。当河岸北侧植被缓冲带宽度为 25m 时，可使集水区内 LWLI 低于 0.5。此时，植被缓冲带对总氮、总磷、固体悬浮物的削减率分别为 0.005、0.076、0.050，对污染物的总体削减率为 0.039。

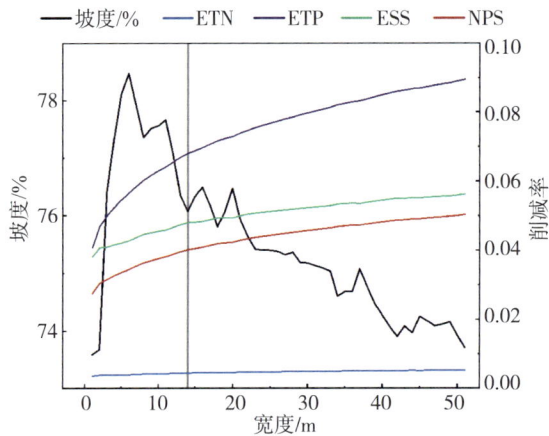

图 5.2-8 河岸两侧布设植被缓冲带时污染物的削减率

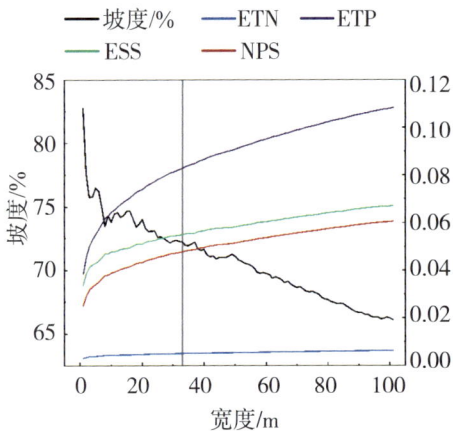

图 5.2-9 河岸南侧布设植被缓冲带时污染物的削减率

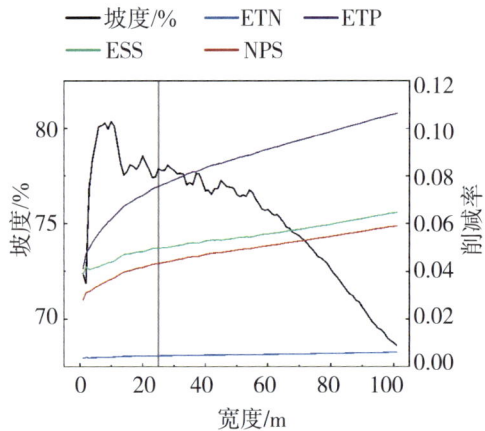

图 5.2-10 河岸北侧布设植被缓冲带时污染物的削减率

5.3 小结

三峡库区景观斑块以"汇"为主,斑块占比达 80% 以上,"汇"斑块对养分截留作用能力作用较高;"源"斑块占地较少,斑块占比不足 20%。不同行政区"源""汇"斑块面积占比差别较大,其中重庆市"源"斑块占比达 27%,湖北省仅为 15%。总体而言,库区景观空间负荷对比指数为 0.24,"汇"斑块对区域面源污染控制较大,区域面源污染发生可能性较低。其中,湖北库区和重庆库区景观空间负荷对比指数分别为 0.18 和 0.21。从空间分布而言,景观空间负荷对比指数超过 0.5 的集水区主要分布在重庆市境内。渝中区、沙坪坝区、九龙坡区、大渡口区集水区的景观空间负荷对比指数全部超过 0.5,相应区域的面源污染问题应该引起政府相关部门的重视。

基于典型集水区土地利用实际情况,黄柏河集水区考虑河流北侧布设植被,当河岸植被缓冲带宽度为 24m 时,集水区内景观空间对比指数低于 0.5,植被对污染物的总体削减率为 0.075。涪陵—李渡集水区分别考虑在河岸两侧、南侧和北侧布设植被,当植被宽度分别为 8m、19m 和 13m 时,集水区内景观空间对比指数低于 0.5,植被对污染物的总体削减率分别为 0.053、0.056 和 0.059。北碚—嘉陵江集水区分别考虑在河岸两侧、南侧和北侧布设植被,当植被宽度分别为 14m、33m 和 25m 时,集水区内景观空间对比指数低于 0.5,植被对污染物的总体削减率分别为 0.039、0.048 和 0.039。研究为三峡库区典型集水区生态隔离带建设布局提供思路。

第 **6** 章　生态隔离带建设方案研究

三峡库区水源地是典型的山地型水源地，生态隔离带是保障库区水源地安全的最后一道防线。基于库区饮用水水源地隔离现状和防护效果，结合水源地取水口分布情况、管理和保护范围划分等，实施水源地生态隔离带建设。库区水源地生态隔离带包括消落区和隔离带两部分，本章在分析生态隔离带建设总体思路的基础上，针对库区水源地生态隔离带的组成，分别提出库区消落区的分类保护治理和隔离带的分区建设方案。

6.1　生态隔离带建设总体思路

6.1.1　水源地建设的多目标分析

从地区到全球，生态恢复正被广泛纳入自然资源战略。然而，修复计划的实际效果仍不确定。重要原因是，与生态过程发展的时间尺度相比，该学科相对年轻；与此同时，许多研究人员报告说，缺乏明确的目标和质量监测极大地阻碍了我们对修复的理解。

饮用水水源地规范化建设的目标是落实饮用水水源保护区相关的各项法律法规要求，在"国家建立饮用水水源保护区制度"的框架下，达到"水质、水量"双安全的目标和保障措施。为进一步推动水源地保护工作，水利部办公厅发文明确全国重要饮用水水源地安全保障达标建设年度评估的总体目标是：水量保证，水质合格，监控完备，制度健全。因此，库区水源地建设需要围绕水源地的水量和水质目标展开。这里针对三峡库区水源地岸坡消落区和陆域隔离带建设，分别分析三峡库区饮用水水源地建设的目标。

（1）消落区的多目标建设分析

三峡库区地形陡峭，山体破碎、沟壑纵横，人为活动频繁，植被破坏严重，土壤侵蚀多为强度或中度，水土流失严重，加重了库区泥沙淤积，直接威胁库区的生态环境。三峡库区跨越 3 个大地质构造单元，地处我国 3 大地貌阶梯的斜坡地带，岸坡形态和结构复杂多变，库岸崩塌、滑坡体发育。受三峡水库周期性蓄水影响，对库区岸坡岩土产生软化及泥化、动水压力、静水压力、水的冲刷和波浪作用、浮力减重作用和超空隙水压力作用等，造成库区岸坡的崩塌和滑坡甚至引发地质灾害，因此库区岸坡的安全稳定是岸坡建设的重要目标。受三峡水库反季节性调节的影响，汛期来临之前三峡水库汛期排水水位迅速下降，将导致岸坡消落区表层土壤的破坏流失；岸坡消落区的出露时间主要在夏季，位于亚热带季风气候的三峡库区雨热同期，三峡坝区冬干、夏雨、秋雨明显，具有降雨日多但降雨量、暴雨日及大暴雨日少的特点，夏季降雨会进一步加剧库区岸坡的水力侵蚀，因此水土保持也是库区岸坡建设的目标之一。

库区岸坡消落区作为水陆交错的过渡地带，存在水陆交替性污染的问题：低水位时，垃圾、杂草等污染物直接滞留在消落区上；高水位时，水流速度慢，污染物不易扩散；船舶生活污水、各类垃圾等移动源污染物如收集处理不当也会造成水质污染。在夏季高温、高湿的环境条件下，岸坡消落区将成为各种病菌、寄生虫的滋生源及异味和恶臭的散发地，并可能引发流行病的发生。污染防治也是库区水源地岸坡消落区建设的目标之一。另外，库区反季节、大幅度的水位涨落及其所带来的水淹与干旱胁迫使得消落区植被组成与结构急剧退化，群落类型由以前的灌草转变成草丛，群落的物种多样性显著下降，物种组成以一年生草本植物为主，消落区生态系统的各项功能受到不可逆转的破坏。在实现库区水源地岸坡的安全稳定、水土保持、污染防治等目标的前提下，岸坡建设的目标兼有生物多样性保护、生态系统功能维护等。

（2）隔离带的多目标建设分析

河岸缓冲带作为一种重要的过渡带类型，具有明显的环境因子、生态过程和植物群落梯度，是调节水陆连接的关键系统，河岸生态系统具有丰富的维管束植物种类，对维持区域生物多样性具有重要作用。河岸缓冲带植被是缓冲带各项功能的主体，其特征及其生态功能与植被的种类、布局、配置、宽度，以及地形、地貌、土壤、水文、干扰、污染状况等密切相关。三峡库区的水质受点源、面源和移动源污染的共同影响，其中工业面源、城镇面源虽然通过限制污染物排放，以及建设污水处理厂进行了控制，但小城镇污水处理能力不足；农业面源污染来源具有广泛性和复杂性，具有不确定性和不可计量性，同时监测、控制、处理和管理难度大；另外，公路等交通作为移动污染源，交通污染物的无序排放可能导致库区水域水质恶化，威胁沿线居民饮水安全，因此库区水源地缓冲带建设的重要目标之一是污染防治。

三峡库区是长江流域的重要生态屏障，也是全国经济社会欠发达地区，库区土地资源有限，土地利用结构不合理，经济社会发展和环境保护矛盾十分突出。失衡的生态—经济系统在景观尺度上表现为原有的自然景观破坏，景观的生态价值、经济价值、美学价值退化等，景观生态恢复与重建是构建三峡库区生态格局的关键途径。同时，库区水源地多位于城镇等人口聚集的地区，人居环境建设也是城镇居民的客观需要。因此，景观美学也是水源地陆域隔离带建设的重要目标。

根据《中国水土保持公报（2023 年）》，三峡库区水土流失面积 1.79 万 km²，占其土地总面积 5.77 万 km² 的 31.01%。与 2022 年相比，水土流失面积减少 0.04 万 km²，减幅 2.03%。库区水土流失主要分布在涪陵、丰都、万州、开州、云阳、巫溪、奉节、巫山、秭归等中部地区。水土流失又导致土壤退化，同时库区化肥、农药、农膜利用率低，流失量较大，化肥及农药中的氮、磷通过地表径流进入水体，成为水体富营养化的重要因素，水土保持也是库区水源地隔离带建设的重要目标之一。此外，库区水源地隔离带建设的目标还有生态系统功能提升和生物多样性保护等。

6.1.2　饮用水水源地建设的要点分析

饮用水水源地建设属于《中华人民共和国水污染防治法》等相关法律法规、标准规范中的保护区建设内容。饮用水水源保护区建设有工程措施和非工程措施两大类。其中，工程措施主要包括隔离带水源涵养林建设、污染源治理和控制、生态保护和修复等，非工程措施主要包括监控能力建设、应急能力建设、管理能力建设等。本书重点分析岸坡消落区人工生态修复和综合治理措施，以及陆域隔离带的人工生态修复等非管理类工程建设措施。

（1）水源地岸坡消落区建设的要点分析

库区水源地岸坡建设的重难点是确定消落区的岸坡类型和生态类型。根据相关研究，三峡库区消落区岸坡类型通常采用三级分类，一级分类按岸坡成因分为自然岸坡和人工岸坡，自然岸坡按照物质组成包括土质岸坡、岩质岸坡、岩土质岸坡三个二级分类，人工岸坡包括岸坡治理工程、港口工程两个二级分类，岩质岸坡按照岩层倾角和岩层倾向与岸坡倾向间的夹角又可以分为若干子类。岸坡的地层岩性和构造及其与河谷的组合关系是控制崩塌和滑坡发育的基础条件，加之孔隙水压力变化对不同类型岸坡的影响不同，不同类型岸坡的塌岸机理及岸坡再造类型不尽相同。例如，土质岸坡的再造类型主要为坍塌型和滑移型；岩土质混合岸坡再造模式主要有坍塌型，滑移型，冲、剥蚀型；岩质岸坡再造类型为冲、剥蚀型，基座溶蚀—掏空型，基座冲、剥蚀—掏空型。库区岸坡建设的重点对象是不稳定的自然岸坡，需要根据岸坡的再造类型和所处的变形阶段采用合适的治理措施。

三峡水库消落区生态类型垂向按高程划分为经常性水淹段（145～155m）、半淹半露段（155～170m）、经常性出露段（170～175m）；横向根据所处地段划分为城镇型、农村型、郊野型，根据小尺度地形地貌将其划分为岛屿型、湖盆型、河口型、库湾型、库尾型、峡谷型，其中经常性水淹型、岛屿型和峡谷型占比较小，应以自然恢复为主、人工生态修复为辅；其他生态型的岸坡应以人工生态修复为主、自然恢复为辅。另外，城镇型岸坡多采用以工程防护为主、生态修复为辅，而农村型和郊野型岸坡则应根据实际情况和需要采用自然恢复或人工生态修复等措施。此外，《中华人民共和国水法》规定禁止在江河、湖泊、水库、运河、渠道内弃置、堆放阻碍行洪的物体和种植阻碍行洪的林木及高秆作物，并符合国家规定的防洪标准和其他有关的技术要求，报经有关水行政主管部门审查同意，库区水源地岸坡建设对影响行洪的林木进行了限制。

（2）水源地陆域隔离带建设的要点分析

生态功能区划是根据区域生态系统类型、生态环境敏感性和生态服务功能的空间分异规律，在生态区划的基础上将区域划分成不同生态功能区的过程。三峡库区水源地隔离带建设先要采用生态功能区划理论和方法，将水源地隔离带划分为不同的生态功能区，实现分区域建设和管理的总体目标。参照岸坡的生态型诊断方法，将库区水源地隔离带划分为城镇功能区、农村功能区和乡野功能区等 3 个一级功能区，以及岛屿功能区、湖盆功能区、河口功能区、库湾功能区、库尾功能区和峡谷功能区等 6 个二级功能区，再基于不同功能区隔离带建设多目标的权衡和协同，以及不同河岸带建设方案实施后效果模拟评价，提出库区水源地缓冲带分区分类建设方案。

缓冲带的空间布局决定其功能，植被缓冲带通常设置在河流岸坡的下坡区域，并与地表径流方向垂直，如果植被缓冲带的选址不合理，地表径流会绕过主体植被缓冲带直接进入受纳水体。在河流坡岸的等高线上设置植被缓冲带比临近设置在河流旁边的植被缓冲带更有效，沿着等高线有多条多年生植被缓冲带更有效。水源地缓冲带的宽度也会影响污染物的去除效果，研究者常采用试验调查分析、REMM模型（和 VFSMOD、地理信息系统等方法来确定植被缓冲带的宽度。植物种类选择也是影响缓冲带防护效果的重要因素，通常按照适地适树、共生相容、经济实用的原则，采用常绿与落叶树种混交、深根系和浅根系植物搭配、阳性和阴性植物结合、乔灌草相结合的方法选择植物品种。另外，缓冲带结构和后期管理也是库区水源地缓冲带建设的重要内容之一，水源保护区陆域部分缓冲带已建设成公园绿地和防护绿地，调查中也发现一些外来入侵物种，需研究兼有生物防治和化学防治两者优势的综合防治手段进行管理。2022 年，水利部出台的《关于加强河湖水域岸线空间管控的指导意见》规定，生态廊道建设涉及绿化或种植的，不得影响河势稳定、防洪安全，植物品种、布局、高度、密度等不得影响行洪通畅，除防浪林、护堤林外不得种植影响行洪的林木，缓冲带建设需处理好与河道行洪的关系。

6.1.3 生态隔离带建设的若干因素

植被是隔离带各项功能的主体，其特征及其生态功能与植被的种类、布局、配置、宽度，以及地形、地貌、土壤、水文、干扰、污染状况等密切相关。全球大型水坝和水库内的栖息地、植物覆盖、再生、侵蚀和外来参数（河岸健康状况）如何变化是一个尚未解决的问题。饮用水水源地生态隔离带建设需要根据周边的自然条件、干扰状况等，确定其位置、空间布局、宽度、配置和植物选择等。

（1）位置和空间布局

生态隔离带位置和选址直接影响到各项功能能否有效发挥。水源地生态隔离带需要调查流域的水文特征，如果是三级以上的小支流，可以紧邻河岸。如果在一个比较大的流域，考虑到暴雨期洪水泛滥所产生的影响，生态隔离带的位置应选择在泛洪区边缘。美国林务局建议在小流域建立"三区"植被缓冲带，紧邻水流岸边的狭长地带为一区，紧邻一区向外延伸，建立一个较宽的二区缓冲带，紧邻二区建立一个较窄的三区缓冲带。生态隔离带通常设置在河流岸坡的下坡区域，并与地表径流方向垂直，如果选址不合理，地表径流会绕过主体植被缓冲带直接进入水体。在河流坡岸的等高线上设置植被比临近设置在河流旁边更有效，沿着等高线有多条多年生植被缓冲带更有效。在溪流和沟谷边缘一定要全部设置隔离带，间断的隔离带会使缓冲效果大大减弱。

河岸带具有四维的空间结构特征，即具有纵向空间（上游—下游）的镶嵌性、横向空间（河床—泛滥平原）的过渡性、垂直空间（河川径流—地下水）的成层性与时间分布的动态性等边缘特征，具有明显的边缘效应。生态隔离带的空间布局主要包括垂直空间布局和水平空间布局。隔离带植物垂直空间布局主要指植物的平面空间形态设计，应追求疏密有致，用指标来反映有林冠的郁闭度和灌草的盖度。水平空间布局主要指植物的立体空间形态设计，应追求高低错落感以及景观远近的空间关系配置，这跟人自身的行为空间、生理空间和心理空间有着极其重要的关系。

隔离带的空间布局还需要考虑植物的时空变化和空间整体协调。植物随时间变化而产生空间和形态上的变化，生长空间需要注重植物的栽植间距，植物的季相空间可通过单色表现、多色配合和对比色处理等配置方式，实现景观空间色彩要求。另外，植被的空间布局不能仅局限于植物设计本身而忽略了植物与周边环境的整体关系。

（2）隔离带的宽度

生态隔离带功能的发挥与其宽度有着极为密切的关系。早在 1967 年，Wilson通过试验发现植被缓冲带的宽度与沉降物及其颗粒大小呈反相关关系。地表径流中营养物质的消除效果也是随着缓冲带的宽度、污染物的类型和化学结构的不同而有所变化。一般来说，缓冲区越宽，拦截、隔离、降解和处理污染物的可能性就越大。在减少单位宽度污染方面的效率，以及溪流附近植被的质量和数量如何影响这一效率并不直观。有学者认为，需要≥30m 以保护小河流的物理、化学和生物完整性。

经验值法、数学模型法（回归模型法、CREAMS 模型、REMM 模型和VFSMOD）地理信息系统等方法是确定隔离带宽度的常用方法。经验值法（固定宽度法）是较早界定隔离带宽度的方法，以保护水质为目的，DOSSKEY 等采用经验值法为美国某小尺度河流划定了宽度为 9～35m 的植被缓冲带。数学模型法是最常使用的宽度划定方法，它考虑了横向、垂向、时间变化三维因素，是目前最详细和真实的计算机模型能够确定缓冲区在不同宽度、植被、土壤和坡度条件下对水质的影响。尽管 REMM 可用于重建植被并解释植被的生长，但 REMM 的首次应用应是具有良好木本或草本植被的更稳定缓冲区。CREAMS 是一种最先进的模型，用于描述水文、侵蚀/沉积物产量和植物养分/农药运输的物理过程。在满足模型假设且使用实际水流宽度的情况下，利用 VFSMOD 模型很好地模拟了裸滤池和植被滤池的入渗量和截留效率。2008 年，美国农业部发布了《保护缓冲带：缓冲带、廊道和绿色通道设计指南》，根据不同区域的各参数特征，应用植被过滤带模型（Vegetative Filter Strips Model，VFSMOD）估算了植被缓冲带所需要的宽度，并提供了基于不同功能考虑的植被缓冲带建议宽度。GIS 作为一种空间分析工具已广泛应用于国土空间规划等领域，目前还缺少与 GIS 耦合的隔离带估算模型。后续研究需要基于流域尺度的解决问题，与 GIS 结合来完善模型也是未来研究的趋势。

（3）植物配置和选择

植被是生态隔离带生态系统中的重要资源，同时也是重要的组成部分。多样化的植物配置是可取的，以便为溪流生物群创造更加多样化和稳定的食物网、栖息地多样性和温度调节。河岸植物配置包括垂直配置和水平配置。水位变幅区垂直配置不同的沉水、浮叶、挺水、浮游以及湿生植物群落，隔离带根据植物的生态位进行配置，基于植物习性采用乔木＋灌木＋草本＋藤本＋地被植物的立体配置，提高河岸生态系统的稳定性。水平配置主要考虑不同物种的密度和不同物种植物共存的问题，根据不同河岸生态系统的自然演替规律，先种植当地先锋物种或人工治理的方式稳固河岸，然后再种植其他适应性和生态功能强的物种恢复植被。通过合理配置不同植物，选择适宜的种植密度，通过构建良好的种间关系，保障河岸生态系统植物群落的和谐共生和健康稳定。

植物种类选择也是影响隔离带防护效果的重要因素，有学者研究绿篱、草本等对泥沙或污染物的去除效果。植物选择通常遵循适地适树、共生相容、经济实用的原则，采用常绿与落叶混交、深根和浅根植物搭配、阳性和阴性植物相结合、乔灌草藤地被相结合的方法选择植物品种。另外，城镇段植物选择要在最大限度维持原地貌的基础上，尽量根据不同河岸的环境特征、园林景观和当地文化进行设计，促进人与自然的和谐。河岸植被有时会遭到外来物种的侵害，这些外来种往往会使其功能减弱。因此，如果发现有侵略性的外来物种，一定要提前做好外来物种的科学防治工作。要想切实修复水源地生态隔离带生态环境，在区域植物群落调查的基础上，结合场地实际情况开展植被筛选、配置和适应能力研究，切实提高水源地河岸带资源利用率和生产力，促进植物群落更具多样性和稳定性，同时满足周边的景观效果和其他生态功能。

6.1.4 问题结构导向的水源地多目标建设

（1）DPSIR 分析框架及应用

在实践中，在解决诸如水资源管理等棘手问题时具有挑战性的任务是确定范围和确定感兴趣的问题，然后再进一步地分析和建模。然而，大量研究文献注重定量模型的实施和情景分析步骤，很少关注支持早期问题范围确定阶段所需的活动和工具。处理复杂、不确定系统决策挑战的有效方法，统称为问题结构方法（PSMs），不明确的或复杂的"问题结构"是造成研究不同阶段、不平衡性的重要原因之一。研究者必须处理多样化数据以便从不同部门、地理边界和时间表的多元数据中获取信息，解决方法通常是在研究的初始阶段就采用一个分析框架确定和识别问题、挑战。结构化系统分析是有助于水管理系统分析的重要方法，是实现流域水资源可持续性的重要工具，可以加强短期和长期的规划措施，同时有助于确定实施方案。"驱动力—压力—状态—影响—响应"（Driving Force-Pressure-State-Impact-Response，

DPSIR) 作为一种 PSMs 工具被《欧洲水框架指令》广泛使用，它能实现水资源综合管理目标和确定水资源可持续利用的政策方向，但需要与可靠的分析工具相结合，用以处理综合水资源管理系统。本部分在分析三峡库区饮用水水源地生态隔离带建设的多重目标和建设要点的基础上，提出问题结构导向的库区水源地生态隔离带多目标建设框架思路。

经典的问题结构分析方法是"压力—状态—响应"框架（PSR）。在此基础上，联合国可持续发展委员会和欧洲环境署先后提出了"驱动力—状态—响应"框架（DSR）和 DPSIR 框架。这两个框架在可持续发展和环境问题研究中得到广泛应用。DPSIR 框架通过创建了驱动力，解决了影响环境的人类活动这一根本因素，将自然变异性作为对当前状态的压力，并解决了由状态变化对人类福祉影响的响应。为了了解系统的复杂性，DPSIR 长期以来一直是一个有价值的问题结构框架，用于以整体方式评估变化的原因、后果和响应。在 DPSIR 框架中，驱动力（D）指基本的社会过程，它塑造了对环境有直接影响的人类活动（如财富分配）；压力（P）是由影响环境的驱动力引起的特定人类活动，及对环境有类似影响的自然过程，如资源开采、火山和太阳辐射等；状态（S）是指环境条件，这种情况不是静态的，而是反映当前的环境趋势；影响（I）是指状态变化影响人类福祉的方式；响应（P）指部门或机构按照影响的优先顺序，解决状态变化的行动。

尽管 DPSIR 框架应用广泛，但它有两个主要局限性：一是它不包括社会和经济发展对环境的影响；二是在处理复杂系统时，没有明确确定响应的优先级，也无法单独确定每个响应的有效性。为了解决上述问题，有学者将人类福祉和生态系统管理集成到 DPSIR 框架中。此外，建议将 DPSIR 框架与多准则决策（MCDM）、层次分析法（AHP）和结构方程模型等分析方法相结合。本书利用因果循环流图构建 DPSIR 概念框架，结合其他问题结构方法（如情景分析法、利益相关分析法等），并与相关机理分析和多准则决策分析（Multiple Criteria Decision Making，MCDA）等系统性集成，构建适用于三峡库区水源地生态隔离带建设的多目标分析、决策建设方法。

（2）饮用水水源地消落区保护治理

影响三峡库区饮用水水源地消落区的驱动力有三峡水库调度运行、航运发展和不合理的人为活动等，面临的主要压力有库岸侵蚀、降雨侵蚀和污染源排放等，状态包括岸坡类型、植被覆盖、生态系统状况、污染防治和水土流失情况等，进而影响库区水源地消落区的岸坡稳定性、岸坡再造、防护有效性和生态系统功能，做出的响应有政策制定和保护修复方案等。考虑到驱动力和压力的响应主要是政策制定和管理措施，对状态和影响的响应主要是自然恢复和生态修复措施，这里把对驱动力和压力的响应称为非工程措施的前端响应，而对状态和影响的响应称为工程措施的后端响应。消落区拟建设内容有岸坡治理、生态修复或两者结合的综合措施，或者基于自然解决方案（Nature-Based Solutions，NbS）的自然恢复措施。措施方案比选对象是岸坡生态系统的整体状况和挖填工程量等。

库区饮用水水源地消落区建设方案的制定，要在库区水源地消落区环境特征调查的基础上，确定拟修复水源地所处地段是城镇段、农村段还是郊野段，以及岸坡类型是岩质、土质还是岩土混合质，分析水源地消落区建设的安全稳定、水土保持、污染防治等目标。再根据库区水源地消落区的问题识别结果，建立脆弱性评价的多准则决策评价指标体系，结合不同岸坡类型干湿交替变形再造机理、植物周期性水淹生态机理、水陆交错面元素循环机理等分析，最后根据消落区状态类和影响类要素的多准则评价结果，评价水源地消落区现状的脆弱性状况和主要脆弱性问题，以及不同建设方案的实施效果，确定建设效果好、投资成本低的人工生态修复、自然恢复或两者结合的综合治理措施（图 6.1-1）。

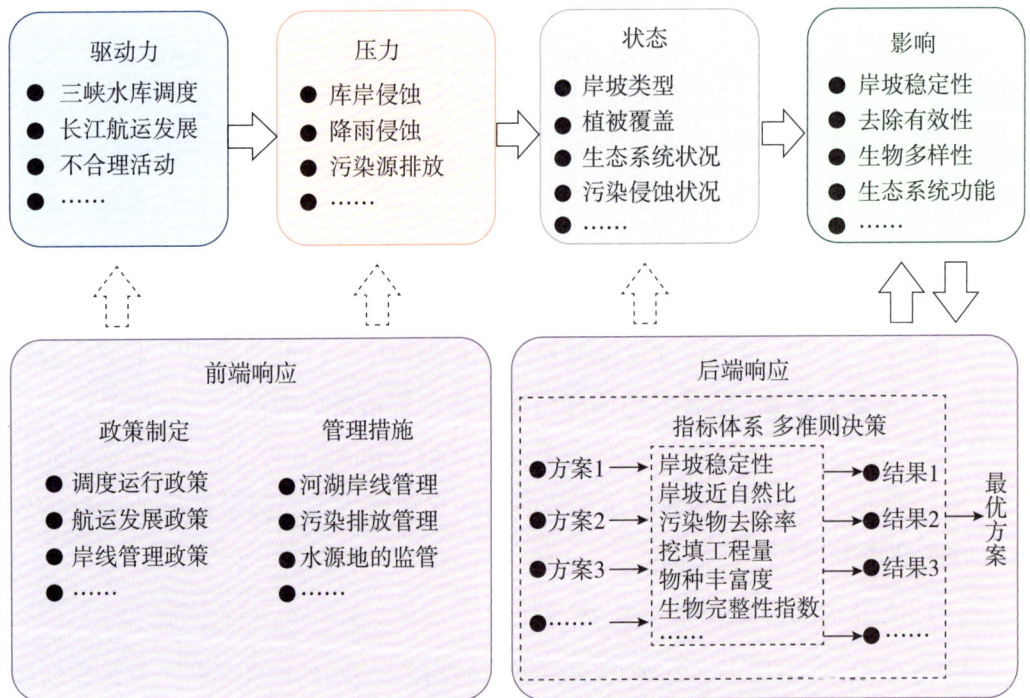

图 6.1-1　三峡库区饮用水水源地消落区建设框架

（3）库区饮用水水源地隔离带建设

影响库区饮用水水源地隔离带的驱动力有人口的增长、经济的发展和社会福利的提高等，面临的主要压力有库区水土流失、资源开发利用和污染源排放等，状态有生态系统状况、土地利用、周边景观状况、水土流失和污染情况等，进而影响生态系统功能、隔离有效性、景观效果和生物多样性，做出响应有政策制定和建设保护方案。同样，把对驱动力和压力的响应称为非工程措施的前端响应，而对状态和影响的响应称为工程措施的后端响应。库区拟建设水源地隔离带建设内容有基底修复改造、植被群落建设等基础修复措施，以及绿篱带建设、下凹式绿地、生物滞留带等增强修复措施，措施方案比选围绕隔离带生境营造最重要内容植被群落建设开展。

拟建设水源地隔离带建设方案的制定，要在库区水源地隔离带环境特征调查的基础上，确定拟修复库区饮用水水源地的功能区划，分析水源地隔离带建设的污染防治、景观美学、水土保持等目标。再根据库区水源地隔离带的问题识别结果，建立脆弱性评价的多准则决策评价指标体系，并利用隔离带环境特征调查或计算关键指标数值，利用河岸带生态系统管理或源—汇理论等模型进行模拟污染物等物质拦截率，最后根据隔离带不同建设方案状态类和影响类要素的多准则评价结果，评价水源地隔离带现状脆弱性状况和主要脆弱性问题，以及不同建设方案的建设效果。最后提出适用于库区水源地不同生态功能区划和脆弱性特征的隔离带植被空间布局、宽度的确定、植物种类和配置等关键参数（图 6.1-2）。

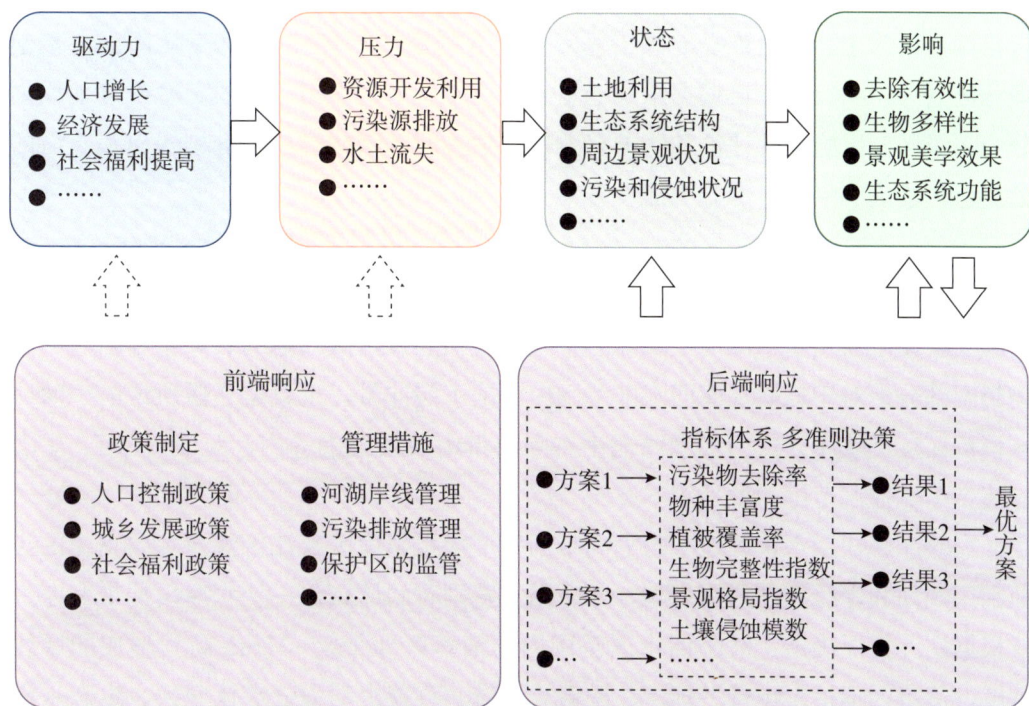

图 6.1-2   三峡库区饮用水水源地隔离带建设框架

综上，三峡库区饮用水水源地生态隔离带建设方案的确定流程见图 6.1-3。

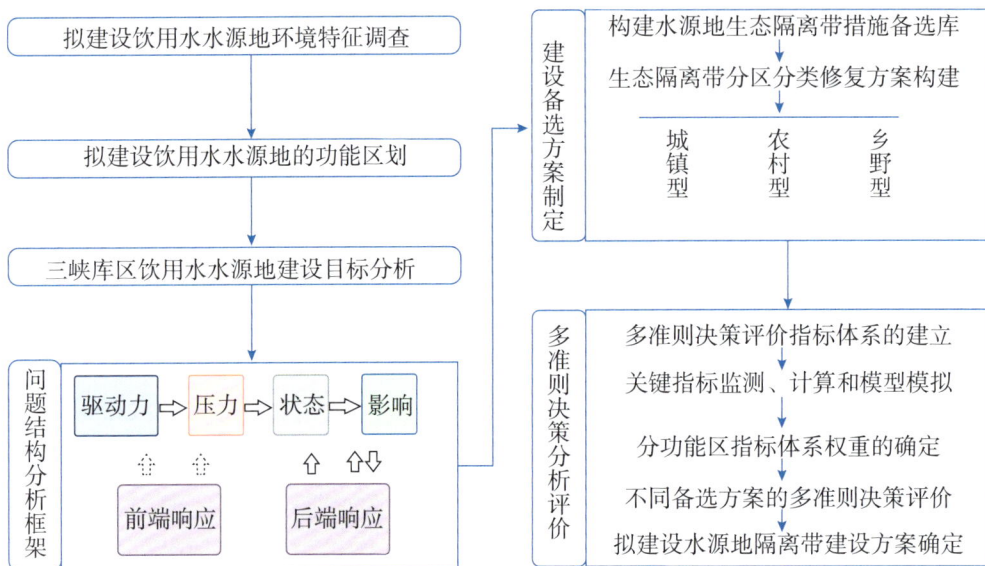

图 6.1-3　三峡库区饮用水水源地生态隔离带建设方案的确定流程

6.2　生态隔离带建设方案

《中华人民共和国长江保护法》第五十二条规定："国家对长江流域生态系统实行自然恢复为主、自然恢复与人工修复相结合的系统治理。"根据三峡库区自然地理分区划分为一级区，再根据水源地生态隔离带所处的城镇、农村、乡野等地段划分为二级区，以脆弱性评价和防护有效性评估为问题结构导向，分别提出消落区的分类保护治理和隔离带的分区建设方案。

6.2.1　生态隔离带定义

三峡库区饮用水水源地生态隔离带主要包括连接水域陆地的缓冲带和陆域的隔离带两部分。对于三峡水库回水区范围内的滨水缓冲带，也就是通常所说的三峡库区消落区。三峡库区饮用水水源地生态隔离带组成及范围等内涵见表 6.2-1，生态隔离带单侧控制范围示意见图 6.2-1。

三峡库区饮用水水源地生态隔离带的宽度应根据库区长江干流及主要支流的土地利用规划和岸线控制利用规划，并遵循宜宽则宽的原则。三峡水库缓冲带宽度一般根据实际情况确定，对于回水区范围内的消落区即 145～175m 高程形成的岸线宽度，消落区不得影响行洪排涝、调蓄、通航、改善水动力、水体交换、生态水深要求等河道功能。隔离带宽为沿岸纵深与一级保护区水域边界的距离，约束性宽段

94

一般为 50m，但不超过第一层山脊线，有条件的区域可以 200～300m 宽；引导性宽度有条件的区域可以为 1000m，但不超过第一层山脊线，作为协调或延伸性宽度。

表 6.2-1　　　　　　　　　三峡库区饮用水水源地生态隔离带定义

组成	是否在回水范围内		海拔范围/m	宽度/m	
				约束性	引导性
缓冲带	是	消落区	145～175	—	—
	否	缓冲带	根据实际情况	—	—
隔离带	否	隔离带	根据实际情况	50m，有条件的 200～300m	有条件的 1000m 或第一层山脊线

注：隔离带单侧划定宽度计算方式：①背水侧堤脚线清晰的按堤脚线起算；②背水侧堤脚线不清晰的，按临水侧堤顶线起算；③没有堤防的按设计洪水位与岸边的交界线起算。

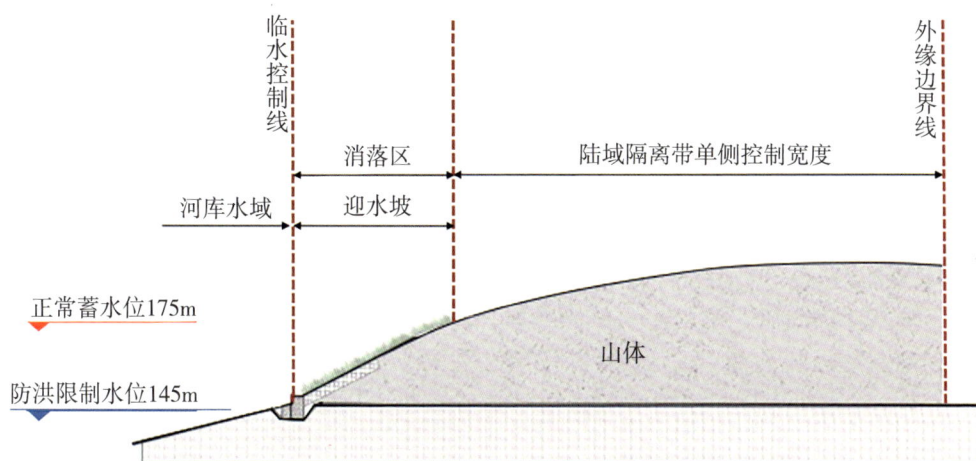

图 6.2-1　生态隔离带单侧控制范围示意图

6.2.2　措施区域的划分

三峡库区水源地分布于湖北省宜昌市夷陵区等 4 个区（县）、重庆市巫山县等 20 个区（县），按自然地理划分为秦巴山、武陵山山地丘陵区和川渝山地丘陵区两个一级区（表 6.2-2）。

三峡库区饮用水水源地生态隔离带根据所处的地段，可进一步划分为城镇型、农村型和乡野型等 3 个二级区。城镇型是指陆域土地利用为商服、工矿仓储、城镇住宅、公共管理与公共服务等用地的生态隔离带，农村型指陆域土地利用为农村住宅用地、耕地或园地的生态隔离带；乡野型是指陆域土地利用或为天然林地、草地和自然湿地等植被良好的生态隔离带。

表 6.2-2　　　　　　　　　　　　三峡库区饮用水水源地安全保障一级分区

一级分区	包含行政区
秦巴山、武陵山山地丘陵区	湖北省宜昌市夷陵区、兴山县、秭归县、巴东县；重庆市巫山县、巫溪县、奉节县、云阳县
川渝山地丘陵区	重庆市万州区、涪陵区、渝中区、大渡口区、江北区、沙坪坝区、九龙坡区、北碚区、南岸区、渝北区、巴南区、长寿区、丰都县、忠县、开州区、江津区

　　三峡库区饮用水水源地安全保障一级分区主要影响生态隔离带植物措施种类的选择和配置，二级分区影响生态隔离带除植物措施外的其他措施选择。生态隔离带所处的地段不同，其建设的要求和标准不同。城镇型生态隔离带具备较为完备的市政污水处理设施，生态隔离带建设的目的主要是防治道路扬尘、噪声污染、城市面源等，还要兼顾城市景观和文化娱乐需求。农村型生态隔离带周边人口密度中等，生活污水处理设施不够完善，存在一定强度的农业和农事活动，需控制和削减生活及农业生产的面源污染。乡野型生态隔离带周边几乎没有人口分布，各类污染物负荷很小，生态隔离带建设以保持现状或自然恢复为主，人工参与的生态修复等为辅。此外，城镇型消落区比农村型和乡野型消落区的岸坡稳定建设要求更高。

　　不同类型生态隔离带建设目标差别较大，三峡库区饮用水水源地生态隔离带建设应贯彻安全优先并坚持敬畏自然、尊重自然、顺应自然、保护自然的理念，应在确保三峡水库的防洪、发电、航运等多重功能不受影响的基础上，协调好水质保障与主要功能之间的关系。生态隔离带布置应符合防洪排涝规划、岸线控制利用规划等上位规划要求，并应符合《中华人民共和国水法》《中华人民共和国防洪法》《中华人民共和国长江保护法》等法律法规和标准规范的要求。要根据措施区域划分，依赖河湖水系的四维（纵向、横向、垂直和时间）连通，通过自然恢复或生境营造最大限度地保护和修复库区河湖的自然形态，在保障三峡库区饮用水水源地的水质安全基础上，为两栖、爬行、哺乳和鸟类等陆生动物，以及鱼类、底栖动物等水生生物提供自然生境，维护三峡库区的生物多样性，同时能为人们提供景观美学等生态系统服务价值。

　　生境营造措施一般包括植物措施、生物栖息地营造、野生动物廊道布置等。陆生生物栖息地营造依据昆虫、鱼类、两栖和爬行类以及鸟类等湿地动植物生存所需的栖息地条件，构建结构比较完整并具有一定自我维持能力，能够发挥水质净化、蓄滞径流、生物多样性保护、景观游憩等功能的陆生生态系统；重要水生生物栖息地与生物多样性保护措施宜包括：产卵场、索饵场、越冬场保护与修复，洄游通道保护与恢复，增殖放流，生境替代，水温影响减缓等。三峡库区饮用水水源地生态隔离带按照消落区和隔离带两部分分别提出分区分类布局与建设方案。

6.2.3　消落区分类保护治理

消落区是大型水库因水位涨落，周期性出露水面的陆地区域，是水库天然生态屏障，对库岸污染能起到拦截和过滤功能。消落区是水陆过渡带，既要保持水土、稳定库岸，同时也要提供生境条件、库岸服务功能，为动植物提供营养源循环。

三峡库区消落区是我国面积最大的消落区，在维护三峡库区库岸安全、生态系统平衡、保护长江水体等方面发挥着重要作用。三峡库区消落区在生态隔离带措施一级和二级区域划分的基础上，还可以根据岸坡类型分为土质岸坡、岩质岸坡、岩土混合质岸坡和人工治理岸坡等子类型。三峡水库是典型的河道型水库，重庆主城区处于其变动回水区。三峡水库在不同水位下运行时，回水变动末端所处的位置不同，相应的水位变动范围不同。消落区垂直方向的水淹周期规律也不一样，相应的植物品种的选择也有所区别。

三峡库区饮用水水源地消落区建设应当因地制宜、顺应自然，应宜弯则弯、宜滩则滩，应避免裁弯取直、侵河占滩。变动回水区应尽量维持库区长江干流及其支流岸线、河口岸线的自然状态，营造坡、岸、滩、槽、洲、潭等多样化的自然或仿自然生境，应维护河流与周边滩涂等生态要素的良好连通和衔接，在鱼类洄游通道、野生动物廊道等空间连续和水、气、土等物质交换上不应受阻隔。根据消落区区位特点、生态环境特征和保护治理需求，遵循自然演变规律，兼顾干流和支流，合理分区分类、精准施策，既保障人居环境安全和库岸稳定，又保护和恢复消落区生态环境。

6.2.3.1　消落区保护治理措施

20 世纪初期，人们发现传统的硬质护岸会使河道成为一个孤立的个体，导致水体的自净能力与自我调节能力逐渐下降，河湖环境不断恶化，河道的自然特征逐渐被单一的硬质护岸类型所取代，就此，生态护岸的概念逐渐形成。随着时间的推移，德国于 20 世纪 50 年代创立了"近自然河道治理工程学"，重点强调在河流治理中要保留生态美的部分，力求使得河道治理与生态理念达到平衡，现如今成为河道治理的主要理论基础之一。将理论应用到工程领域，则是源于 odum 于 1962 年提出的生态工程方法（Ecological Engineering Methods）概念，即人类通过少量的辅助能对以自然能为主体的系统进行控制。1989 年，生态工程概念由两位生态学家 Mitsch 与 Jor-gensn 进行了进一步的阐述，将其定义为结合了人类社会与自然环境需求的可持续性生态系统工程，该概念的完善为生态护岸的工程应用提供了坚实的理论支撑。随着生态治理理论的不断发展，20 世纪 80 年代末，欧洲首先提出了

"近自然护岸"技术。20世纪90年代，学者们进一步将植物和土木工程材料相结合进行生态护岸，以缓解岸坡的不稳定和侵蚀。

三峡库区饮用水水源地消落区保护治理措施包括自然恢复，以及生态修复、岸坡治理、综合治理、生态护岸或生态护岸改造等。

（1）自然恢复

自然恢复应依靠生态系统自设计、自组织功能，由自然界选择合适的物种，形成合理的结构，就是无须人工协助，只是依靠自然演替来恢复已退化的生态系统。自然恢复的理论基础是生态学上的次生演替理论。次生演替指在原有植被虽已不存在，但原有土壤条件还基本保留，植物的种子或其他繁殖体（如能发芽的地下茎）存在这种生态条件下发生的演替，如在火灾过后的草原、过量砍伐的森林、弃耕的农田上进行的演替，还有火烧、病虫害、严寒、干旱、水淹、冰雹打击等。研究发现，由于一些灌木和木本植物具有较强的发芽能力，并以小苗的形式存活（如马尾松、毛白杨、漆树、大叶紫杉、松柳、旗松和落叶雪松），其生长周期与三峡库区消落区的洪水栖息地一致。

有学者研究发现，大多数已建立的木本植物和多年生植物不在种子库中，这表明通过种子库重建非一年生植物的可能性很低。尽管土壤种子库在大坝建设后恢复植被的潜力很大，但在管理消落区的植被覆盖时，应考虑其作为繁殖源的潜力。对三峡库区半淹半露段、经常性出露段的平坡消落区，土层较厚和人类活动较少的区域，可以按照自然群落的发展规律，通过土壤种子库的萌发和传播完成自然植被的演替。自然恢复适用于未超过自身生态承载力、基本可逆的生态系统，在消除外界干扰后能够经受自然选择，寻找到相应的能源与合适的环境条件，实现自我恢复。对于岸坡相对稳定的岩质、岩土混合质消落区，自然恢复也是一种不错的选择。

（2）生态修复

生态修复以生物修复为基础，结合各种物理修复、化学修复和工程技术措施，是一种通过优化组合来修复污染环境的综合方法，以达到最佳效果和最低成本。这一概念源自生态恢复，它是20世纪30年代出现的概念，从实践中脱颖而出，然后进入科学研究，并在生态学中广泛使用。生态恢复是指采取人为措施，使受损的生态系统尽可能恢复到一定的参考状态的过程。生态恢复类似于生态修复中的植物修复，尽管植物似乎起着主要作用，但植物根系分泌物、根际微生物、根际土壤物理化学因素（这些因素可以部分人工控制）起着共同作用。总体来说，植物修复是生态修复的基本形式，几乎涵盖了生态修复的所有机制。

生态恢复与生态工程和森林景观修复都是生态修复的重要组成部分。这些都是基于自然的解决方案（Nature-based Solution，NbS），其定义为"保护、可持续管理和恢复自然生态系统或转型生态系统的行动，有效和适应性地应对社会挑战，同时提供人类福祉和生物多样性利益"。

（3）岸坡治理

岸坡治理工程通常包括排水、边坡稳定桩和土壤工程，如坡顶卸载和坡脚支墩。对于塌岸严重的河段，可根据河势、冲刷条件和岸坡类型，采取多种形式的岸坡治理工程。在实际工程中开发了许多新的加固技术，主要与锚杆和抗滑桩有关。对于三峡库区，应在 145m 以下采取抛石、沉桩、沉枕或打桩等措施。在 145m 以上，光滑的护岸被广泛使用。岸坡和路堤边坡采用块石或混凝土防护，采用斜坡式护岸、陡墙式护岸（包括直立式）和由两者混合的护岸。斜坡式护岸的护面结构及护面范围与斜坡堤相同，坡顶为陆地面。陡墙式护面常采用块石砌筑的重力墙、钢筋混凝土扶壁式结构、板桩岸壁等。外侧受波浪、水流作用，内侧还要承受土压力和地下水压力作用，墙上设排水孔。护岸的稳定性与底部根石的牢固程度密切相关。块石的质量和根石边坡的稳定性必须得到保证，并且必须完好无损。

水库蓄水后，可采取减缓岸坡、开挖顶部土体以减轻荷载、增加坡脚压力、封闭地表裂缝以减少雨水渗透或增加地表和深层排水系统等措施来降低滑坡风险。对于天然或人为诱因引起的软弱夹层顺层边坡变形，应根据软弱夹层情况设置预加筋桩、预应力锚索和锚杆抗滑工程。

（4）综合治理

综合治理措施是将生态修复与岸坡治理相结合的一种综合措施。对于三峡库区消落区中具有一定滑坡或崩塌风险，但具有植被恢复条件的土质或岩土混合岸坡，可先采取一定的工程处理措施。在此基础上，采取播草籽等生态修复措施，恢复一定的植被，既保证了波动带岸坡的稳定，又在一定程度上保持了波动带生态系统的生态功能。

综合治理措施综合了生态修复和岸坡治理的优势。从某种意义上说，综合治理措施与生态护岸有一些相似之处。例如，既采用工程措施，又采用植物修复，但生态护岸的结合比综合修复措施更巧妙，工程措施和植物引种形成有机整体。在长江大保护的背景下，随着经济社会的不断发展、科学技术的不断进步，综合治理措施和生态护岸技术是三峡库区消落区建设的新趋势。

（5）生态护岸

生态护岸是一种将水利工程、环境科学、生物学、生态学和景观科学相结合的技术，具有生态和环境保护效益。与传统的硬质护岸相比，生态护岸不仅防洪保岸，还考虑了生态影响和环境影响。生态护岸的基本设计原则是恢复和维护河流生态及周边环境，包括安全稳定、经济有效、生态可持续等。生态护岸的功能是多样的，包括防冲防洪、巩固堤防，滞洪补枯、调节水位，排污净水，构建生态，景观价值等。

生态护岸发展至今，已经出现了许多种不同的生态护岸类型。按生态护岸的功能分类可分为景观护岸、亲水护岸（侧重于生态护岸的自净功能）等；按材料类型分类，可分为生态混凝土护岸（如多孔种植混凝土护岸等）、土工材料护岸（如土工格室护岸、三维土工网护岸等）、生态袋护岸、格宾石笼护岸、石材护岸、木材护岸，以及植物护岸等。还有研究人员将生态护岸分为人工生态型护岸和自然生态型护岸两种类型，其区别在于人工生态型护岸是利用了工程手段，使河道护岸在具备类似于自然河道的生态功能的同时又能具有一定的防涝行洪能力。人工护岸又可分为斜坡式护岸、垂直式护岸、复合式护岸三种类型；而自然生态型护岸是指尽可能地降低人类行为的干扰，最大可能保留原有河道的生态属性，一般分为陡坡型护岸、缓坡型护岸两种类型。根据护岸材料在天然材料中的比例，生态护岸可分为自然原型护岸、自然型护岸、多自然型生态护岸（多种人工自然型护岸），这也是目前被广泛认可的分类方法。

自然原型护岸是在护岸基质上种植植物来稳定边坡的统称，可以利用植物的茎叶进行消能，植物发达的根系对其分布范围内的河岸土颗粒凝聚成一个根土复合体从而提升土壤的抗剪强度。植草护岸是在河道的边坡基质上种植草类植物来抵抗水体对岸边的侵蚀，是最为常见的生态护岸类型之一。自然原型护岸多用于水位落差较小，较缓较矮的各种土质边坡，边坡稳定，且土壤有一定肥力，水流流速不大，冲刷力较小的河道护岸，一般不设置在河道拐弯处。自然原型护岸的优点包括种植及后续养护简单、工程造价低，生态功能保留良好，最大程度地保留了河流的自然形态，对环境影响最小。

自然型护岸是指在种植植被的基础上，结合各种天然材料如石材、木材等以增加岸坡稳定性的护岸，通常形式为采用天然材料作为护底部分和植被作为护坡部分，以增强堤岸的抗冲刷能力。自然型护岸能够较大程度地保证河道的自然属性，属于低强度的生态护岸。自然型护岸结构类型包括松木桩护岸、抛石护岸、介质筛护岸、砌石护岸、石笼护岸，其中砌石护岸是目前护岸工程经常采用的护岸形式。自然型护岸多适用于边坡坡度自然，水位变化常年较小的河道；河道拐弯处，不平整坡面，水流流速较大的河道也可采用。其优点为：施工工艺较为简单，耐久性好，便于修补；可适用于各种坡面、能够降低水的流速、生态功能保留较为良好，一定程度地保留了河流的自然形态，对环境影响较小，且自然型护岸能够为动植物提供一定的栖息地。周边环境与护岸植物相结合，不仅增强了河岸的自然生态价值，同时也具备了一定的景观价值。

多自然型生态护岸是指以自然型生态护岸为基础，使用钢筋混凝土等人工材料，以提高河道行洪能力为主，兼有提高河道生态调节功能的护岸。多自然型生态护岸一般适用于水位落差较大、坡度较陡、河道流速大的河岸，其优点为：加入了人工材料等，对河岸的防护效果较好，兼具一定的生态功能，一定程度地保留了河流的自然形态。与前两种类型的护岸相比，多天然护岸具有更强的抗水侵蚀性、更高的安全性，更适合三峡库区消落区。生态护岸有许多自然类型，如三维植被网护岸、覆土骨架复合护岸、生态挡土墙、生态混凝土护岸、联锁、铰接混凝土块护岸、土工布扁袋护岸。

（6）生态护岸改造

生态护岸改造主要针对已经实施了不透气护岸材料的消落带，如岸坡治理工程和港口工程。在满足防洪、排涝等河道基本功能的基础上，通过人工的生态修复措施，改变原先浆砌护岸的不具有透气性和渗透性的界面，增加河道与护坡的水气循环，分析研究改造前后河道水质情况，开展浆砌护岸生态化改造，构建健康、稳定的河流生态系统。

6.2.3.2   消落区保护治理方案

（1）总体治理保护方案

三峡库区饮用水水源地消落区备选的建设措施包括自然恢复，以及生态修复、岸坡治理、综合治理、生态护岸或生态护岸改造等人工生境营造措施，其目标是保护和修复消落区生态环境，保障消落区良好的生态功能，促进人与自然和谐共生（表 6.2-3）。

人工生境营造是通过人工的适度正面干扰，为生态系统自修复创造必要条件，有利于促进生态系统的恢复。

库区河道平面宜弯则弯，宜保持河道天然的蜿蜒度，营造水岸多样化。充分利用现有滩地，通过对护脚堆砌的块石再回填、在河道内安放砾石群、合理分布卵石位置、增大护面结构空隙等手段，打造溪流、草泽、筑岛、洼塘、花海等不同的水岸空间，为底栖类、鱼类、鸟类、昆虫和小型哺乳动物等提供良好的生存环境和迁徙廊道。采用多孔人工鱼巢、人造水生植物鱼巢、网片人工鱼巢、鱼巢砖等固脚、护岸结构；运用壅水设施、丁坝、潜坝、跌水、陂堰等生态工法，解决草滩内陆化，同时引导水流自然造床，逐渐恢复天然河道的深潭、浅滩，急流、缓流，为生物营造宜居生境。采用人工鱼礁、牡蛎礁、生态块体等大空隙率、透水好的结构材料，构建缝隙、孔穴和鱼鳞坑水洼，营造异质性水生动物生境，改善潮间带生物栖息地质量。

表 6.2-3　　　　　　　　　　三峡库区饮用水水源地消落区建设方案

分区分类		推荐方案	
分区	子类型	岸坡不稳定	岸坡稳定
城镇型	岩质岸坡	岸坡治理或综合修复	自然恢复、生态修复、综合修复或生态护岸
	土质岸坡	岸坡治理或综合修复	自然恢复、生态修复、综合修复或生态护岸
	岩土混合质	岸坡治理或综合修复	自然恢复、生态修复、综合修复或生态护岸
	人工治理岸坡	保持现状或生态护岸改造	
		保持现状或生态护岸改造	
农村型	岩质岸坡	安全监测，必要时岸坡治理或综合修复	保持现状或自然恢复
	土质岸坡	安全监测，必要时岸坡治理或综合修复	自然恢复或生态修复
	岩土混合质	安全监测，必要时岸坡治理或综合修复	自然恢复或生态修复
	人工治理工程	保持现状或生态护岸改造	
乡野型	岩质岸坡	保持现状，辅以安全监测	保持现状
	土质岸坡	自然恢复，辅以安全监测	自然恢复
	岩土混合质	自然恢复，辅以安全监测	自然恢复

对于岸坡治理或综合修复、生态护岸或生态护岸改造等人工生境营造，会隔断自然陆地连接或分隔生态单元时，有条件的区域应预留动物通道。跨越水域护岸的桥梁选址及结构型式宜结合动物通道统筹确定。位于珍稀濒危陆生野生动物重要的栖息地和迁移扩散路线上的生态护岸，应按《陆生野生动物廊道设计技术规程》（LY/T 2016—2012）的规定设置野生动物通道。野生动物难以攀爬通过的护岸条件允许应设置动物通道，可沿线间隔适当的距离采用缓坡、选用结构材料粗糙化的护岸，利用攀爬或垂挂植物增加直立护岸水陆连通性等。

（2）纵向措施布设

生态修复、岸坡治理、综合治理、生态护岸或生态护岸改造等人工生境营造措施，按结构形式可分为坡式护岸、墙式护岸、混合式护岸及坝式护岸；按材料属性，可分为植物式、柔式、块体式、组合式、整体式。按照结构外观形态分类，生态效果从坡式、混合式、墙式依次减弱；按照材料属性分类，生态效果从植物式、柔式、块体式、组合式、整体式依次减弱。生态护岸的材料应具有耐久性并应符合《化学试剂 碳酸钡》（GB/T 654—2011）的规定，应坚固耐久，抗冲刷、抗磨损性能强；多孔隙、透水、透气，适于生物繁衍生息；适应岸坡变形能力强，有利于生物栖息、自然做功等；就地取材，安全、经济合理，便于施工、修复、加固；宜采用天然材料，避免使用对水环境、生态环境等造成不利影响的材料。常用的生态护岸材料可包括草皮护坡、灌草护坡、三维土工网、植草护坡、抗冲植草垫护坡、土工格室植草护坡、蜂巢植草护坡、植生袋植草护坡、生态加筋植草垫、防冲固坡土工袋、柔性充砂管排、自然抛石护坡、干砌块石护坡、多孔植草砖护坡、瓶孔砖护坡、连锁式多孔植草砖护坡、石笼护坡、生态混凝土护坡、无砂混凝土护坡、加筋生态框（槽）护岸、生态框护岸、加筋鱼巢箱护岸、加筋生态砌块护岸、生态板桩护岸等。

三峡水库是典型的河道型水库，重庆主城区处于其变动回水区。三峡水库在不同水位下运行时，回水变动末端所处的位置不同，相应的水位变动范围不同。在175m、165m、155m和145m运行时，三峡水库回水变动末端分别在江津花红堡、江北果园港、长寿黄草峡和重庆涪陵。其中，从大坝前缘到145m水位水面线的回水末端为常年回水区，该段的长度为524km；当三峡水库蓄水位为正常蓄水位175m，其回水末端为水库的终点，从常年回水区末端至水库终点叫作变动回水区，长度约为140km。纵向上，把三峡库区消落区分为湖北秭归库首至重庆涪陵段、重庆涪陵至长寿黄草峡段、长寿黄草峡至江北果园港段、江北果园港至江津花红堡等四段。纵向上不同区段，除了自然恢复外，需根据消落区水位变幅范围分别采用单级、两级或多级断面形式（表6.2-4）。

1）湖北秭归库首至重庆涪陵段

该区常年处于水库状态，流速较缓、水较深，天然河道（包括急流滩险）常年被淹没，变动范围约为30m。该段消落区建设的断面形式采用多级护岸，一般根据岸坡的陡缓程度设置5～8级岸坡，实际中可采用多级斜坡式堤或多级复式堤等岸坡形式。

2）重庆涪陵至长寿黄草峡段

该区处于变动回水区，水位变动范围为20～30m。该段消落区建设断面形式采用多级护岸，一般根据岸坡的陡缓程度设置3～8级岸坡，实际中可采用多级斜坡式堤或多级复式堤等岸坡形式。

表 6.2-4   三峡库区饮用水水源地消落区纵向建设措施布设

纵向	湖北秭归库首至重庆涪陵段	重庆涪陵至长寿黄草峡段	长寿黄草峡至江北果园港段	江北果园港至江津花红堡段
断面形式	多级	多级	两级或多级	单级或两级
岸坡分级	5～8 级	3～8 级	2～4 级	1～2 级
岸坡形式	多级斜坡式堤或多级复式堤等	多级斜坡式堤或多级复式堤等	两级斜坡式岸坡、两级直墙式岸坡、两级复式岸坡，以及多级斜坡式堤或多级复式堤等	单级斜坡式岸坡、单级直墙式岸坡、单级陡墙式岸坡，以及两级斜坡式岸坡、两级直墙式岸坡、两级复式岸坡等

3）长寿黄草峡至江北果园港段

该区处在变动回水区，水位变动范围为 10～20m。该段消落区建设断面形式采用两级或多级护岸，一般根据岸坡的陡缓程度设置 2～4 级岸坡，实际中可采用两级斜坡式岸坡、两级直墙式岸坡、两级复式岸坡，以及多级斜坡式堤或多级复式堤等岸坡形式。

4）江北果园港至江津花红堡段

该区处于变动回水区，水位变动范围为 0～10m。该段消落区建设断面形式采用单级或两级护岸，一般根据岸坡的陡缓程度设置 1～2 级岸坡，实际中可采用单级斜坡式岸坡、单级直墙式岸坡、单级陡墙式岸坡，以及两级斜坡式岸坡、两级直墙式岸坡、两级复式岸坡等岸坡形式。

（3）垂向措施布设

根据三峡水库调度运行的特征水位，垂向上可以分为经常性水淹段（145～160m）、半淹半露段（160～170m）和经常性出露段（170～175m）。消落区垂直方向的水淹周期规律也不一样，相应的植物措施选择也有所区别（表 6.2-5）。

根据相关研究和消落区治理的实践，垂向上考虑经常性水淹段（145～160m）反复受到汛期洪水淹没影响，该区域根据需要主要实施工程措施，植被系统宜以自然恢复为主，并加强消落区管理，减少人类活动的干扰。对于 160m 高程以上区域，根据消落区的分区分类情况实施自然恢复、生态修复、岸坡治理、综合治理、生态护岸或生态护岸改造等措施，结合周边滨江生态带建设，实施坡面生态修复、水生生境构建、滨江生态空间重建等生态措施，构建层次分明、错落有致的滨江绿化景观，营造和谐的陆域立体休闲空间。具体来说，半淹半露段（160～170m）和经常性出露段（170～173m）以草本陆生植物为主恢复自然生境；经常性出露段

（173～175m）可以采用陆生草本和小灌木相结合的方式，恢复更加多样化的生态环境。

此外，处于库尾变动回水区水位变动范围较小，可以根据情况种植喜湿耐旱的植物群落，有灌丛、禾草、莎草、高草群落、缓坡自然生草，常见的植物品种有水葱、芦苇、香蒲、水芹菜、蒲公英等。通过喜湿耐旱植物的配置，净化水质、抑螺防病且不影响行洪滞洪，尽量营造水陆交错的多样化生境。在海拔 173～175m 范围内，在枯水季节沿水流方向种植 1～2 行灌木树种，同时在灌木下种植挺水植物，坡度较陡区域只种植挺水植物。在173m 以下范围，枯水季节播撒草本植物种子或种植沉水植物。根据不同树种生物学特性确定最适种植密度，为利于行洪采用宽行窄株配置且种植行与水流方向一致。

表 6.2-5　　　　　　　三峡库区饮用水水源地消落区垂向建设措施布设

垂向	湖北秭归库首至重庆涪陵段	重庆涪陵至长寿黄草峡段	长寿黄草峡至江北果园港段	江北果园港至江津花红堡段
173～175m	草本、小灌木	草本、小灌木	草本、小灌木	草本、小灌木或喜湿耐旱的植物
170～173m	草本植物	草本植物	草本植物	草本植物
160～170m	草本植物	草本植物	草本植物	草本植物
160m 以下	自然恢复	自然恢复	自然恢复	自然恢复

注：草本和小灌木的品种选择参照隔离带部分。

《中华人民共和国防洪法》等法律法规规定，禁止在行洪河道内种植阻碍行洪的林木和高秆作物。三峡库区消落区水位变幅大，不适合种植高大的乔木和大灌木，一般推荐种植草本、小灌木。植物品种应选择狗牙根、牛鞭草等多年生草本植物，根茎长、耐淹性强，有利于水土保持、隔离污染、鱼类觅食，是合适消落区的草本植物。而一年生草本植物根茎短、耐淹性弱，当年水淹死亡后很快在水中分解，带来水体富营养化。此外，入侵物种繁殖快，压缩了多年生草本植物生长空间。此外，植被的选择宜为：两栖、爬行和水生等动物提供食物和良好栖息环境的食源植物，根系相对发达、利于固土的植物，以及改善水质的净水植物等乡土植物。

6.2.3.3　消落区生态护岸典型设计

生态护岸断面设计原则包括：①岸坡断面形式应根据地理位置、场地条件、功能、岸（堤）高度、水位变化、流量及流速等因素，满足行洪排涝过流能力、岸坡稳定安全、生境多样性、滨水景观、亲水性及工程管理等要求，经技术、经济比选后确定。②岸坡断面形式应因地制宜设计，不同岸别、不同岸段的断面形式宜差异化，同时应做好不同断面形式之间的平顺衔接处理。③岸坡断面形式应增强护岸的水—陆生态连通性。④岸坡断面形式应根据河湖底部、岸滩的天然形态，营造坡、岸、滩、槽、洲、潭等多样化的自然或仿自然生境，避免将河道底部、岸滩等平整化。⑤岸坡断面宜采用坡式、混合式等自然形式的生态岸坡；条件允许时，可采取地形重塑等方式建设浅丘岸坡，形成自然界面。

生态护岸结构设计包括生态坡式护岸、生态墙式护岸、生态混合式护岸。生态坡式护岸可分为上部护坡和下部护脚，宜以设计枯水位分界。上部护坡的结构形式应根据河岸地质条件和地下水活动情况，采用植物式、柔式、块体式、组合式及整体式等，经技术、经济、人文景观要求等比较选定。下部护脚部分的结构形式应根据岸坡地形地质情况、水流条件和材料来源，采用抛石、石笼、柴排、土工植物枕、软体排、生态鱼槽砌块、生态框、人工鱼礁、牡蛎礁、扭王字钢筋混凝土预制块等经技术经济比较选定。坡式护岸可根据岸坡地形、地质条件、岸坡稳定及管理要求设置护脚平台。护坡厚度应根据《堤防工程设计规范》（GB 50286—2013）计算确定，砌石护坡层的厚度宜为 0.3～0.6m，生态预制砌块，生态混凝土的厚度宜为 0.1～0.2m。护坡砂石垫层厚度宜为 0.1～0.2m，粒径可为 2.0～30mm。当坡面有排水要求时应设置排水设施及反滤设施。生态墙式护岸适用于岸坡狭窄、临水侧无滩地易受水流冲刷、受地形条件或既有建筑物限制的岸坡。坡式护岸的结构形式可采用直立式、陡墙式、折线式等。墙体结构材料可采用多孔透水混凝土、生态砌块、生态框、干砌石、石笼等，断面尺寸及墙基埋深应根据稳定和冲刷等要求确定。冲刷严重的岸坡应采取墙基防冲刷措施。墙式护岸墙后邻近墙体的回填区宜填非黏性土料。不透水墙体应在墙体中设置排水及反滤措施。墙式护岸顶高程低于设计水位时，墙后回填土顶面应采取防冲刷措施。整体式的墙式护岸沿岸线方向应设置变形缝，岩石地基上护岸分段长度不宜大于 10m，土质地基上护岸分段长度不宜大于 15m；地基压缩变形量较大时，分段长度应适当减短；地基条件改变处应设变形缝。生态混合式护岸适用于生境营造、人文景观、亲水等需求下的护岸，混合式护岸应结合空间条件，斜坡式、陡墙式与直立式因地制宜组合运用。若空间条件充裕，可选用斜坡式分级；空间条件次之，可选用斜坡式和陡墙式或直立式结合；空间条件受限，可选用陡墙式或直立式分级。当施工开挖受限时，可采用桩式护岸。桩式护岸材料可采用木桩、生态板桩等。

生态护岸生物系统构建包括生态护岸植物配置、生态护岸植物配置及划分和生态护岸植物配置适宜性。生态护岸植物配置应遵循以下原则，根据岸坡稳定、生态修复、生长环境和自然景观要求等因素确定，按照护岸类型及环境特征，构建护岸植物缓冲区。植物配置应以乡土植物为主，不招蚁害、鼠害的品种；应满足植物的多样性，高低搭配组合宜采用滨水复合植物群落结构；岸线植被覆盖率不应小于60%。岸边陆生环境的植物应选用耐贫瘠品种，干湿交替环境的植物应选用可适应干、湿环境的品种，常水位附近及以下环境的植物应选用水生品种。植物景观风貌宜根据护岸区域社会发展情况、植物养护成本、本土植物特点等因素营造。生态护岸植物配置及划分是指植物类型应根据护岸各部位与常水位、常遇洪水位及设计洪水位关系分别设置，可分为水生带、干湿交替带及陆生带。应构建完整的适应水陆梯度变化的近自然植物群落，体现水生植物、耐湿植物和陆生植物等连续变化过程，提高护岸结构的稳定性和群落的多样性。水生带宜布设在略低于常水位或多年平均高潮位的区域，护岸坡脚适宜种植可改善或营造水生生境的水生植物，有条件时，可按从高到低依次形成挺水植物、浮叶植物、沉水植物的群落。干湿交替带宜位于水位变动区域，在常水位—常遇洪水位区间，植物喜湿，亦耐干旱，可构建岸边喜湿、耐旱植物群落，有湿生林带、灌丛、禾草、莎草、高草群落、缓坡自然生草，常见的植物品种有水葱、芦苇、香蒲、水芹菜、蒲公英等。陆生带宜位于常遇洪水位之上，宜具备边坡覆绿、景观绿化功能，应具有固结土壤、保持水土的作用，可构建缓坡自然生草、灌木及小乔木等植物群落。生态护岸植物配置适宜性包括对高程在常水位及以下的岸前带，适宜种植沉水植物、浮水植物、挺水植物等可改善或营造水生生境的水生植物。护岸带位于河道的行洪泄洪区，不宜种植根系发达的乔木、高秆作物。对高程在两年一遇至设计洪水位间的护岸带，滩地过水频率低，可在不影响堤身稳定、行洪要求的情况下，布置低矮灌木、藤蔓植物和草本植物等绿化景观植物。

6.2.4 隔离带分区建设方案

三峡库区饮用水水源地隔离带当受到人为干扰或自然灾害影响，森林结构发生逆向改变，生态系统服务功能或生产力持续性明显下降，依靠自然力短期内难以恢复发生退化时，根据退化林特征、退化等级和修复目标等，结合森林主导功能和立地条件，科学选择补植或更新树种，优先选用乡土树种，培育混交复层林。

6.2.4.1 隔离带建设主要措施

三峡库区隔离带建设措施有生态保护、生态修复和生态治理三大类。三峡库区河岸缓冲带建设需要基于其分区，采取上述三类措施的不同组合。

（1）生态保护措施

这里说的生态保护主要指自然恢复。自然恢复是无须人工协助，只是依靠自然演替来恢复已退化生态系统的方法。自然恢复基于生态学上的次生演替的理论。次生演替指在原有植被虽已不存在，但原有土壤条件还基本保留，植物的种子或其他繁殖体（如能发芽的地下茎）存在这种生态条件下发生的演替。森林在拦截降水、提高土壤蓄水能力、减少地表径流和防止土壤侵蚀方面发挥着重要作用。

自然恢复作为生态保护措施，是一种基于自然的解决方案。河岸缓冲带建设中，封山育林是最常见的自然恢复实例。封闭森林或草地，使这些地区不受人类活动的影响，同时防止火灾及杂草入侵，就能加强自然更新。这种方法的优点非常明显，可以缩短实现森林覆盖所需的时间，保护珍稀物种和增加森林的稳定性，并且投资小、综合效益高。在保持水土、生物多样性保护、改善微气候等方面，人工林要比封闭后自然恢复的森林逊色得多。

（2）生态修复措施

库区河岸带基础修复措施有基底修复改造和植被群落建设。基底修复改造措施指拆除侵占物、地形的平整和改造等。改造需控制总体坡度，通过改造使得径流均匀流入缓冲带区域。拆除侵占河流滨水缓冲带建（构）筑物后，结合植被恢复要求，因地制宜对地形进行整理，通常底质的理化特性无须调整。

植被群落建设是河岸缓冲带生境营造的最重要内容之一。植物可以通过其根系加固河岸，还可以吸收非点源污染物，并作为各种降解的反应介质。植被群落建设需遵循适地适树、共生相容、经济实用的原则，采用常绿与落叶混交、深根和浅根植物搭配、阳性和阴性植物相结合、乔灌草藤地被相结合的方法构建植被群落。根据植物的生态位和植物习性进行配置，采用乔木＋灌木＋草本、乔木＋草本、灌木＋草本，并辅以藤本和地被植物的立体配置，提高河岸缓冲带生态系统的稳定性。同样重要的是，要将植物视为净化反应的介质，实施合理的植被优化以长期控制污染，加强各种去除过程，并直接利用氮、磷和其他营养物质。

（3）生态治理措施

生态治理措施从河岸带的外围至水域的各种措施，用于提升库区河岸缓冲带的建设效果，主要采取绿篱带、下凹式绿地、生物滞留带等措施。

植物篱起源于农业并与之共存，农业由树木、灌木和相关的林下植被组成，在农田景观中形成一个连续的网络。在三峡库区，绿篱带主要用于城镇和村落功能型河岸带的外围地段。城镇功能型河岸带外围地段，宜采用低于1.6m的小灌木形成隔离性较好的绿篱带。农村功能型缓冲带外围地段，宜采用灌木或小乔木密植，构成结构比较稳定、隔离性能较好的绿篱植被。下凹式绿地是一种高程低于周围路面的公共绿地。它可以在不增加绿化面积的前提下，满足生态设计中贮存雨水、减少径流等多种目的，是最常见、最有效、最为经济适用的低影响开发（LID）措施之一。生物滞留带是一种具有地表径流滞蓄、净化作用的仿自然生态处置技术，主要由预处理设施、进口设施、蓄水层、植物、树皮覆盖层、种植土和填料层、砾石排水和溢流设施组成。它能利用植物截留和土壤渗滤净化雨水，能有效减少径流中的悬浮固体颗粒和重金属等污染物。

生态坑塘池利用天然的坑、塘、退出或废弃鱼塘、洼地等，通过适当的人工修整，并设置围堤和防渗层，在塘中种植水生植物，投放土著水生动物，形成良性循环的水生态自净系统。它是一个天然的废水处理系统。由于其成本低，易于维护，可用于改善小型社区的雨污水质量，非常适合农村地区和偏远社区。生态渗坝是根据人工湿地和快速渗透原理开发的一种小型水工建筑物，用于控制非点源污染水体。采用砾石、碎石和填料人工垒筑坝体，并配置净水作用的植物，通过物理过滤、植物吸收和微生物降解实现水质净化功能。一般采用多级拦截布设，在水循环中起到泄水、消能、拦截污染物等作用。生态拦截沟指种有植被的地表沟渠，用于拦截降雨后初期径流污染。作为生物滞留设施、生态坑塘池等的预处理设施，用于连接河流、绿地和雨水管渠系统等。生态沟渠已被证明是过滤和控制营养物质向河流输送的有效措施，适用于小流量径流，最大流速不能超过 0.8m/s，其断面常见形式有三角形、梯形和抛物线形等。

雨水湿地与沼泽地类似的地面，主要利用土壤、人工介质、植物、微生物的物理、化学、生物三重协同作用，对污水、污泥进行处理的一种技术。人工湿地的优点明显，缓冲容量大、处理效果好、工艺简单、投资省、运行费用低等。人工湿地主要分为潜流型（水平流、垂直流和复合流）和表流型等几类。对污染严重且有条件的入湖库支流下游，可建设生态滚水堰，形成一定的回水区域，增加水流停滞时间，提高水体的含氧量。同时，根据实际情况在滚水堰上游的湿地和滩地营造水生和陆生植物种植区，提高水体的自净能力。植物选择以乡土物种为主，能够适应当地的水土条件。前置库由沉降系统、导流系统和强化净化系统（包括砾石床过滤、植物滤床净化、深水强化净化、放养滤食性鱼类、岸边湿地建设等）组成。前置库综合了物理、化学和生物等多方面的作用，具有投资小、运营管理简单等特点，在国内外得到广泛应用。对于饮用水水源地保护区，可在支流河口合适地布设前置库。

6.2.4.2　隔离带分区分类建设

根据拟建设隔离带一级分区和二级分区，提出分区建设或保护建设方案。城镇型和农村型隔离带建设主要有生态修复措施和生态治理措施。乡野型建设方案以生态保护或封禁措施为主。措施方案根据隔离带的分区等进行不同的搭配和组合，以满足隔离带建设的目标要求（表 6.2-6）。

表 6.2-6　　　　　　　　三峡库区陆域隔离带分区建设方案

隔离带分区		隔离带状况	主要建设方案
一级分区	二级分区		
城镇型	一般城镇段	分布有城市或集镇，具有陆域缓冲带空间	生态修复措施、生态治理措施（绿篱隔离带、透水铺装、下凹式绿地、生态滞留带、生态拦截沟、雨水湿地等）
	特殊城镇段		生态修复措施、生态治理措施（绿篱隔离带、透水铺装、下凹式绿地、生态滞留带、生态拦截沟、雨水湿地、雨水调蓄设施等）
农村型	农田段	存在有自然村落，存在农田面源污染	生态修复措施、生态治理措施（绿篱隔离带、生态坑塘池、生态透水坝、生态拦截沟等）
	村庄段		生态修复措施、生态治理措施（绿篱隔离带、生态坑塘池、生态透水坝、生态拦截沟等）
乡野型	乡野段	无人或极少人口居住	生态保护或封禁措施

（1）城镇型隔离带

城镇型——一般城镇段隔离带主要采用基底修复改造、植被群落构建等生态修复措施，以及绿篱隔离带、透水铺装、下凹式绿地、生态滞留带、生态拦截沟、雨水湿地等生态治理措施。城镇型——特殊城镇段主要使用基底修复改造、植被群落构建等生态修复措施，以及绿篱隔离带、透水铺装、下凹式绿地、生态滞留带、生态拦截沟、雨水湿地等生态治理措施。此外，还可根据实际情况布设雨水调蓄设施，如在开阔的区域采用现浇式或装配式混凝土调蓄池，在施工场地狭小的需要分散调蓄的区域采用高分子调蓄模块等。

根据城镇功能型隔离带的宽度是否固定，分固定宽度条件和适宜宽度条件下的植被群落建设措施方案分别比选建设方案：固定宽度植被群落建设方案隔离带宽度有所限制，通过优化算法确定最优的植被群落的空间布局、植被配置；适宜宽度植被群落建设方案隔离带宽度较为灵活，一般能根据实际需要确定合适的空间布局、宽度、植被配置等。

（2）农村型隔离带

农村型—农田段和村庄段隔离带建设主要采用基底修复改造、植被群落构建等生态修复措施，以及绿篱隔离带、生态坑塘池、生态透水坝、生态拦截沟、雨水湿地等生态治理措施，主要区别是生态修复和生态治理措施的布局、侧重点不同。农村型隔离带宽度一般采用适宜宽度，植被群落建设方案一般能根据实际需要选择合适的空间布局、宽度、植被配置等。

城镇型和农村型隔离带如果临近河口地段，在采用基底修复改造、植被群落构建等生态修复措施的基础上，一般采用人工湿地等生态治理措施。

（3）乡野型隔离带

乡野型隔离带通常人为干扰较小，潜在的面源污染源风险小，建设措施主要为生态保护或封禁措施。乡野型隔离带无须建设方案设计和比选过程。

6.2.4.3　隔离带植被群落构建

三峡库区饮用水水源地隔离带植被群落建设是生态修复措施的重要组成之一，主要根据隔离带现状植被的退化类型、退化等级等，合理选择植被修复措施和植被配置模式。单一修复措施难以实现修复目标时，应综合采取补植补播、采伐修复、渐进修复、平茬复壮等恢复措施，或者皆伐更新等重建措施等多种修复措施，辅以人工促进天然更新、封育管护、钩梢、修枝、立地管理等保育措施。

（1）隔离带植被修复措施

采取退化植被修复技术，即通过采取科学的人工措施；改善退化植被的结构，提高生态质量，恢复生态功能，促进植被正向演替。需要注意的是，不应将天然林通过修复改造为人工林。退化植被修复涉及的采伐，可使用抚育采伐、低产低效林改造等类型限额。

1）补植补播

当水源地隔离带植被状态较差或遭到破坏的区域需要进行更替修复补植植被，以发挥其拦截污染、保障水质等生态系统功能。对于郁闭度小于等于 0.4，且依靠自然力难以恢复的乔木林；缺乏目的树种，需要调整树种结构、提升主导功能且郁闭度小于等于 0.5 的乔木林；具有自然繁育能力的优良林木个体数量小于 30 株/hm^2，天然更新等级不良且不具备目的树种天然更新条件的郁闭度小于等于 0.5 的天然乔木林；或断带、缺带的退化防护林带，可结合培育目标，选择与现有树种互利相容，且能够从林下生长到主林层的树种，合理选择补植补播树种，优先采用良种壮苗进行补植补播。针叶纯林宜补植固氮、食源、蜜源等阔叶树种及彩叶树种，提高生物多样性。根据目的树种林木分布特征，结合微生境，合理配置补植树种和补植点；合理确定补植密度，补植目的树种株数不低于 450 株/hm^2，且林内无直径大于主林层平均高的林窗；补植补播后，应适时开展抚育管护。

补植补播栽植前向穴内回填土，表土在下、心土在上，土层薄的地方回填客土。栽植时扶正苗木，深浅适当，根系舒展，填土后踩实，最后覆上虚土。乔木截杆苗栽植时，先开挖 20cm×20cm×20cm 的穴，用钢钎或机械在穴中打孔，也可不挖穴直接在栽植点打孔，深度 60cm 以上，必要时孔中浇水，最后将苗木在孔中插紧后用土把孔和穴填满、填紧、夯实。造林时间一般为冬、春季，冬季造林在树木落叶后至土壤冰冻前，春季造林在土壤解冻后至树木萌芽前。

2）采伐修复

当水源地隔离带遭受严重自然灾害，导致死亡木和濒死木株数比例大于 20%，或发生松材线虫等林业检疫性有害生物灾害，需清除受害木、病源木、枯死木等的乔木林；缺乏目的树种，需要为天然更新或补植目的树种提供生长空间的乔木林；多代萌生林，或萌生起源的林木株数比例大于 80% 且缺乏目的树种实生林木个体的天然林；林内Ⅰ级、Ⅱ级木小于 30 株/hm²，或Ⅳ级、Ⅴ级木株数比例大于 50% 的用材林；因密度过高，林层单一，林木生长受限导致衰退，或处于过熟林阶段，林木生长衰退，防护功能显著下降的防护林；毛竹竹龄 8 年（其他竹竹龄 6 年）及以上株数比例大于 50% 的竹林，可以采取采伐修复的恢复措施。采伐方式不包括皆伐，采伐技术按《森林采伐作业规程》（LY/T 1646—2005）执行。优先采伐干扰树或Ⅴ级、Ⅳ级木，需调整树种结构或促进天然更新时，可适度采伐其他林木或Ⅲ级林木。采取群团状采伐时，伐后形成的最大林窗直径不超过周围林木平均高，相邻林窗间隔不小于周围林木平均高；采伐后郁闭度低于 0.4，或出现林窗时，应及时补植补播；竹林采伐后宜补植阔叶树种，形成竹阔混交林。

3）更替修复

三峡库区饮用水水源地隔离带的更替修复采取皆伐更新、林冠下更新、渐进更新等更替修复重建措施。对于未做到适地适树或在不适宜生长乔木的地块造林，造成林分严重衰退的人工乔木林；多代连作导致林木生长严重退化的人工用材林；林内Ⅰ级、Ⅱ级木小于 15 株/hm²，或Ⅳ级、Ⅴ级木株数比例大于 80% 的人工用材林；处于过熟林阶段，林木生长衰退，防护功能显著下降的人工防护林；毛竹竹龄 8 年（其他竹竹龄 6 年）及以上株数比例大于 80% 的竹林，采取皆伐更新或林冠下更新的重建措施。皆伐更新的技术要求如下：采伐技术按《森林采伐作业规程》（LY/T 1646—2005）执行；保留母树、珍稀林木、生长良好且有培育价值的实生林木；伐后及时更新，更新造林技术按《造林技术规程》（GB/T 15776—2023）执行。不适宜种植乔木的地块，宜修复为灌木林、灌草植被或稀树草原；竹林采伐后宜改造为阔叶林；天然林和国家级公益林，以及 35° 以上的乔木林，不应采取皆伐更新。林冠下更新技术按《造林技术规程》（GB/T 15776—2023）执行。更新应选择与现有树种互利相容，且能够从林下生长到主林层的树种待更新层形成后再适当伐除上层林木，应保持混交状态，避免改造成目的树种纯林；采伐技术按《森林采伐作业规程》（LY/T 1646—2005）执行；保留母树、珍稀林木、生长良好且有培育价值的实生林木。

对于出现多株、带（条）状死亡，导致疏透度 0.6 以上，或者连续断带长度大于林带平均树高 2 倍，且缺带总长度占比大于 20% 的人工防护林带；处于过熟林阶段，林木生长衰退，防护功能显著下降的人工防护林带，采取渐进更新的重建措施。其技术要求如下：隔株更新，按行每隔 1～3 株伐 1～3 株，采伐后在带间空地补植，待更新苗木生长稳定后，伐除剩余林木，视林带状况再进行补植。多行林带宜错位更新；半带更新，根据更新树种生物学特性，伐除偏阳或偏阴一侧、宽度约为整条林带宽度一半的林带，在迹地上更新造林，待更新林带生长稳定后，再伐除保留的另一半林带并进行更新；带外更新，根据更新树种生物学特性，在林带偏阳或偏阴一侧按原有林带宽度设计整地，或在相邻林地之间空地上营造新林带，待新林带生长稳定后再伐除原有林带。

4）平茬复壮

当水源地隔离带遭受严重自然灾害，死亡木和濒死木株数比例大于 20%，或发生林业检疫性有害生物灾害，短期内难以恢复健康的、国家特别规定的灌木林；未及时平茬，或过度放牧、啃食等因素，造成生长势衰弱、生态功能持续性下降的国家特别规定的灌木林，采取带状平茬作业方式，相邻作业带之间保留带不小于作业带宽度，待萌发幼树生长稳定后，再对保留带平茬。

5）辅助措施

三峡库区饮用水水源地建设的辅助措施包括人工促进天然更新、封育管护、钩梢、修枝、立地管理等保育措施。对于具备天然下种条件但天然更新等级不良的乔木林，采取破土、松土除草、割灌割藤和浇水施肥等措施，创造种子萌发和幼树生长的有利条件；围绕目的树种幼苗幼树进行局部割灌除草，进行人工促进天然更新。对于具有一定数量的幼苗幼树且易遭受人畜破坏的乔木林和国家特别规定的灌木林，应根据需要，与补植补播和人工促进天然更新等措施相结合进行封育管护，技术要求按《封山（沙）育林技术规程》（GB/T 15163—2018）执行。对于以培育珍贵材或大径材为目标的退化用材林；以及自然整枝不良，造成林内卫生状况较差的防护林，采取修枝措施。修去枯死枝和树冠下部 1～2 轮活枝，剪口不能伤害树干的韧皮部和木质部；保留树冠高度，原则上不低于树高的 1/2，最低不低于树高的 1/3。对于受风倒、雪压等自然灾害影响严重的竹林，采取钩梢措施，钩梢不超过竹冠总长度的 1/3，留枝不少于 15 盘。

对于易涝、易旱，或易发生水土流失的林地隔离带；需要施肥或补充养分的乔木林或竹林等隔离带，加强立地管理。技术要求如下：季节性积水的林地，及时做好清沟排水，干旱地可修建集水或引水设施，优先采用节水灌溉措施；对易发生水土流失的林地，采取有利于水土保持的整地措施；对有机质含量下降的林地，可在林木周围施用有机肥、营养土或生物菌剂，改良土壤环境。应保护林内微生物，促进土壤发育；按规定留在林内的采伐剩余物，可平铺或按一定间距均匀摆放，或粉碎后堆放于目标树根部。

（2）隔离带植被配置模式

三峡库区饮用水水源地隔离带建设的重要内容是植被群落建设，其中植物措施的配置关乎隔离带的修复效果，进而影响隔离带的防护有效性。

三峡库区饮用水水源地城镇型隔离带可分为一般城镇段（临办公区型、临生活区型、临主干道型）和特殊城镇段 4 种子类型，农村型又可分为农田型、村庄型 2 种子类型。通过植物的多样性配置，营造多层次生境。植物品种的选择宜为陆生动物等提供食物和良好栖息环境的食源植物，花蜜花粉较多、可起到招引昆虫作用的蜜源植物，根系相对发达、利于固土的植物以及改善水质的净水植物等乡土植物。为此，根据三峡库区饮用水水源地安全保障分区情况，以及不同区域特点和植被建设要求，秦巴山、武陵山山地丘陵区和川渝山地丘陵区提出的分区植物配置方案如下。

1）秦巴山、武陵山山地丘陵区

a. 城镇型

秦巴山、武陵山山地丘陵区城镇型水源地隔离带类型包括一般城镇段（临办公区段、临生活区段、临主干道段）和特殊城镇段 4 种子类型，不同类型的功能侧重点有所不同。临办公区段主要注重遮阴、景观美观功能，一般选择观赏价值较高、枝叶茂密、适应性强、耐修剪、便于管理的树种和草本；临生活区段需兼顾遮阴、儿童安全、景观及文化休闲功能，一般选择观赏价值较高、无毒、枝叶茂密、适应性强、耐修剪、便于管理的树种和草本；临主干道段需隔离道路扬尘，隔绝噪声污染，选择滞尘能力强、抗性强、防护作用显著的树种，优先使用本土物种；特殊城镇段一般情况下考虑防生化、防辐射等特殊功能需求。

a）临办公区段

I. 树种选择

乔木：香樟、小叶榕、枫杨、广玉兰、黄葛兰、樱花、栾树、银杏、黄葛树、四季桂、石榴、天竺桂、羊蹄甲、悬铃木、水杉、乐昌含笑、红叶李、梧桐等；

灌木：龙爪槐、紫薇、蔷薇、红叶石楠、小叶女贞、黄杨、海桐、花叶青木、冬青、红檵木、杜鹃、南天竹、茶树、十大功劳、八角金盘等；

草本：结缕草、麦冬、黑麦草、沿阶草、虞美人、天竺葵、金鸡菊、一串红、三色堇、鸡冠花、狼尾草、花烟草、鼠尾草等；

藤本：爬山虎、藤本月季、常春藤等。

Ⅱ．配置模式

以乔灌草相结合的生态群落配置为主，辅以藤本植物的垂直绿化。

Ⅲ．常用配置

结合建筑物，规整人行通道配置。

①行道树配置：银杏＋香樟＋大叶榕＋梧桐＋羊蹄甲—结缕草等。

②乔木—灌木—地被：栾树＋四季桂—紫薇＋小叶女贞＋红檵木＋南天竹——串红＋鼠尾草＋麦冬等。

③零星乔木—草坪：香樟＋国槐＋红叶李—黑麦草等。

④地被、草坪：十大功劳＋小叶女贞—杜鹃＋虞美人＋三色堇等。

Ⅳ．种植方式

选用园林大苗，Ⅰ级苗，无病虫害和各类伤，根系发达，常绿树种带土球。苗木按园林设计要求确定。草种籽粒饱满，发芽率≥95％。整地方式覆种植土，全面整地，施肥，灌溉。乔灌株行距按园林化种植确定，草坪草播种量25～30g/m²。

b）临生活区段

Ⅰ．树种选择

乔木：黄葛树、杜英、栾树、乐昌含笑、香樟、枇杷、桃树、枫杨、广玉兰、黄葛兰、红枫、樱花、银杏、桂花、天竺桂、红叶李、银叶金合欢等。

灌木：鸡爪槭、木槿、龙爪槐、紫薇、红叶石楠、小叶女贞、黄杨、海桐、花叶青木、冬青、红檵木、南天竹、杜鹃、十大功劳等。

草本：结缕草、麦冬、酢浆草、黑麦草、酢浆草、沿阶草、美人蕉、细叶美女樱、葱兰、虞美人、波斯菊、仙羽蔓绿绒、金鸡菊、一串红、三色堇、鸡冠花、狼尾草等；

藤本：紫藤、凌霄、爬山虎等。

Ⅱ．配置模式

以乔灌草相结合的生态群落配置为主，辅以藤本植物的垂直绿化。

Ⅲ. 常用配置

①行道树配置：银杏＋天竺桂＋香樟＋黄葛树＋樱花—结缕草等。

②乔木—灌木—地被：大叶女贞＋广玉兰＋红叶李—杜鹃—细叶美女樱＋葱兰＋结缕草；栾树＋天竺桂＋蜡梅＋贴梗海棠—十大功劳＋花叶青木—酢浆草等。

③零星乔木—草坪：银杏—结缕草；香樟—麦冬等。

④灌木—草坪：木槿＋美人蕉—金鸡菊＋狼尾草＋鸡冠花等。

Ⅳ. 种植方式

采用园林大苗，Ⅰ级苗，无病虫害和各类伤，根系发达，常绿树种带土球。苗木按园林设计要求确定。草种籽粒饱满，发芽率≥95％；用覆种植土，全面整地，施肥，灌溉；乔灌株行距按园林化种植确定，草坪草播种量25～30g/m²。

c) 临主干道段

Ⅰ. 树种选择

乔木：悬铃木、泡桐、大叶女贞、雪松、广玉兰、小叶榕、侧柏、刺槐、元宝枫、榆树、朴树、梧桐、合欢、桂花、银杏等；

灌木：大叶黄杨、海桐、冬青、小叶女贞、红叶石楠、忍冬、夹竹桃、蜡梅、木槿、丁香、紫薇、多花木蓝、红叶小檗等；

草本：麦冬、马尼拉草、结缕草、黑麦草、百日菊、酢浆草、沿阶草等。

Ⅱ. 配置模式

乔灌草相结合的生态复式配置群落，可有效地降低噪声污染。

Ⅲ. 常用配置

①行道树配置：悬铃木、侧柏、广玉兰。

②乔木—草坪：香樟＋黄葛树—麦冬；雪松＋大叶女贞＋国槐—结缕草等。

③乔木—灌木—草坪：香樟＋大叶女贞＋小叶榕＋榆树—大叶黄杨＋红叶小檗—结缕草等；桂花—小叶女贞＋黄杨＋红叶小檗—结缕草。

④灌木—草坪：法国冬青＋大叶黄杨＋红叶小檗—酢浆草。

Ⅳ. 种植方式

采用大苗，Ⅰ级苗，无病虫害和各类伤，根系发达，常绿树种带土球。苗木按园林设计要求确定。草种籽粒饱满，发芽率≥95％；用覆种植土，全面整地；乔灌株行距按园林化种植确定，草坪草播种量25～30g/m²。

d) 特殊城镇段

Ⅰ. 树种选择

乔木：橘树、垂叶榕、桂花、广玉兰、铁树、石榴、国槐、刺槐、柳树、悬铃木、白玉兰、枫香、侧柏、构树、五角枫、麻栎、栾树、香樟、蒲葵、合欢、臭椿、杜仲等；

灌木：接骨木、紫穗槐、黄杨、龙爪槐、仙人掌、月季、紫薇、丁香、垂丝海棠、木瓜、蜡梅、三角梅、夹竹桃、小叶女贞等；

草本：菊花、鸭跖草、蒲公英、薄荷、狗牙根、结缕草、沿阶草、葱兰、麦冬、狗牙根等。

Ⅱ. 配置模式

乔灌草相结合的生态复式配置群落。

Ⅲ. 常用配置

①乔木—草坪：垂叶榕＋广玉兰＋栾树—狗牙根；桂花＋五角枫—沿阶草等。

②乔木—灌木草坪：广玉兰＋国槐＋栾树—龙爪槐＋蜡梅＋紫薇—鸭跖草＋沿阶草；栾树—丁香＋小叶女贞—麦冬等。

③灌木—草坪。

Ⅳ. 种植方式

采用大苗，Ⅰ级苗，无病虫害和各类伤，根系发达，常绿树种带土球。苗木按园林设计要求确定。草种籽粒饱满，发芽率≥95％；用覆种植土，全面整地；乔灌株行距按园林化种植确定，草坪草播种量 25～30g/m²。

b. 农村型

秦巴山、武陵山山地丘陵区农村型隔离带一般存在较高的面源污染负荷。隔离带类型包括临农田段、临村庄段 2 种类型，不同类型的功能侧重点有所不同。临农田段主要注重生态恢复和保护功能；临村庄段主要注重生态恢复功能，兼顾景观美化与农村文化休闲功能。

农村植物一般具有自然、野趣、农家、乡土等特征，质感粗犷、管理模式粗放，根据相应特点进行植被建设，最终达到净化水质且易于管理的目的。

a）临农田段

Ⅰ. 树种选择

乔木：李子树、桃树、苹果树、毛白杨、樱花树、桂花、脐橙、栾树、国槐、石榴、柳树、山黄麻、麻栎、樟树、楝、臭椿、桑树、构树等；

灌木：枸骨、马桑、火棘、锦鸡儿、胡枝子、杜鹃、蜡梅等；

草本：紫花苜蓿、野菊、羊茅、芒草、早熟禾、狗牙根、结缕草、蒲苇、芒草、五节芒、葱兰等。

Ⅱ．配置模式

乔灌草相结合的生态复式配置群落。

Ⅲ．常用配置

①乔木—灌木—地被：毛白杨＋桂花—胡枝子—紫花苜蓿＋羊茅等。

②等距乔木种植—花卉点缀：桃树＋李子树—野菊＋紫花苜蓿＋狗牙根＋芒草。

③灌木—花卉点缀、草坪：火棘＋枸骨＋马桑—五节芒＋芒草等。

④大片草坪：野菊＋早熟禾＋羊茅等。

Ⅳ．种植方式

园林大苗，Ⅰ级苗，无病虫害和各类伤，根系发达，常绿树种带土球。苗木按园林设计要求确定。草种籽粒饱满，发芽率≥95％；原生土壤，种植乔木采取穴状整地，撒播植草采取全面整地；乔灌木株行距按生态化种植确定；草坪草播种量25～30g/m²。

b）临村庄段

Ⅰ．树种选择

乔木：毛白杨、栾树、石榴、柳树、山黄麻、侧柏、合欢、枫香、枫杨、樟树、楠木、楝、榕树、黄葛榕、桑树、桉树、大叶女贞、泡桐等；

灌木：盐肤木、紫薇、野蔷薇、多花木蓝、胡枝子、马桑等；

草本：金银花、紫花苜蓿、黑麦草、三叶草、高羊茅、早熟禾、紫羊茅、细羊茅、狗牙根、结缕草、蒲苇、芒草、五节芒、荩草等。

Ⅱ．配置模式

乔木＋混播植草生态式配置。

Ⅲ．常用配置

①乔木—草坪：合欢—芒草＋五节芒＋狗牙根；桉树—狗牙根＋酢浆草＋黑麦草；毛白杨＋合欢—狗牙根＋荩草；楝—紫羊茅＋细羊茅＋早熟禾等。

②灌木—草坪：多花木蓝＋野蔷薇—紫花苜蓿＋黑麦草＋高羊茅等。

③草坪：五节芒＋芒草＋蒲苇＋狗牙根＋羊茅等。

Ⅳ．种植方式

大苗，Ⅰ级苗，无病虫害和各类伤，根系发达，常绿树种带土球。苗木按园林设计要求确定。草种籽粒饱满，发芽率≥95％；原生土壤，种植乔木采取穴状整地，撒播植草采取全面整地；乔木株行距按生态化种植确定，通常5～10m；草坪草播种量25～30g/m²。

c. 乡野型

秦巴山、武陵山山地丘陵区乡野型水源地隔离带植被一般状态良好且污染物负荷较低。对于一般退化的乡野型水源地隔离带,多采用人工促进天然更新、封育管护、钩梢、修枝、立地管理等保育措施;对损伤、破坏的重度退化水源地隔离带,应综合采取补植补播、采伐修复、渐进修复、平茬复壮等恢复措施,或者皆伐更新等重建措施,通过采取科学的人工措施,改善退化林植被结构,提高植被质量,恢复植被功能,促进群落正向演替。

对于采取补植补播等恢复措施或皆伐更新等重建措施的乡野型隔离带,隔离带植物配置参考秦巴山、武陵山山地丘陵区农村型、临农田段隔离带植被配置方案。

2) 川渝山地丘陵区

a. 城镇型

川渝山地丘陵区城镇型隔离带类型包括临办公区段、临生活区段、临主干道段和特殊城镇地段 4 种类型,不同类型的功能侧重点有所不同。临办公区段主要注重遮阴、美观功能;临生活区段需兼顾遮阴、儿童安全、景观及文化休闲功能;临主干道段需隔离道路扬尘,隔绝噪声污染;特殊城镇段一般情况下考虑防生化、防辐射等特殊功能需求。

a) 临办公区段

Ⅰ. 树种选择

乔木:香樟、小叶榕、枫杨、广玉兰、黄葛兰、红枫、樱花、栾树、银杏、黄葛树、国槐、四季桂,红叶李、石榴、天竺桂、羊蹄甲、垂柳、悬铃木、水杉、乐昌含笑、楠木等;

灌木:龙爪槐、紫薇、蔷薇、溲疏、金丝桃、红叶石楠、海桐、三角梅、花叶青木、冬青、红檵木、杜鹃、南天竹、茶树、十大功劳、八角金盘等;

草本:车前草、麦冬、黑麦草、沿阶草、菊花、一串红、三色堇、鸡冠花、狼尾草、花烟草、鼠尾草、粉黛乱子草等。

藤本:九重葛、藤本月季、爬山虎等。

Ⅱ. 配置模式

以乔灌草相结合的生态群落配置为主,配合藤本植物的垂直绿化。

Ⅲ. 常用配置

①行道树配置:银杏＋国槐＋香樟＋小叶榕—车前草＋麦冬等。

②乔木—灌木地被:四季桂＋枫杨—红叶石楠＋海桐＋杜鹃。

③零星乔木—花卉、草坪:广玉兰＋红枫—三色堇＋菊花＋鼠尾草＋沿阶草。

Ⅳ. 种植方式

园林大苗，Ⅰ级苗，无病虫害和各类伤，根系发达，常绿树种带土球。苗木按园林设计要求确定，草种籽粒饱满，发芽率＞95％；覆种植土，全面整地，施肥，灌溉；乔灌株行距按园林化种植确定，草坪草播种量 25～30g/ m²。

b）临生活区段

Ⅰ. 树种选择

乔木：乐昌含笑、香樟、紫荆、枫杨、广玉兰、黄葛兰、楠木、红枫、樱花、栾树、银杏、黄葛树、国槐、桂花、天竺桂、羊蹄甲、合欢、石榴、红叶李等；

灌木：鸡爪槭、贴梗海棠、龙爪槐、紫薇、蔷薇、红叶石楠、小叶女贞、黄杨、海桐、三角梅、花叶青木、冬青、红檵木、南天竹、茶树、杜鹃、十大功劳等；

草本：结缕草、麦冬、黑麦草、酢浆草、沿阶草、燕覆子、美女樱、葱兰、虞美人、波斯菊、菊花、一串红、三色堇、鸡冠花、狼尾草等；

藤本：九重葛、紫藤、迎春、葛藤、凌霄等。

Ⅱ. 配置模式

以乔灌草相结合的生态群落配置为主，辅以藤本植物的垂直绿化。

Ⅲ. 常用配置

①行道树配置：银杏＋国槐＋香樟—结缕草等。

②乔木—灌木—地被：栾树＋广玉兰—龙爪槐＋南天竹＋小叶女贞—麦冬；樱花＋红叶李—紫薇＋石榴—沿阶草；国槐＋广玉兰—黄杨球＋红檵木＋金叶女贞球—结缕草等。

③零星乔木—草坪。

④灌木—草坪。

Ⅳ. 种植方式

园林大苗，Ⅰ级苗，无病虫害和各类伤，根系发达，常绿树种带土球。苗木按园林设计要求确定。草种籽粒饱满，发芽率≥95％；覆种植土，全面整地；乔灌木株行距按园林化种植确定，草坪草播种量 25～30g/m²。

c）临主干道段

Ⅰ. 树种选择

乔木：白蜡、枫香、榉树、黄杨、侧柏、毛白杨、刺槐、国槐、构树、元宝枫、榆树、朴树、悬铃木、泡桐、广玉兰、梧桐等；

灌木：黄杨、丁香、紫薇、红檵木、金叶女贞等；

草本：麦冬、马尼拉草、结缕草、黑麦草、酢浆草、沿阶草等。

Ⅱ．配置模式

乔灌草相结合的生态复式配置群落。

Ⅲ．常用配置

①行道树配置：银杏＋国槐＋悬铃木＋毛白杨。

②乔木—灌木—草坪：毛白杨＋元宝枫—紫薇—结缕草；侧柏—黄杨球＋红檵木＋金叶女贞球—结缕草。

③乔木—草坪：泡桐—麦冬；广玉兰＋国槐—结缕草；梧桐—马尼拉草。

Ⅳ．种植方式

大苗，Ⅰ级苗，无病虫害和各类伤，根系发达，常绿树种带土球苗木按生态设计要求确定。草种籽粒饱满，发芽率≥95％；覆种植土，全面整地；乔灌木株行距按园林化种植确定，草坪草播种量 25～30g/m²。

d）特殊城镇段

Ⅰ．树种选择

乔木：橘树、垂叶榕、栾树、桂花、广玉兰、铁树、石榴、国槐、刺槐、柳树、悬铃木、白玉兰、枫香、侧柏、构树、五角枫、麻栎、栾树、香樟、蒲葵、合欢、臭椿、杜仲等；

灌木：接骨木、紫穗槐、黄杨、龙爪槐、仙人掌、月季、紫薇、丁香、垂丝海棠、木瓜、蜡梅、夹竹桃、小叶女贞等；

草本：菊花、鸭跖草、蒲公英、薄荷、狗牙根、结缕草、沿阶草、葱兰、麦冬等。

Ⅱ．配置模式

乔灌草相结合的生态复式配置群落。

Ⅲ．常用配置

①乔木—草坪：垂叶榕＋广玉兰＋栾树—结缕草；桂花—沿阶草等。

②乔木—灌木—草坪：广玉兰＋国槐＋栾树—龙爪槐＋蜡梅＋紫薇—葱兰＋狗牙根；栾树—丁香＋小叶女贞—麦冬等。

③灌木—草坪：紫穗槐—结缕草；夹竹桃＋丁香＋蜡梅—麦冬等。

Ⅳ．种植方式

大苗，Ⅰ级苗，无病虫害和各类伤，根系发达，常绿树种带土球苗木按生态设计要求确定。草种籽粒饱满，发芽率≥95％；覆种植土，全面整地；乔灌木株行距按园林化种植确定，草坪草播种量 25～30g/m²。

b. 农村型

秦巴山、武陵山山地丘陵区农村型隔离带一般面临较高的面源污染负荷。隔离带类型包括临农田段、临村庄段2种子类型，不同类型的功能侧重点有所不同。临农田段主要注重生态恢复和保护功能；临村庄段主要注重生态恢复功能，兼顾景观美化与农村文化休闲功能。

农村植物一般具有自然、野趣、农家、乡土等特征，质感粗犷、管理模式粗放，根据相应特点进行植被建设，最终达到净化水质且易于管理的目的。

a）临农田段

Ⅰ. 树种选择

乔木：刺槐、李子树、杨梅、桃树、苹果树、毛白杨、樱花、桂花、广玉兰、栾树、国槐、石榴、柳树、山黄麻、侧柏、油桐、合欢、羊蹄甲、麻栎、樟树、楝、臭椿、桑树、构树、马尾松、泡桐等；

灌木：枸骨、贴梗海棠、鸡爪槭、黄花槐、紫薇、蔷薇、多花木蓝、马桑、火棘、锦鸡儿、胡枝子、小叶女贞、黄杨、海桐、杜鹃、蜡梅等；

草本：紫花苜蓿、黑麦草、酢浆草、波斯菊、羊茅、早熟禾、狗牙根、结缕草、蒲苇、芒草、五节芒、葱兰等。

Ⅱ. 配置模式

乔灌草相结合的生态复式配置群落。

Ⅲ. 常用配置

①乔木—灌木、地被：刺槐+桃树—多花木蓝+蔷薇—波斯菊+黑麦草+狗牙根+羊茅；杨树+桂花+羊蹄甲—黄花槐+胡枝子+小叶女贞—紫花苜蓿+黑麦草+羊茅；合欢+麻栎+泡桐—多花木蓝+胡枝子+锦鸡儿—芒草+早熟禾+狗牙根等。

②等距乔木种植—花卉点缀、草坪：国槐+合欢+楝—波斯菊+酢浆草+黑麦草+狗牙根；羊蹄甲—结缕草；侧柏+马尾松+鸡爪槭—马桑+锦鸡儿+胡枝子+紫花苜蓿+黑麦草+狗牙根等。

③灌木—花卉点缀、草坪：贴梗海棠+黄花槐+蔷薇—紫花苜蓿+黑麦草+羊茅；蔷薇+多花木蓝+马桑—五节芒+芒草等。

④大片草坪：酢浆草+紫花苜蓿+羊茅；结缕草；波斯菊+黑麦草+羊茅；蒲苇+芒草等。

Ⅳ. 种植方式

园林大苗，Ⅰ级苗，无病虫害和各类伤，根系发达，常绿树种带土球。苗木按园林设计要求确定。草种籽粒饱满，发芽率≥95%；原生土壤，种植乔木采取穴状整地，撒播植草采取全面整地；乔灌木株行距按生态化种植确定；草坪草播种量 25～30g/m² 。

b）临村庄段

Ⅰ．树种选择

乔木：刺槐、毛白杨、樱花树、栾树、石榴、柳树、山黄麻、侧柏、油桐、合欢、麻栎、枫香、枫杨、樟树、楠木、楝、椿树、榕树、黄葛榕、桑树、构树、柠檬桉、大叶女贞、马尾松、泡桐等；

草本：紫花苜蓿、黑麦草、酢浆草、高羊茅、早熟禾、紫羊茅、狗牙根、结缕草、蒲苇、芒草、五节芒、苽草等。

Ⅱ．配置模式

乔木＋混播植草生态式配置。

Ⅲ．常用配置

乔木草坪：合欢—芒草＋五节芒＋狗牙根；桉树—结缕草＋酢浆草＋黑麦草；毛白杨＋构树＋合欢—狗牙根＋苽草；枫香＋楝＋山麻黄—紫羊茅＋细羊茅＋早熟禾等。

Ⅳ．种植方式

大苗，Ⅰ级苗，无病虫害和各类伤，根系发达，常绿树种带土球。苗木按生态设计要求确定。草种籽粒饱满，发芽率≥95%；原生土壤，种植乔木采取穴状整地，撒播植草采取全面整地；乔木株行距按生态化种植确定，通常为 5～10m；草坪草播种量 25～30g/m² 。

c．乡野型

川渝山地丘陵区乡野型水源地隔离带植被一般状态良好且污染物负荷较低。对于一般退化的乡野型水源地隔离带，多采用人工促进天然更新、封育管护、钩梢、修枝、立地管理等保育措施；对损伤、破坏的重度退化水源地隔离带，应综合采取补植补播、采伐修复、渐进修复、平茬复壮等恢复措施，或者皆伐更新等重建措施，通过采取科学的人工措施，改善退化植被结构，提高植被质量，恢复植被功能，促进群落正向演替。

对于采取补植补播等恢复措施或皆伐更新等重建措施的乡野型隔离带，隔离带植物配置参考川渝山地丘陵区农村型、临农田段隔离带植被配置方案。

6.3　小结

三峡库区生态屏障区对维护区域生态安全具有重要作用，河岸生态恢复与重建是构建库区生态格局的关键途径。库区生态隔离带建设要做好岸坡稳定、水土保持、污染防治等目标的权衡和协同。问题结构导向的饮用水水源地多目标建设方法提供了一种新思路。该方法能系统识别影响河岸带的自然和经济社会驱动力、污染物排放等压力，评估河岸带建设前后岸坡稳定、水土保持、污染防治和景观效果，提升水源地生态隔离带建设的科学化水平，对饮用水水源地保护和规范化建设具有重要意义。

将三峡库区划分为秦巴山、武陵山山地丘陵区和川渝山地丘陵区两个一级区，再根据水源地生态隔离带所处的地段划分为二级区，以隔离带防护有效性评估为问题结构，分别提出了消落区的分类保护治理措施和隔离带的分区建设方案。三峡库区消落区的治理和修复，需要基于消落带的横向、纵向等多维属性特征，自然恢复、生态修复、岸坡治理或综合修复措施，以及生态护岸改造都是常用的治理和修复措施。实际中，要根据消落带的分区分类情况，以及垂向的水淹周期性规律，采用分区分类的立体化保护和治理措施是相对科学的方案。库区陆域隔离带建设措施有生态保护、生态修复和生态治理三大类。城镇型和农村型陆域隔离带建设主要有生态修复措施和生态治理措施；乡野型陆域隔离带建设方案以生态保护或封禁措施为主。措施方案的选择应根据隔离带的分区等进行系统的搭配和组合，以满足隔离带建设的多目标要求。

结论和展望　第 **7** 章

7.1　研究结论

　　问题结构导向的饮用水水源地多目标建设方法是面向三峡库区水源地生态隔离带建设实际需要的系统化方法。该方法能识别影响水源地岸坡消落区和陆域隔离带的自然和经济社会驱动力、污染物排放等压力，评估河岸带建设前后岸坡稳定、水土保持、污染防治和景观效果，提升水源地生态隔离带建设的科学化水平，对饮用水水源地保护和规范化建设具有重要意义。

　　本研究提出的基于多分辨率分割—面向对象消落区岸坡分类方法操作简单、成本较低且精度较高，分类结果具有较高的可信度，适用于三峡水库大范围消落区岸坡类型分类。采用参数修正及模型评估方法，开展隔离带岸坡稳定性、水土保持效益和面源污染削减效益评价，综合评估库区水源地生态隔离带的防护效果。研究还建立隔离带适宜宽度与地形因子、土地利用、植被覆盖等的关系，提出了库区典型集水区生态隔离带建设布局，并制定了库区水源地生态隔离带分区分类建设方案。该建设方案几乎囊括了库区各种类消落区和各分区隔离带，有助于库区形成系统完备的立体生态屏障。该研究对促进三峡水库消落区生态保护、修复和治理，维护长江上游重要生态安全屏障具有重要意义。

7.2　研究展望

7.2.1　消落区保护治理

　　长江三峡水利枢纽工程是迄今为止世界上最大的水电项目，工程实施对库区岸坡稳定性产生了较为严峻的挑战。为减少塌岸等带来的不利影响，开展必要的监测和岸坡治理措施是十分必要的。与岸坡治理的高成本相比，完善的排水系统在稳定边坡方面效果好且成本较低。新技术、新方法在大边坡治理的应用，标志着大边坡

125

治理取得了较大进展。但需要加固的边坡类型不同，新技术、新方法适用的边坡类型也不同。三峡库区岸坡类型多样，各种岸坡的稳定性和变形机制不同。在岸坡治理设计中，应根据不同岩体的边坡破坏机理采取合适的加固或治理方法，并关注边坡加固措施的布局和所用施工技术的适用性，加强边坡的变形和稳定性监测与评价。

三峡库区消落区的保护治理是一项复杂的系统工程。其目的是依靠自然的自愈能力，辅以适当的人工措施，加速受损生态系统的功能恢复。因此，需要掌握其生态系统的一些基本特性，如生态系统的结构和功能、物理和化学环境以及动植物群落的演替规律。鉴于三峡库区消落区的特殊性，消落区的管理和恢复的相关机制尚不够清楚，如植被水淹胁迫分子机制、水陆界面元素循环机制、侵蚀沉积对消落区的耦合作用及其对这些过程的响应机制等。这也阻碍了对地球化学和生物过程的理解，以及消落区的保护和生态修复进程。只有厘清并解释相关机理机制，才能确定生态修复的目标，制定有效的保护治理措施。同时，实施效果的评价也是制定保护治理措施的重要内容。在后续研究中，应该考虑采用多标准指标体系和方法来评估库区消落区的保护治理成效。

还有学者认为，生态恢复应面向未来，而不是生态系统退化前的状态，并提出了渐进式生态恢复理论，逐步对受损生态系统进行综合治理、系统修复和恢复。以生态恢复为代表的国家战略已被证明是一种有前景的战略，如降低灾害风险、适应气候变化和加强社区的抗灾能力，特别是关注植被在预防或减轻自然灾害和气候极端事件影响方面的作用。基于自然的解决方案（Nbs）不应被视为一种单一的方法，而是各种基于生态系统的方法的总称。作为生态系统恢复的重要组成部分，生态恢复与生态工程和森林景观恢复相辅相成，既有相似之处，也有重叠之处，在可持续发展中发挥着重要作用。未来，应该遵循"最小干预原则"，通过有限的人工干预，充分利用自然恢复过程，开展三峡库区消落区的保护治理工作。

7.2.2　陆域隔离带建设

河岸环境包括栖息地、植被、再生、侵蚀和外来物种，是影响三峡库区生态系统状况的重要因素。库区河岸带中游的健康状况优于下游和上游地区；西部地区的非点源污染负荷最高，其次是中部地区，东部地区最低。因此，三峡库区生态隔离带建设的重要区域是库尾的重庆主城区。研究发现，NDVI 与城市化率以及植被多样性与城市化速率的相互作用影响土壤侵蚀，应重视长江沿岸城市建设和产业增长对长江两岸生态风险的影响。需要注意的是，库尾重庆主城区生态隔离带建设可结合海绵城市等低影响开发模式，采用下凹式绿地、生态滞留带等措施，而非单一的植被群落建设措施。三峡库区作为土壤保持功能区，河岸带措施布设和植被群落建设的作用不言而喻，应从城市河岸带外围的植物缓冲带开始，向河岸水域依次布设"灌、蓄、拦、节、排、污"等措施，构建系统的城市面源污染削减措施体系。

各种生态处理措施在减少氮磷和污染物方面的作用已被证实。低影响开发等增强措施，能有效提高库区隔离带的防护效果。以生态截水沟为例，尽管其性能优异，但由于特定的养分、沟渠设计方法，以及环境条件的差异，养分削减效率仍存在较大不确定性。硝化和反硝化是决定生态沟渠系统中氮去除的关键机制，生态沟渠的基质类型和植物组成等结构，对养分去除效率起着重要的作用，还可采用先进材料以增强吸附效应提高养分去除效率。温度和降水等通过影响植物生长和流量来调节生态沟渠中氮磷的去除，特别是高强度降雨会显著改变水力条件，可能会加速养分的流失，降低生态沟渠的拦截效果。

此外，灌溉和农业管理方式也决定了通过生态沟渠的养分通量，但当地气候、沟渠结构、水力条件和管理措施等因素影响了养分去除效率，在应用生态沟渠拦截养分时，还需要考虑田间的具体条件。因此，考虑到上述复杂的影响因素，揭示控制生态沟渠拦截效率的潜在因素和机制十分必要。水质受到土地利用组成、分布和强度的强烈影响，且在不同时间和空间尺度上的差异很大。多时空尺度对于理解土地利用对水质的影响非常重要，能为水资源保护的土地利用规划提供关键的信息。在"双碳"目标与多规合一的背景下，要坚持"生态优先"的原则，并在岸线空间规划和治理中发挥重要作用。有必要实施基于自然解决方案（Nbs）和资源合理配置的空间优化布局的系统观念，推广生态系统碳库保护和碳汇功能增强的关键技术。

7.2.3　水源地保护与管理

大型城市水源地环境管理问题产生的原因有很多，其中一个重要原因是水源建设和保护相关的规划之间不衔接，水源选址和保护区划定时缺乏全面调查和科学评估，管理部门信息沟通机制不畅造成管理缺位等。其中，水源选址不当会造成"整治无主体、无资金，不整治则违法违规"的被动局面。三峡库区水源地安全保障不仅要针对现有的水源地，还要结合区域总体规划和土地利用规划等，对现有选址不合理的水源地及时调整、替代、退出等，并在合适的水源地开展生态隔离带建设。

在部分发展中国家，河道干流的保护可能相对明确，但支流的保护却较为缺乏，特别是较小的支流。将支流作为保护区纳入水库保护范围，水源地的管理活动将得到迅速改善。流域尺度的土地利用比生态隔离带范围能更好地解释水质的整体变化。在流域管理行动中，水资源管理和土地利用规划需要采用多尺度视角。围绕水源地的水质保护目标，三峡库区生态屏障区建设需要在更大范围内实施。构建

"生态修复、生态治理、生态保护"三道防线，实施生态清洁小流域建设在实践中应用效果较好。以小流域为单元的系统治理，结合生态隔离带建设能提高库区水源地水质安全保障效果。

实现水质改善、鱼类栖息地保护、土壤碳固存、河岸稳定等多种环境效益，使水源地相关管理部门面临更大的挑战。目前，在多功能景观设计策略的背景下，开展生态隔离带的保护管理较为常见。生态隔离带建设不能以牺牲土壤碳固存、空气质量和社区防洪为代价来改善水质，必须解决水质和各环境效益间的权衡和协同问题。为更好地服务流域综合管理工作，应开展更广泛的研究，揭示各种措施如何影响河岸水环境和空气质量以及内在机制等。对河岸功能的评估不仅包括其水质潜力，还要包括土壤碳固存、空气质量和防洪特性，这将有助于生态隔离带更加广泛地应用。同时应将自然科学模型与社会科学模型有效地结合量化多种环境效益，并为各种管理场景提供信息。随着相关模型的开发和应用，与河岸管理的效益权衡和协同将得到进一步解决。

河岸带建设通常与最佳管理实践（BMP）或生态建筑工程实践相协调。最常见的方法是河流恢复、地下排水、两级沟渠、海狸坝类似物（BDA）、脱氮生物反应和可渗透反应屏障、人工湿地和短期轮作林业（SRF）作物。通过上述方法的综合运用，可以建立系统的水源地保护体系。调控生物和物理成分是保护河岸带的有效方式，但这些方法仍面临着一些问题，如重要的技术创新、社会和经济问题以及法律保护限制，因此需要采用综合方法来实现水源地的有效保护。在实施水源地生态隔离带建设时，不同的方法是互补的，当使用限制性方法对河岸带进行清查、保护和恢复时，同样可以促进河岸带的可持续管理。当使用支持教育、清查和保护的方法时，可持续管理将得到进一步促进。此外，应鼓励相关部门、公众和社会组织积极参与可持续管理。

鉴于三峡库区水源地安全保障是一项系统工程，要坚持山水林田湖草沙是一个生命共同体的理念，除了关注水源地消落区保护治理外，还要加强城镇生活污水、工业点源排放和集中式畜禽养殖等点源污染控制，农村面源污染的综合治理、库区水体的内源污染控制、入库区重要支流的水生态修复和保护等，同时还需要加强监控能力建设、应急能力建设、管理能力建设，才能形成系统的饮用水水源地治理和保护体系。在实现"双碳"建设战略目标的背景下，要贯彻基于自然解决方案的空间优化布局、资源环境合理配置的系统工程理念，普及生态系统碳库保护和碳汇功能提升关键技术。三峡库区作为我国重要的生态功能区和生态脆弱区，Nbs为库区生态隔离带建设提供了新思路。对库区人为活动影响较小区域，Nbs不失为一种不错的解决方案，能够实现社会、经济和生态环境效益的协调统一。

附 录

附录1 生态隔离带常见植物品种

乔木类

A

桉树（*Eucalyptus* spp.）

1. 特性及自然分布

常绿乔木。叶通常互生，有柄，羽状脉，全缘，多为镰刀形。早春开花，花白色、红色或黄色，多为伞形或头状花序。我国主要分布于广西、广东、福建、云南、海南等南方气温较高的10个省（自治区）。

2. 生态服务功能

木材坚韧耐久，可供枕木、矿柱、桥梁、建筑等用；有的能产树胶（大叶桉），叶和小枝可提取挥发油（称桉油），供药用或作香料和矿物浮选剂。

3. 栽植技术

一般于3—5月造林为宜，选择阴雨或土壤湿润时进行。

B

白玉兰 (*Yulania denudata* (Desr.) D. L. Fu)

1. 特性及自然分布

树皮灰色，树冠卵形，嫩枝有短绒毛，冬季枝芽紧密，根肉质；花期2—3月，果期8—9月。白玉兰广植于东南亚。我国福建、广东、江西、广西、浙江、湖南、云南、贵州等省（自治区）广泛栽培，在自然界最适宜的生存地方是山涧溪畔。

2. 生态服务功能

树姿优美、花香色艳，花蕾可入药，木材材质上等。应用白玉兰作为载体可以培育和改良多种木兰树种的优良性状，提高园林观赏价值。

3. 栽植技术

白玉兰性喜光、喜湿润，怕涝，较耐阴，喜肥沃、排水良好而带微酸性的砂质土壤。

白蜡 (*Fraxinus chinensis*)

1. 特性及自然分布

落叶乔木，高达10～12m。树卵冠圆形，树皮灰褐色。羽状复叶，硬纸质，卵形、倒卵状长圆形至披针形。圆锥花序，春末开浅绿色小花，与叶同时开放，花期5月，果期7—9月。我国分布东北、西北、华北至长江下游以北多有栽植。

2. 生态服务功能

对环境适应性很强，植株萌发力强，生长迅速，寿命较长，抗烟尘、二氧化硫和氯气。

3. 栽植技术

种植白蜡树应选择土壤疏松肥沃、排水灌溉方便的砂壤土。播种前，要精心整地。

C

侧柏 (*Platycladus orientalis* (L.) Franco)

1. 特性及自然分布

常绿乔木，高可达 20m。幼树树冠卵状尖塔形，老树树冠广圆形；树皮薄，浅灰褐色；球果近卵圆形，被白粉，开裂，红褐色。黄河及淮河流域为集中分布地区，侧柏为喜光树种，主要分布在低山阳坡和半阳坡。

2. 生态服务功能

抗烟尘，抗二氧化硫、氯化氢等有害气体。

3. 栽植技术

喜光，幼树稍耐阴，耐寒耐旱，耐瘠薄，抗盐碱。对土壤要求不严在酸性、中性、石灰性和轻盐碱土壤中均可生长。

刺槐 (*Robinia pseudoacacia* L.)

1. 特性及自然分布

落叶乔木，高 10~25m。树皮灰褐色至黑褐色，小叶常对生，椭圆形、长椭圆形或卵形，花萼斜钟状；荚果褐色，扁平；种子褐色至黑褐色。主要分布在长江以北各省，以河南、山东、河北、山西、陕西等省为多。

2. 生态服务功能

树冠高大，叶色鲜绿，可作为行道树、庭荫树、工矿区绿化及荒山荒地绿化的先锋树种。对二氧化硫、氯气、光化学烟雾的抗性都较强。

3. 栽植技术

栽植不宜过深，春、秋两季均能造林。春季造林用 1~2 年生健壮苗栽植，秋季造林选择 1 年生根系发达的健壮苗木截干造林，栽植后覆土越冬，以防风干及野兔危害。

垂叶榕 (*Ficus benjamina* L.)

1. 特性及自然分布

大乔木。树皮灰色，叶互生，革质，卵形至卵状椭圆形，先端短渐尖；榕果成对或单生叶腋，球形或扁球形，光滑，成熟时红色至黄色；花期8—11月。产于我国广东、海南、广西、云南、贵州；东南亚各国及澳大利亚北部等都有分布。

2. 生态服务功能

可作庭园树、行道树、造型树或作绿篱。

3. 栽植技术

阳性。耐修剪，不抗风。扦插繁殖。

臭椿 (*Ailanthus altissima* (Mill.) Swingle)

1. 特性及自然分布

落叶乔木，高可达 20m。嫩枝被黄色或黄褐色柔毛，后脱落。奇数羽状复叶，卵状披针形，先端长渐尖，基部平截或稍圆，全缘，齿背有腺体，背面灰绿色。圆锥花序长达 30cm。翅果长椭圆形，花期 4—5 月，果期 8—10 月。分布于中国北部、东部及西南部，东南至台湾省。

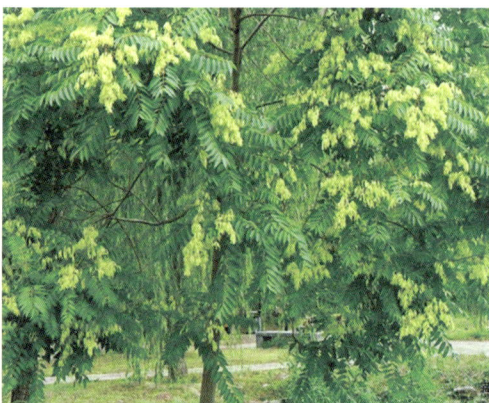

2. 生态服务功能

荒山造林先锋树种，也是良好的水保持、盐碱地改良树种。

3. 栽植技术

臭椿的栽植冬、春两季均可，春季栽苗易早栽，在苗干上部壮芽膨大呈球状时栽植成活率最高，栽植时要做到穴大、深栽、踩实、少露头。

垂柳（*Salix babylonica* L.）

1. 特性及自然分布

小枝细长下垂，淡黄褐色、淡褐色或略带紫色。叶互生，披针形或条状披针形，长8～16cm，先端渐长尖，基部楔形，无毛或幼叶微有毛，有细锯齿，托叶披针形。花序先叶开放，或与叶同时开放；萌果绿黄褐色，花期3—4月，果期4—5月。广泛分布在我国各地。主要作为在道路旁、水边等地的绿化树种，也能生于干旱处。

2. 生态服务功能

可作庭荫树、行道树，是固堤护岸的重要树种。

3. 栽植技术

繁殖以扦插为主，也可用种子繁殖。

D

杜英（*Elaeocarpus decipiens* Hemsl.）

1. 特性及自然分布

常绿乔木。花朵为总状花序腋生，花黄白色，下垂。叶为质，披针形或矩圆状披针形，深绿色，秋季转红色，长10～15cm，花期6—8月，果期10—11月，核果圆锥形暗紫色。我国产于广东、广西、福建、台湾、浙江、江西、湖南、贵州和云南。

2. 生态服务功能

杜英能很好地适应矿区废弃地的土壤环境，对镉、锰、镍、锌等重金属的耐受性较强，可作为矿区废弃地生态恢复的候选植物。

3. 栽植技术

杜英以播种繁殖为主，一般采种后即播种，也可将种子用湿沙层积至次年春播。

大叶女贞（*Ligustrum compactum* (Wall. ex G. Don) Hook. f. & Thomson ex Brandis）

1. 特性及自然分布

常绿乔木。树皮灰褐色，枝有皮孔。叶革质，对生，宽椭圆形；圆锥花序顶生，花序轴及分枝轴紫色或黄棕色；花白色，花冠筒与花萼近等长；雄蕊与花冠裂片近等长。果肾形，深蓝黑色，成熟时呈红黑色，被白粉。花期5—7月，果期7月至次年5月。主要分布在我国河南、山东、长江流域及南方各省。

2. 生态服务功能

常作为城市乡村绿化、美化环境的优良种植树种，适应性强，并对多种有毒气体抗性较强，又是工矿区的抗污染树种。

3. 栽植技术

以播种繁殖为主。扦插、压条也行，播种繁殖随采随播发芽率高，如隔年播种，要用湿砂贮藏。

杜仲（*Eucommia ulmoides* Oliv.）

1. 特性及自然分布

落叶乔木；树皮灰褐色，芽体卵圆形，外面发亮，红褐色。叶椭圆形、卵形或矩圆形，薄革质：基部圆形或阔楔形，先端渐尖；边缘有锯齿。花生于当年枝基部，雄花无花被；苞片倒卵状匙形，顶端圆形；种子扁平、线形、两端圆形。分布于陕西、甘肃、河南、湖北、四川、云南、贵州、湖南及浙江等省，现各地广泛栽种。

2. 生态服务功能

杜仲对金属元素镉、汞、铅等具有较强的富集能力，具有修复重金属污染土壤的潜力。

3. 栽植技术

喜光，喜湿润、肥沃土壤。播种、扦插繁殖。

F

枫杨（*Pterocarya stenoptera* C. DC. ）

1. 特性及自然分布

大乔木，高达 30m，胸径达 1m；幼树树皮平滑，浅灰色，老时则深纵裂；小枝灰色至暗褐色，具灰黄色皮孔；芽具柄，密被锈褐色盾状着生的腺体，花期 4—5 月，果熟期 8—9 月。

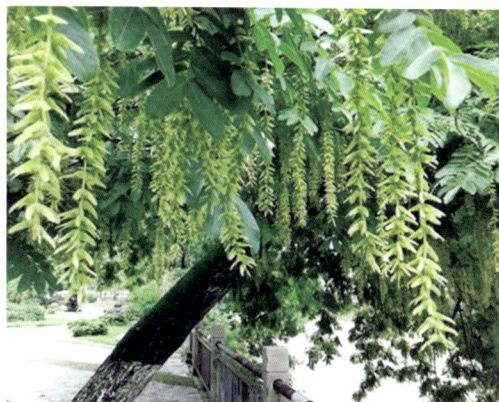

2. 生态服务功能

常作为河床两岸良好的绿化树种，还可防治水土流失，既可以作为行道树，也可成片种植或孤植于草坪及坡地，均可形成一定景观。

3. 栽植技术

造林地要求土层深厚，土质肥沃、湿润，且不易积水。最好选在靠近水源的地方栽植。栽植穴的深度和直径 40~50cm，穴距 3~4m。

枫香（*Liquidambar formosana* Hance）

1. 特性及自然分布

落叶大乔木。花朵为雌雄同株，雄花序短穗状，雌花序头状，花黄褐色。花期在春季。叶为掌状，浅 3 裂边缘有锯齿，深绿色，径 12cm，秋季转橙色、红色和紫色，花期 3—4 月，果期 9—10 月。产于我国秦岭及淮河以南各地，南至广西、广东，东至台湾，西至四川、云南及西藏，北至河南、山东。

2. 生态服务功能

具有较强的耐火性和对有毒气体的抗性，可用于厂矿区绿化。不耐修剪。

3. 栽植技术

秋季采种，冬季干藏，次年春播，播前用清水浸种 10min。夏季取嫩枝扦插。

G

广玉兰 (*Magnolia grandiflora* L.)

1. 特性及自然分布

常绿乔木，在原产地高达 30m；树皮淡褐色或灰色，薄鳞片状开裂；小枝粗壮，具横隔的髓心。叶厚革质，椭圆形、长圆状椭圆形或倒卵状椭圆形，花期 5—6 月，果期 9—10 月。我国长江流域至珠江流域的园林中常见栽培，在济南、青岛、烟台等地有栽培。

2. 生态服务功能

园林绿化树种，可作行道树、庭荫树，宜孤植、丛植或成排种植。耐烟尘、抗风，对二氧化硫、氟化氨等有毒气体抗性较强，是净化空气、保护环境的好树种。

3. 栽植技术

秋季采种后即播或湿沙层积贮藏至翌年春播，春、秋季带土球移栽，定植后浇透水，成活期保持土壤湿润。冬季极端低温地区需包裹主干防冻，定期检查根系及树干健康。

桂花 (*Osmanthus fragrans* (Thunb.) Loureiro)

1. 特性及自然分布

常绿灌木或小乔木。花朵簇生于叶腋，淡黄色，花冠 4 裂、芳香。叶，革质，对生，长圆形或长圆状披针形，深绿色，长 10～12cm。花期 9—10 月，果期次年 3 月。原产喜马拉雅地区、中国、日本，适合长江流域以南地区栽培。

2. 生态服务功能

观叶观果植物，果熟时可食。可盆栽观赏，也可种植于公园、庭园等绿地。

3. 栽植技术

扦插繁殖、高压繁殖。

国槐（*Styphnolobium japonicum*（L.）Schott）

1. 特性及自然分布

落叶乔木，高可达 25m。树皮灰黑色，具纵裂纹；小枝绿色；奇数羽状复叶互生，小叶 7～17 枚，对生或近对生，卵状椭圆形，长 2.5～5cm，全缘；花冠蝶形，黄白色，顶生圆锥花序；荚果串珠状。我国主要分布于河南、山东、山西、河北、北京、陕西、辽宁、广东、甘肃、四川等地。

2. 生态服务功能

喜肥沃、湿润而排水良好的土壤，在石灰性或者轻盐碱性土壤上都能生长；耐修剪，抗烟尘及二氧化硫、氯气、氯化氢等有害气体能力强。

3. 栽植技术

主要是采取播种育苗，如果选定品种，须嫁接繁殖，用实生国槐苗作砧木。

构树（*Broussonetia papyrifera*（L.）L'Hér. ex Vent.）

1. 特性及自然分布

落叶乔木，高 10～20m。树皮暗灰色；小枝密生柔毛；叶螺旋状排列，广卵形至长椭圆状卵形，先端渐尖，基部心形，边缘具粗锯齿，不分裂或3～5裂，疏生毛，背面密被茸毛；聚花果，成熟时橙红色。产于我国南北各地。

2. 生态服务功能

城乡绿化的重要树种，适合用作矿区及荒山坡地绿化，可作庭荫树及防护林用。抗二氧化硫和氯气能力强，可在大气污染严重区域栽植。

3. 栽植技术

构树常用种子繁殖或者扦插育苗的方式繁殖。种子繁殖于每年10月采集成熟的果实，装在桶内捣烂，进行漂洗，除去渣液，便获得纯净种子，稍晾干即可干藏备用。

H

黄葛兰 (*Michelia champaca* L.)

1. 特性及自然分布

常绿乔木，高达10余米；枝斜上展，呈形树冠；嫩枝嫩叶和叶柄均被淡黄色的平伏柔毛；叶薄革质，披针状卵形或披针状长椭圆形，花黄色极香。花期6—7月，果期9—10月。产于西藏自治区东南部、云南南部及西南部；福建、台湾、广东、海南、广西省（自治区）有栽培。

2. 生态服务功能

花芳香浓郁，树形美丽，为著名的观赏种，对有毒气体抗性较强，现广植于亚洲热带地区。

3. 栽植技术

阳性，要求阳光充足，喜暖热湿润，喜酸性土，不耐碱土，不耐干旱，忌过于潮湿，尤忌积水。不耐寒，冬季室内应保持在5℃以上。宜排水良好、疏松肥沃的微酸性土壤。抗烟能力差。

黄葛树 (*Ficus virens* Aiton)

1. 特性及自然分布

落叶大乔木，高达26m。叶卵状长圆形，长8～16cm，先端急尖，基部心形或圆形，全缘，侧脉7～10对，坚纸质，无毛；托叶长带形。花序单生或成对腋生或生于已落叶的枝上。隐花果球形，花期5—8月，果期8—11月。我国南方各地有栽培。

2. 生态服务功能

根系发达，抗风，抗大气污染，具有顽强的生命力，生长迅速，是优良的庇荫树。

3. 栽植技术

常用大枝扦插或高空压条，也可播种繁殖。

红叶李 (*Prunus cerasifera* 'Atropurpurea')

1. 特性及自然分布

落叶灌木或小乔木。高可达8m。树皮紫灰色小枝暗褐红色，无毛。单叶互生，叶片椭圆形或卵圆形，暗绿色或紫红色，长3～6cm，宽2～4cm，叶缘具细锯齿。花单生或两朵簇生，白色。核果近球形或椭圆形，熟时黄色、红色或紫色。花期3—4月，果期

8月。红叶李分布于我国西北、东部、南部、中部、西南与台湾山区等。

2. 生态服务功能

作为园林中优良的彩叶树种，可从植、孤植于草坪角隅和建筑物前，或以浅色叶树为背景树，更能烘托出叶色美的特性。

3. 栽植技术

一般以嫁接法进行繁殖。红叶李移植宜在晚秋及春季进行，以春季为好，根部需用泥浆浸沾。

红枫 (*Acer palmatum* 'Atropurpureum' (Van Houtte) Schwerim)

1. 特性及自然分布

落叶小乔木，高可达9m。树冠伞形；树皮平滑，深灰色；叶近圆形，基部心形或近心形，雄花与两性花同株，伞房花序；萼片卵状披针形，花瓣椭圆形或倒卵形；幼果紫红色，熟后褐黄色；果核球形，脉纹显著，两翅成钝角，花期4—5月，果期10月。主要分布在中国亚热带、日本及韩国等，我国大部分地区均有栽培。

2.生态服务功能

喜光，忌西晒，西晒会焦叶。较耐阴，喜温暖湿润气候及肥沃湿润而排水良好之土壤，耐寒性不强。对二氧化硫和烟尘抗性较强。

3.栽植技术

嫁接和扦插繁殖，适宜在肥沃、富含腐殖质的酸性或中性砂壤土中生长，不耐水涝。

合欢（*Albizia julibrissin* Durazz.）

1.特性及自然分布

落叶乔木，高可达 16m，树冠开展。二回羽状复叶，羽片 4～12 对，小叶 10～30 对，线形至长圆形。头状花序在枝顶成圆锥花序、花集成簇状；花尊管状，长 3mm；花冠长约 8mm，裂片三角形；荚果条形。花期 6—9 月，果期 8—10 月。主要分布于我国华东、华南、西南及辽宁、河北、河南、陕西等地区。

2.生态服务功能

对二氧化硫、氯化氢等有害气体有较强的抗性。

3.栽植技术

选择健壮的小苗，一般用带土球的苗子，这样种植后容易成活。

黄葛榕（*Ficus virens* Aiton）

1.特性及自然分布

落叶乔木，有板根或支柱根，幼时附生。叶薄革质或皮纸质，卵状披针形至椭圆状卵形，先端短渐尖，基部钝圆或楔形至浅心形，全缘，干后表面无光泽，基生叶脉短，榕果单生或成对腋生或簇生于已落叶枝叶腋，球形。在我国分布于云南、广东、海南、广西、福建、台湾、浙江。

2. 生态服务功能

生性强健，树姿丰满，树冠开展，而且能抵强风，移栽容易，适应力强，适于作行道树、园景树和庭荫树。

3. 栽植技术

繁殖采用扦插法。

黄杨 (*Buxus sinica* (Rehder & E. H. Wilson) M. Cheng)

1. 特性及自然分布

常绿小乔木，多见灌木状。花朵生于叶腋，雌花生于花族顶端，雄花生于雌花两侧，黄绿色；叶对生，革质，倒卵形或椭圆形，先端圆或微凹，表面暗绿色，背面黄绿色，长 2cm，花期 3 月，果期 5—6 月。原产中国，适合华北以南地区栽培。

2. 生态服务功能

园林绿化中常作绿篱、大型花坛镶边，修剪成球形或其他整形栽培，点缀山石或制作盆景。

3. 栽植技术

秋季采种，冬季低温干藏，春播。夏季取半成熟枝扦插，春季用压条。

J

橘树 (*Citrus reticulata*)

1. 特性及自然分布

小乔木，高 2～3m。枝多叶密，针刺极少。叶互生，常椭圆形，先端渐尖，基部楔形，叶缘锯齿不明显，叶翼小而不明显。花小白色，萼片黄绿色，花瓣 5。果实扁圆形或馒头形，果熟期 12 月中旬。原产于我国南方的两广、闽浙一带，在北方均做盆栽。

2. 生态服务功能

果皮及种子能入药。采伐后的橘子树木质可制器具。

3. 栽植技术

橘子苗栽植时间春季3月，树苗根系适度修剪后放入土坑中央，舒展根系，填土往上提苗，等到土壤压实以后就可以进行浇灌。

榉树（*Zelkova serrata*（Thunb.）Makino）

1. 特性及自然分布

落叶乔木。树皮暗灰色，单叶，互生；叶片卵状椭圆形或卵状披针形，先端渐尖，基部圆形或浅心形，边缘有圆齿状锯齿；花梗短，微有毛；核果，斜卵状圆锥形；花期4月，果期9—10月。国内分布于辽宁、陕西、甘肃、河南、安徽、江苏、浙江、福建、台湾、江西、湖北、湖南、广东等省。

2. 生态服务功能

木材坚实，富弹性，纹理美丽，耐水湿，可供家具、建筑、造船、桥板等用材；可作为公园、庭院绿化树和行道树。

3. 栽植技术

宜选地势平坦整地作床有水源浇灌。播种前，苗圃地要深翻细耕，清除杂草，施足其肥，插种可在晚秋和初春进行。

L

楝（*Melia azedarach* L.）

1. 特性及自然分布

落叶乔木。小叶卵形、椭圆形至披针形，边缘有钝锯齿。圆锥花序约与叶等长；花萼5深裂；花瓣淡紫色，倒卵状匙形；雄蕊管紫色，花柱细长，柱头头状。核果球形至椭圆形；花期4—5月，果期10—12月。分布于西南、中南、东南地区。

2. 生态服务功能

耐烟尘，抗二氧化硫能力强，并能杀菌。适宜作庭荫树和行道树，是良好的城市及矿区绿化树种。与其他树种混栽，能起到对树木虫害的防治作用。

3. 栽植技术

用播种和分株繁殖。

栾树（*Koelreuteria paniculata* Laxm.）

1. 特性及自然分布

落叶乔木或灌木；树皮厚，灰褐色至灰黑色，老时纵裂。聚伞圆锥花序；花淡黄色，稍芬芳；种子近球形，花期6—8月，果期9—10月。产于我国大部分省（自治区），东北自辽宁起经中部至西南部的云南；世界各地有栽培。

2. 生态服务功能

栾树对空气颗粒物的滞留能力较强，对空气中的重金属 Cd、Cu、Pb 具有较强的综合吸存能力。

3. 栽植技术

以播种繁殖为主，分蘖或根插亦可。秋季去壳播种，可用湿沙层积处理后春播。

乐昌含笑（*Michelia chapensis* Dandy）

1. 特性及自然分布

常绿乔木。树皮灰色至深褐色；叶薄革质，绿色，倒卵形，花被片淡黄白色，种子红色，卵形或长圆状卵圆形；花期3—4月，果期8—9月。分布于江西南部、湖南西部及南部、广东西部及北部、广西东北部及东南部。

2. 生态服务功能

树皮有解毒散热之效。现多作为绿化植物种植在公园或道路旁。

3. 栽植技术

采种宜选择 20～40 年生的健壮母树，以深厚、肥沃的沙质壤土为好；播种前应进行细致整地，疏松表土，清除杂草，平整土地。

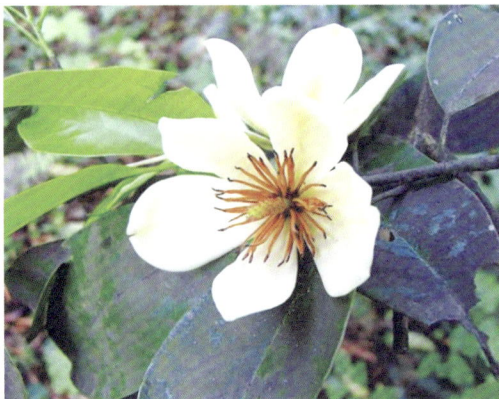

柳树 (*Salix babylonica* L.)

1. 特性及自然分布

枝圆柱形，髓心近圆形；叶互生，稀对生，通常狭而长，多为披针形，羽状脉，有锯齿或全缘，叶柄短，具托叶，多有锯齿；柔荑花序直立或斜展，苞片全缘，种子小，多暗褐色。花期 2—3 月，果期 3—4 月。分布遍及中国各地。

2. 生态服务功能

既能提供苗木、木材，发挥土地的经济价值，又会对土壤起到修复改良作用，其发达的根系还能起到加固堤岸的作用。

3. 栽植技术

扦插法，春季为适期。栽培介质以湿润的壤土或沙质壤土为佳。春、夏季生长期施肥 2～3 次。冬季落叶后修剪整枝。乔木类大树移植前须断根处理。

李子树 (*Prunus salicina* Lindl.)

1. 特性及自然分布

小枝无毛；叶片为矩圆状倒卵形或椭圆状倒卵形；花梗无毛，萼片长圆状卵形，花瓣白色，长圆状倒卵形；果实黄色或红色，有时为绿色或紫色，外被蜡粉；花期 4 月；果期 7—8 月。原产于我国东南部，现世界各地均有栽培。

2. 生态服务功能

果实含多种微量元素，可强化肝脏和肾脏功能并净血和血，能促进胃酸和消化酶的分泌，有增加肠胃蠕动作用，同时还多有止咳祛痰的作用。

3. 栽植技术

选择品种纯正、高产稳产、根系发达的健壮苗子。春季栽植，栽植之前需要修剪树苗枝叶，土坑大小略大于根系直径，圆形坑，栽种后覆土压实。

M

麻栎（*Quercus acutissima* Carruth.）

1. 特性及自然分布

落叶乔木。树皮暗灰黑色；单叶，互生；叶片长椭圆状披针形，先端渐尖，基部圆形或阔楔形，壳斗杯状，包围坚果约 1/2；苞片钻形，向外反曲，被灰白色绒毛。坚果 2 年成熟，卵状短圆柱形，花期 5 月，果期 9—10 月。国内分布于辽宁以南各省（自治区）。

2. 生态服务功能

木材坚硬，供建筑、枕木、车船、体育器材等用；也可作为薪炭材；枯朽木可培养香菇、木耳、银耳等；叶可饲柞蚕；壳斗为栲胶原料。

3. 栽植技术

选地径 0.6cm 以上、苗高 70cm 以上壮苗，并要求根系完整、无病虫害、无机械损失，尽可能做到随起随栽，打浆造林。植苗造林应在春季。

毛白杨（*Populus tomentosa* Carrière）

1. 特性及自然分布

落叶乔木，高可达 30m。树皮灰白，色平滑，具菱形皮孔；树冠圆锥形至卵圆形或圆形。长枝叶阔卵形或三角状卵形；短枝叶通常较小，卵形；蒴果圆锥形或长卵形。花期 3 月，果期 4—5 月。以黄河流域中、下游为中心分布区。

2. 生态服务功能

具有较强的抗污能力和滞尘能力，对空气中 SO_2、氯化物、氟化物等污染物具有较好的净化效果。

3. 栽植技术

选择雄性毛白杨优良品种培育小苗；移栽宜在早春或晚秋进行，适当深栽；毛白杨喜大肥大水，还容易发生病虫害，因此要加强水肥管理和病虫害防治。

马尾松（*Pinus massoniana* Lamb.）

1. 特性及自然分布

树皮红褐色至灰褐色；针叶2针一束，边缘有细锯齿；叶鞘初呈褐色，后变灰黑色，宿存。一年生小球果圆球形、卵圆形或圆锥状卵圆形，褐色或紫褐色；种子长卵圆形。花期4—5月，果期10—12月。分布于我国秦岭、淮河以南，西至四川、贵州中部和云南东南部。

2. 生态服务功能

马尾松林冠层对空气中的 TD、NH_4-N、NO_3-N、S 都有吸附能力，可以很好地起到截留过滤 N、P、S 的作用。

3. 栽植技术

一般适宜的栽植时期在1月中下旬至3月中上旬。分级栽植，深栽黄毛入土，不窝根，不吊空，根系舒展，扶正苗木，踩实捶紧。

N

楠木（*Phoebe zhennan* S. K. Lee & F. N. Wei）

1. 特性及自然分布

大乔木；小枝被黄褐色或灰褐色柔毛；叶革质，椭圆形；叶柄细，被毛；聚伞状圆锥花序十分开展，被毛，在中部以上分枝，每伞形花序有花 3～6 朵，一般为 5 朵；花期 4—5 月，果期 9—10 月。分布于湖北西部、贵州西北部及四川阔叶林中。

2. 生态服务功能

楠木是珍贵的用材树种，有较高的药用价值，具有消水肿、散寒化浊等功效。楠木的木质坚硬耐腐蚀、用时间长、容易加工，是良好的木材，用途广泛。

3. 栽植技术

用种子繁殖，果实采收后，搓去外果皮，种子有油质，寿命短，阴干后即可播种。

柠檬桉（*Eucalyptus citriodora* Hook.）

1. 特性及自然分布

常绿大乔木，高 40m，胸径 1.2m。干形直，分枝高。树皮光滑，白色、灰白色、淡红灰色或青灰色，片状剥落。成熟叶披针形或狭披针形，有柠檬桉香味，无毛；花期 3—5 月。自然分布于澳大利亚昆士兰中部和北部的沿海区域。广东、广西、福建、江西、浙江、湖南云南南部、四川东南部等地均有栽培。

2. 生态服务功能

柠檬桉叶有消肿散毒功能，用于治疗腹泻肚痛、皮肤病及风湿骨痛，还可预防流感、流脑、麻疹。柠檬桉树形优美，干形较好，是庭园观赏树和用材树种。

3. 栽植技术

采取直接点播育苗方法，苗圃地应相对开阔、阳光充足、地势平缓、排水良好，以新垦地为佳。

P

枇杷（*Eriobotrya japonica* （Thunb.）Lindl.）

1. 特性及自然分布

常绿小乔木。小枝粗壮黄褐色。叶片革质，披针形、倒披针形、倒卵形或长椭圆形。圆锥形花序顶生，花多；萼筒浅杯状，萼片三角卵形；花瓣白色，长圆形或卵形。果实球形或长圆形，花期 10—12 月，果期 5—6月。我国黄河以南各地广泛栽培。

2. 生态服务功能

具有较强的滞尘能力，对空气中的重金属 Cr 具有较强的吸收能力，对 Cd、Cu、Pb、Zn 以及氯化物也具有一定的吸收能力。

3. 栽植技术

常在春芽萌动前进行。栽植前园土须进行全面深耕，每穴施入腐熟堆肥或其他有机肥或草木灰，栽时苗木应带土球，并剪去 1/3～2/3 的叶片，如果一周内无雨，应灌水直至成活。

泡桐（*Paulownia fortunei* （Seem.）Hemsl.）

1. 特性及自然分布

高大乔木。幼枝叶、花序、幼果均被黄褐色星状绒毛。叶长卵状心形。聚伞花序形成大型圆柱形花序；花冠管状漏斗形，白色，背面带浅紫色，被星状毛，内密布紫色细斑块。蒴果长圆形，木质，宿萼开展。原产中国，适合黄河流域以南地区栽培。

2. 生态服务功能

宜作行道树、庭荫树。白花泡桐常是金属矿区的优势植物，具有生长速度快的特点，对土壤重金属的 Cu、Mn、Pb、Zn 的富集能力较强。

3. 栽植技术

秋季或春季播种。冬季根插。

朴树（*Celtis sinensis* Pers.）

1. 特性及自然分布

乔木。单叶互生，纸质，叶片卵形至卵形椭圆形，基部几乎不偏斜，先端尖至渐尖。花簇生在叶腋和茎基部。核果，较小，直径 5～7mm，红褐色，近球状。花期 3—4 月，果期 9—10 月。分布于华东、中南及西南地区。

2. 生态服务功能

树冠宽广，树荫浓密，适合作为庭荫树，也可以用来防风固堤。有极强的适应性，对二氧化硫、氯气等有毒气体具有极强的吸附性，对粉尘也有极强的吸滞能力。

3. 栽植技术

通常以播种繁殖为主。种子 9 月成熟。采收后堆放后熟。擦洗取净，阴干砂藏。冬播，或湿沙层积贮藏至翌年春播。第二年春季可分床培育。培大期间要注意整形修剪，养成干形通直、冠形匀美的大苗。

蒲葵（*Livistona chinensis*（Jacq.）R. Br. ex Mart.）

1. 特性及自然分布

常绿乔木。单干直立，粗大。树冠伞形。叶大扇形，掌状多裂，先端下垂，裂片条状披针形；花序圆锥状，果实橄榄形；花期 3—6 月，果期 11 月至次年 5 月。原产于我国南部，广东、广西、福建、台湾等地区均有栽培。

2. 生态服务功能

树冠伞形，叶片扇形，四季常青，在温暖地区适宜庭院绿化布置，或作行道树、风景树。叶可制蒲扇。

3. 栽植技术

用疏松、透气性好的土壤，种植前进行消毒和深翻。南方地区一般在秋冬季节播种，北方地区在春季播种。先将种子催芽，播种到苗床即可。在春末和初秋移栽，移栽后适当浇水。要适当施肥，以氮肥为主。

苹果树（*Malus pumila* Mill.）

1. 特性及自然分布

落叶乔木植物，茎干较高，小枝短而粗，呈圆柱形；叶片椭圆形，表面光滑，边缘有锯齿，叶柄粗壮；花朵较小呈伞状，淡粉色，表面有绒毛；果实较大，呈扁球形，果梗短粗；花期 5 月；果期 7—10 月。我国主要分布在新疆、宁夏地区。

2. 生态服务功能

苹果树春季观花，白润晕红；秋时赏果，丰富色艳，是观赏结合食用的优良树种，不仅可以释放氧气，而且它的枝干也是一种比较好的木材。

3. 栽植技术

宜在春季或秋季进行种植，按照预定的株行距挖好树坑，将树苗放入坑中，使根系自然舒展，然后填土踏实。注意树苗的嫁接口应露出地面，以防止感染病菌。

Q

脐橙（*Citrus sinensis* Osb. var. *brasliliensis* Tanaka）

1. 特性及自然分布

常绿小乔木植物，树枝少刺；叶片具芳香味，叶柄实际上是两片退化的小叶；花瓣为长圆形，白色，背面带淡紫红色；果实为球形、扁球形或椭圆形，橙黄色至橙红色；花期 3—5 月，果期 10－12 月。在秦岭南坡以南各地广泛栽种。

2. 生态服务功能

脐橙果实最适鲜食，鲜果也可榨汁，随榨随饮，还别有风味。脐橙花量大，其花可熏制芸香茶；果皮、叶片和嫩枝可提取香精油。

3. 栽植技术

主要繁殖方法为嫁接。接穗品种应是优良、种性纯、无病特别是无病毒病。采穗的母树应是丰产、稳产树，且以中上部外围的春梢或秋梢为好。

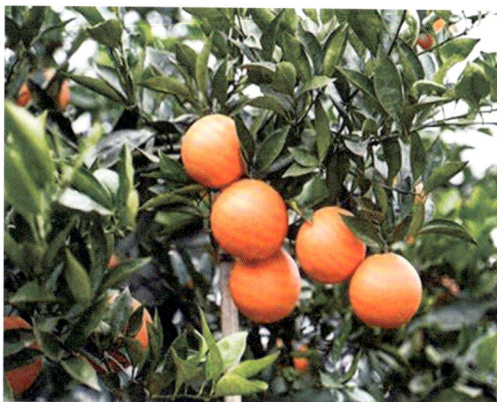

R

榕树（*Ficus microcarpa* L. f.）

1. 特性及自然分布

大乔木，高达15～25m，树皮深灰色。叶薄革质，狭椭圆形；雄花、雌花、瘿花同生于一榕果内，花间有少许短刚毛；瘦果卵圆形。花期5—6月。主要分布于广西、广东、海南、福建、江西赣州，湖南永州及郴州部分县镇、台湾、浙江南部、云南、贵州。

2. 生态服务功能

榕树的叶片具有卓越的空气净化能力对二氧化硫及烟尘的污染有较强的抗性，显著减少空气污染，为城市居民提供更清新的呼吸环境。

3. 栽植技术

多采用扦插或压条繁殖。选择土壤疏松、土层深厚、地势平坦、排水灌溉好的生地，育苗最佳时期为8月底到10月初，在采摘种子并处理晾干后及时播种。

S

苏铁 (*Cycas revoluta* Thunb.)

1. 特性及自然分布

茎少分枝，叶有柄，单叶互生，长椭圆形，叶柄，叶片均为红褐色。夏季开淡红紫色穗状小花，结浆果；花期6—7月，种子10月成熟。分布至印度尼西亚至我国南部和日本南部。

2. 生态服务功能

苏铁树姿优美，四季常青，为珍贵的观赏树种，可做主景树，也可为配景树，还可单植、列植、群植等。同时苏铁还具有吸收二氧化硫、一氧化氮等有毒、有害气体的功效。

3. 栽植技术

在中国华南及西南亚热带地区可直接在城市园林中露地栽培，在其他地区均需要在盆栽中培养。栽培苏铁应使用疏松且具有一定肥力的酸性腐殖培养土；用泥炭、锯末和河沙混合的基质来栽培苏铁。

四季桂 (*Osmanthus fragrans* 'Semperflorens')

1. 特性及自然分布

常绿灌木或小乔木。基部多分枝，叶革质，矩圆形或长椭圆形，先端急尖，基部阔楔形至矩圆形，全缘，或有疏锐齿。花小，聚伞状腋生，花梗细长；花瓣4深裂，淡黄色，芳香，香味较淡。以11月至春节开花较多。分布在长江以南各省（自治区）。

2. 生态服务功能

桂花对空气中的细颗粒物、可吸颗粒物和烟具有较好的吸附效果，对氢化物、氯化物、二氧化硫等有毒物质也具有较强的吸附能力。

3. 栽植技术

栽植时要做到随掘苗，随运输，随栽种，随浇灌。

石榴 （*Punica granatum* L.）

1. 特性及自然分布

落叶灌木或乔木，高通常 35m；叶通常对生，纸质，矩圆状披针形，花大；浆果近球形，通常为淡黄褐色或淡黄绿色；种子多数，钝角形、红色至乳白色；花、果期 3—10 月。我国南北地区都有栽培。

2. 生态服务功能

石榴耐旱、耐盐，根系发达，叶片茂盛。是山地丘陵区水土保持、平原沙区防风固沙、盐碱滩涂区发展果树的首选树种，并对二氧化硫、氯气、硫化氢、二氧化碳等有害气体有很强的吸收和抵抗能力。

3. 栽植技术

秋季采种，沙藏至次年春播，发芽适宜温度为 13～18℃。夏季取半成熟枝扦插，早春挖取根蘖苗分栽。

水杉 （*Metasequoia glyptostroboides* Hu & W. C. Cheng）

1. 特性及自然分布

落叶乔木。花朵雌、雄同株，雄球花褐色单生叶腋，雌球花淡褐色；叶线形，扁平，羽状，嫩绿色，秋季转金黄色至红褐色；花期 2 月下旬，球果 11 月成熟。适合华北以南地区栽培。

2. 生态服务功能

水杉树体高大、树型优美，叶形秀丽、适应性强，且有一定的抗盐碱能力，在沿海防护林中也被大量使用，是珍贵的园林绿化树种和造林树种。

3. 栽植技术

播种或扦插繁殖。栽植季节从晚秋到初春均可，一般以冬末为好，切忌在土壤冻结的严寒时节和生长季节（夏季）栽植，否则成活率极低。苗木应随起随栽，大苗移栽必须带土球，挖大穴，施足基肥，填入细土后踩实，栽后要浇透水。

山黄麻（*Trematomentosa*（Roxb.）Hara）

1. 特性及自然分布

小乔木或灌木。树皮灰褐色；叶互生，纸质或薄革质，宽卵形或卵状矩圆形，雄花几乎无梗；雌花具短梗，三角状卵形；核果宽卵珠状，褐黑色或紫黑色，种子阔卵珠状；花期3—6月，果期9—11月。分布于我国南方大部分区域。

2. 生态服务功能

可作荒坡荒地绿化，有保持水土和改善生态环境的作用。

3. 栽植技术

山黄麻能适应极为恶劣的自然条件，在南方山区海拔1400m以下降水稀少、干热的河谷两侧、河滩地及山坡地均可种植，应在每年的2—3月提前预整地、打塘，宜在雨季（每年的5—7月）造林，造林时用裸根苗、袋苗均可。

桑树（*Morus alba* L.）

1. 特性及自然分布

落叶乔木。树冠倒卵圆形；叶卵形或宽卵形，先端尖或渐短尖，基部圆形或心形；果为聚花果（桑椹），紫黑色、淡红色或白色；花期4—5月，果期5—8月。原产于我国北部和中部，世界各地及我国南北各省（自治区）有栽培。

2. 生态服务功能

桑树是深根性树种，根系发达，有一定的耐旱和抗盐碱能力、重金属耐受力及富集能力，可以作为生态防护林、城市绿化带以及荒漠化、盐碱地、重金属治理用的树种。

3. 栽植技术

春播或夏播，播种用条播或撒播。

T

天竺桂（*Cinnamomum japonicum* Sieb.）

1. 特性及自然分布

常绿乔木。树冠广卵形，树皮灰绿色、平滑，小枝无毛。叶革质，近对生，叶背灰绿色，无毛，叶柄无毛，树皮和叶均有香味及辛辣味。花序腋生。果长圆形，紫黑色。花期4—5月。果期7—9月。

2. 生态服务功能

对臭氧的抗性强，对二氧化硫的抗性较强。天竺桂为良好的观赏树，在园林绿化中可作为庭荫树和保健林的树种。天竺桂油具有杀菌作用。

3. 栽植技术

种子采收漂洗干净后，阴干，湿砂贮藏。播种期2—3月，采用条播。育苗应做好防冻、防寒措施。

桃树（*Prunus persica*（L.）Batsch）

1. 特性及自然分布

落叶小乔木植物；枝条圆柱形，光滑；叶互生，卵状披针形或长圆状披针形，有细齿，托叶线形；花萼被短柔毛，花瓣粉红色；核果宽卵状球形，密被短柔毛；核坚木质；种子扁卵状心形；花期3—4月，果实成熟期通常为8—9月。在我国河北、山东、江苏、浙江等地区均有栽培。

2. 生态服务功能

桃树根系发达，可以增加土壤的结构定性，减少水土流失，防治沙漠化和水土流失现象，并起到净化空气、提供生物栖息环境的作用。

3. 栽植技术

栽植前，深翻、对土壤施底肥、撒一些抗菌抗虫的药物，选购的小苗一定要经过检疫处理，栽植行距为 4m×5m，每亩种植 35～55 株，种植之后浇透水。

W

梧桐（*Firmiana simplex* (Linnaeus) W. Wight）

1. 特性及自然分布

落叶乔木；树皮青绿色，平滑。叶心形，掌状 3～5 裂，裂片三角形。圆锥花序顶生，花淡黄绿色；种子圆球形，表面有皱纹；花期 6—7 月，果熟期 10 月。分布于我国南北各省（自治区）。

2. 生态服务功能

梧桐高大挺拔，冠形优美，对二氧化硫、氯气等有毒气体有较强的对抗性，是公园、绿地、社区、校园及庭院绿化的良好树种，具有较高的观赏价值。

3. 栽植技术

播种育苗种子可随采随播，也可以将种子贮至次年春播。春播前用湿沙层积或温水浸泡催芽。

五角枫（*Acer pictum* subsp. *mono* (Maxim.) H. Ohashi）

1. 特性及自然分布

落叶乔木，树冠球形；树皮粗糙，灰棕色或暗灰色。当年生枝绿色或紫绿色。单叶对生，伞房花序，花叶同放，花黄绿色。花期 5 月，果熟期 8—9 月。分布于我国东北、华北及长江流域各省。

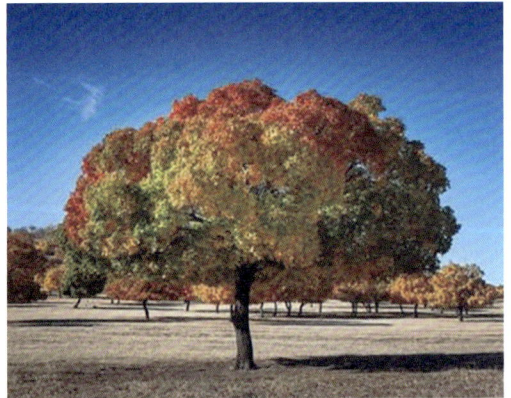

2. 生态服务功能

五角槭树姿优美，叶形秀丽，秋叶红艳，可广泛用作庭院树、行道树，也可配植于建筑物附近，或在针叶林中点缀，或营造小片林与其他树种块状混交，则秋色更为壮观。

3. 栽植技术

适合露地栽植，选择 2～3 年树苗移栽定植，施入底肥、修剪枝叶、挖好种植穴，种植 1 个月成活。

X

香樟 (*Cinnamomum camphora* (Linn) Presl)

1. 特性及自然分布

常绿乔木，高达 50m。树皮幼时绿色，平滑，老时渐变为黄褐色或灰褐色纵裂。叶薄革质，卵形或椭圆状卵形，背面微被白粉，脉腋有腺点。圆锥花序生于新枝的叶腋内。果球形，熟时紫黑色。花期 4—5 月，果期 10—11 月。分布于我国长江以南及西南地区。

2. 生态服务功能

有很强的吸烟滞尘、涵养水源、固土防沙和美化环境的能力，香樟冠大荫浓，树姿雄伟，是城市绿化的优良树种。

3. 栽植技术

宜在春季芽苞将要萌动之前定植。选择土层深厚肥沃、水源充足、微酸性的砂壤土、壤土作圃地，经过修剪的香樟树苗应马上栽植，栽好后应立即灌水。

小叶榕 (*Ficus concinna* (Miq.) Miq.)

1. 特性及自然分布

常绿乔木。叶椭圆形至倒卵形，先端顿尖，基部楔形，全缘或浅波状，羽状脉，侧脉革质，无毛。隐花果腋生，近扁球形，熟时淡红色。花期 5—6 月，果熟 9—10 月。产于我国华南地区，是华南地区常见的行道树和庭荫树。

2. 生态服务功能

树性强健，绿荫蔽天，为低维护性高级遮阴树。

3. 栽植技术

栽植以春、秋季为宜。栽植前应先往植穴内垫些松土，然后将土球与穴壁间的空隙用土填满、捣实，栽植深度与原来深度一样。大苗栽植时应搭好护架。

悬铃木 (*Platanus* × *acerifolia* (Aiton) Willd.)

1. 特性及自然分布

落叶大乔木，高 30m，树皮光滑，大片块状脱落；嫩枝密生灰黄色茸毛；叶阔卵形；花瓣矩圆形，果枝有头状果序 1～2 个，常下垂；花期 4—5 月，果熟期 9—10 月。我国尤以长江沿岸城市广为栽培。

2. 生态服务功能

夏季具有很好的遮阴降温效果，并有滞积灰尘，吸收硫化氢、二氧化硫、氯气等有毒气体的作用。

3. 栽植技术

3 月栽植最佳，掘苗根系要保证不低于胸径的 12 倍。胸径 5cm 以上的大苗移栽，栽前可在 3～3.5m 高处定干，把以上枝条全部抹去。锯口涂防腐剂，用白调和漆、石灰乳均可。栽后立即浇透水 1 遍，然后每隔 7 天浇 1 次，连浇 3～4 遍，浇后中耕、松土。

雪松 (*Cedrus deodara* (Roxb.) G. Don)

1. 特性及自然分布

常绿乔木，高可达 50m；树皮深灰色，裂成不规则的鳞状片；树冠尖塔形；叶针形，质硬，灰绿色或银灰色；球果椭圆状卵形，熟时红褐色；花期 10—11 月，果熟期 10 月。北京以南各地广泛栽培。

2. 生态服务功能

具有较强的防尘、减噪与杀菌能力，也适宜作工矿企业绿化树种。雪松树体高大，树形优美，最适宜孤植于草坪中央、建筑前庭的中心、广场中心或主要建筑物的两旁及园门的入口等处。

3. 栽植技术

以春季 3—4 月为宜。从地上挖取的雪松苗木须带宿土，以利于成活，并疏剪枯根，将须根舒展开来，覆以细土，轻轻摇动盆钵，用竹签揿实，使盆土与根系贴实。

Y

樱花（*Prunus* subg. *Cerasus* sp.）

1. 特性及自然分布

落叶，观花。树姿高大开展，树皮光滑，紫褐色，有绢丝状光泽。叶卵形至卵状椭圆形。花白色或粉红色。花期 4 月，果期 5 月。分布于我国的辽宁、河北、安徽、江西、浙江、江苏、贵州；日本、朝鲜多有分布。

2. 生态服务功能

樱花色鲜艳亮丽，枝叶繁茂旺盛，是早春重要的观花树种，常用于园林观赏。

3. 栽植技术

栽植的时间一般为 2—3 月。每年施肥两次，以酸性肥料为好。樱花根系分布浅，要求排水、透气良好，因此在树周围特别是根系分布范围内，切忌人畜、车辆踏实土壤。

银杏（*Ginkgo biloba* L.）

1. 特性及自然分布

一年生长枝淡褐黄色，二年生以上长枝变灰色，短枝密被叶痕。叶扇形，具长柄，淡绿色；球花雌、雄异株；种子椭圆形、倒卵圆形或近球形，花期 3—4 月，种子 9—10 月成熟。产于广西、四川、河南、山东、湖北、辽宁等地。

2. 生态服务功能

树形优美，春、夏季叶色嫩绿，秋季变成黄色，颇为美观，可作庭院树及行道树。抗病虫害，耐污染，对不良环境条件适应性强，是优良的绿化树种。

3. 栽植技术

银杏落叶后至萌发前，一般在 10 月至次年 3 月均可。生产中采用一级苗较好。一般选苗高 80～100m，地径 1.5～2.0cm、根系发达、无机械损伤和病虫害的苗木为佳。

羊蹄甲 (*Bauhinia purpurea* L.)

1. 特性及自然分布

常绿乔木，高可达 8m。树皮灰色，近光滑。叶近革质，广卵形或浅心形，顶端二裂，裂片先端钝或略尖，基部心形、圆形至截形，叶下面被短柔毛。花大，色艳又芳香，荚果带形，扁平，硬革质。花期 9—11 月，果期 2—3 月。分布于我国南部。

2. 生态服务功能

常被用于边坡绿化、林相改造、绿地边缘等地，在亚热带地区广泛栽培于庭园供观赏及作行道树。

3. 栽植技术

主要采用种子繁殖方式，每年 2—3 月在优良母树的基础上，对果实果壳尚未完全开裂或即将开裂的种子进行采收，部分品种不易结实，可在夏、秋两季采用扦插繁殖或高空压条繁殖。

银叶金合欢 (*Acacia podalyriifolia* A. Cunn. ex G. Don)

1. 特性及自然分布

灌木或小乔木，小枝常呈"之"字形弯曲，有小皮孔；二回羽状复叶，被灰白色柔毛；头状花序，花黄色，有香味。荚果膨胀；花期 2—6 月，果期 7—11 月。

我国分布于浙江、台湾、福建、广东、广西等地，现广泛栽培。

2. 生态服务功能

花形独特，花香浓郁。可孤植、
丛植于公园、庭园等绿地，也可列植
于道路旁绿地。

3. 栽植技术

可播种繁殖，春季为播种适期。
须根少，不耐移植，在沙床播种成苗
后，移入盆器内培养，再逐渐更换大
盆，待株高1m以上再行定植。

元宝枫 (*Acer truncatum* Bunge)

1. 特性及自然分布

落叶乔木。单叶，深裂。伞房花
序顶生；雄花与两性花同株。萼片5
片，黄绿色；花瓣5片，黄色或白色，
矩圆状倒卵形；小坚果果核扁平，脉纹
明显；花期5月，果期9月。元宝枫为
我国独有枫树品种，分布于华北及吉林、
辽宁、陕西、甘肃、山东等地。

2. 生态服务功能

元宝枫为著名秋季观红叶树种，宜在公园、绿地、绿带、庭院或风景林栽植；
对二氧化硫、氟化氢的抗性较强。

3. 栽植技术

秋末冬初和春季栽植均可，缓冲地带可采用带状整地，坡度较大的地方宜采
用穴状整地。栽植前应先挖好80～100cm见方的定植穴或定植沟，回填部分表
土，然后将腐熟的有机肥或土杂肥与表土拌匀后填入沟穴内，再填入10～20cm的
表土。

榆树 (*Ulmus pumila* L.)

1. 特性及自然分布

落叶乔木，高可达25m；叶椭圆状卵形、长卵形、椭圆状披针形或卵状披针

形；花在二年生枝叶腋呈簇生状；翅果近圆形，稀倒卵状圆形，花果期3—6月。在我国分布于东北、华北、西北及西南各省（自治区）。

2. 生态服务功能

具抗污染性，叶面滞尘能力强。可作荒漠、平原、丘陵及荒山、砂地及滨海盐碱地的造林或"四旁"绿化树种。

3. 栽植技术

四旁植树，宜于早春栽植，盐碱地造林以秋季为合适。一般要选在土层深厚、肥沃的地方，用2～3年生的大苗，栽时剪去苗木过长的主根，挖长宽各50～60cm、深50cm的大穴，将苗木端放坑中，填入细土踩实，然后浇水，再覆一层细土。

油桐（*Vernicia fordii*（Hemsl.）Airy Shaw）

1. 特性及自然分布

落叶乔木。树皮灰色，近光滑；叶片卵形或阔卵形；花雌、雄同株，先于叶开放或与叶同时开放；花瓣白色，基部有淡红色斑纹。核果球形或扁球形、光滑。种子3～5颗，种皮木质。花期3—4月，果期8—9月。产于广西、广东、湖南、贵州、云南、四川、江西等地。

2. 生态服务功能

油桐是我国著名的木本油料树种，桐油是一种优良的干性油。具有干燥快、有光泽、耐碱、防水、防腐、防锈、不导电等特性，是重要的工业用油。

3. 栽植技术

油桐造林有直播和植苗两种繁殖方式。

杨梅（*Morella rubra* Lour.）

1. 特性及自然分布

常绿乔木。小枝及芽被圆形腺体。叶片革质；花雌、雄异株，雄花序单独或数个丛生于叶腋，雌花序常单生于叶腋；核果球状，表面具乳头状突起；外果皮肉质，熟时深红色或紫红色；核常为阔椭圆形或圆卵形，内果皮极硬，木质。4 月开花，6—7 月果实成熟。主要分布在长江流域以南各省（自治区）。

2. 生态服务功能

园林绿化的优势树种，并且树根固氮能力强，是一种非常适合退耕还林的树种，具有良好的生态效益。

3. 栽植技术

杨梅的繁殖方式包括扦插繁殖、嫁接繁殖及播种繁殖。

Z

樟树（*Camphora officinarum* Nees ex Wall）

1. 特性及自然分布

常绿乔木。小枝具棱叶互生，革质；叶形常为椭圆状卵形或矩圆状卵形，具羽状脉；圆锥花序或聚伞花序；花小，绿白色；果实球形，黑色，果托倒圆锥状，红色；花期 4—5 月，果期 8—11 月。分布以长江为北界，南至两广及西南。

2. 生态服务功能

本种枝叶茂密，冠大荫浓，树枝雄伟，是城市绿化的重要树种，广泛用作庭荫树、行道树、防护林及风景林。

3. 栽植技术

一般选择在秋季或春季完成播种。在播种时需要注意种植区域的土壤肥力，同时需要保证土壤具有良好的排水性，树种种植间距在 5～10cm 为宜。

紫荆 (*Cercis chinensis* Bunge)

1. 特性及自然分布

落叶灌木或小乔木，高 2～4m。单叶互生，心形，长 3～15cm，全缘，光滑无毛，叶柄顶端膨大；花假蝶形，紫红色，5～8 朵簇生于老枝及茎干上；花期 3—4 月，果期 8—10 月。在中国，其产东南部，北至河北，南至广东、广西，西至云南、四川，西北至陕西，东至浙江、江苏和山东等省（自治区）。

2. 生态服务功能

宜丛植于小庭院、公园、建筑物前，其对氯气有一定的抵抗性，滞尘能力强，是工厂、矿区绿化的好树种。

3. 栽植技术

每年的春、秋两季种植。选择土质较为疏松、排水性好的土壤，建一个比较大的苗床用来育苗，种子播种两周左右就可以发芽。紫荆花苗培育好之后，移栽其树苗即可，保持一定的间距。

灌木类

B

八角金盘 (*Fatsia japonica* (Thunb.) Decne. & Planch.)

1. 特性及自然分布

灌木，高可达 5m。幼枝、叶和花序密被绒毛，后脱落。叶片近圆形，革质，裂片狭卵形至椭圆形，花序为由伞形花序组成的圆锥花序；花瓣卵形；果球形；花期 10—11 月，果期 4—5 月。原产于日本，在我国南方常见。

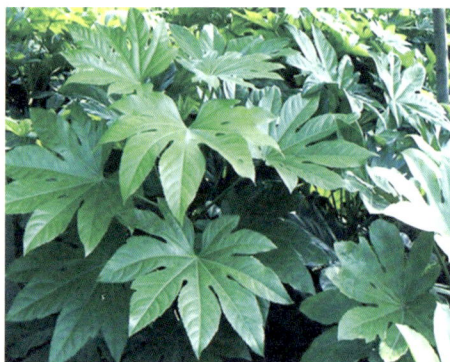

2. 生态服务功能

八角金盘叶片对大气颗粒物具有较强的滞留能力，适宜作为道路绿化植物。

3. 栽植技术

露地栽培选择林缘树下、沟边等较阴湿的地方为宜，喜肥沃土壤，生长期应施加氮肥。

C

茶树 (*Camellia sinensis* (L.) O. Ktze.)

1. 特性及自然分布

常绿灌木植物，常呈丛生灌木状；叶薄革质，椭圆披针形或长椭圆形，叶柄短，先端钝尖；花成聚伞花序，白色，花梗下弯；蒴果球形；种子棕褐色。花期 9—10 月，果期 11 月。茶树在世界各地均有分布。

2. 生态服务功能

茶树春、秋季时可采嫩叶制成茶叶、种子可以榨油、树干材质细密，可用于雕刻，茶叶中富含多种营养成分，具有特殊的医疗保健作用。

3. 栽植技术

茶树的繁殖多采用带根栽培育苗法，施肥应有机肥、无机肥相结合，基肥、追肥相结合。

垂丝海棠 (*Malus halliana* Koehne)

1. 特性及自然分布

落叶小乔木。高达 5m，叶片卵形或椭圆形至长椭卵形，锯齿细钝或近全缘，质较厚实，表面有光泽。伞房花序，具花 4~6 朵；花瓣倒卵形，粉红色；花期 3—4 月，果期 9—10 月。产自江苏、浙江、安徽、陕西、四川、云南等地，尤以四川最多。

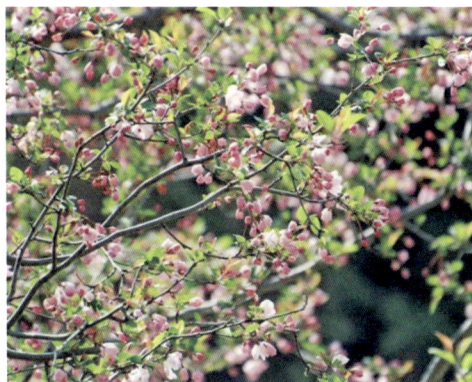

2. 生态服务功能

适宜装饰庭院的木本花卉，具有很强的观赏价值。海棠对二氧化硫有较强的抗性，故适用于城市街道绿地和厂矿区绿化。

3. 栽植技术

主要有播种、扦插、压条、嫁接等繁殖方式。宜在早春进行，深秋亦可。栽植上盆时，可在盆底放置腐熟豆饼和骨粉作为基肥。

D

冬青 (*Ilex chinensis*)

1. 特性及自然分布

常绿乔木，树皮灰黑色；叶片薄革质至革质，椭圆形或披针形雄花；花淡紫色或紫红色；果长球形，成熟时红色；花期4—6月，果期7—12月。多分布于我国长江流域以南许多地区。

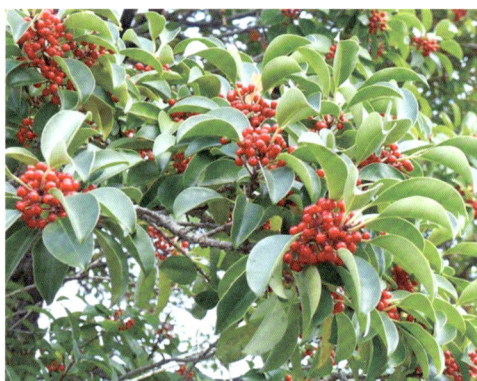

2. 生态服务功能

冬青对土壤重金属镉、铬、铜、铅具有一定的富集能力，可以考虑用于城市土壤重金属污染的植物修复。

3. 栽植技术

移栽在春季芽萌动前进行，需带泥球。

杜鹃 (*Rhododendron simsii* Planch.)

1. 特性及自然分布

落叶灌木。分枝多而纤细。叶革质，常集生于枝端，卵形、椭圆状卵形或倒卵形等。花芽卵球形，花冠阔漏斗形，玫瑰色、鲜红色或暗红色，花期4—5月，果期6—8月。广布于长江流域各省，东至台湾省，西南达四川、云南省。

2. 生态服务功能

对大气颗粒物具有较强的滞留能力，对空气中的甲醛、苯、苯酚、氢化物、氯化物、二氧化硫等有毒物质也具有较强的吸附能力，在园林绿化中具有较高的生态价值。

3. 栽植技术

长江以南地区以地栽为主，春季萌芽前栽植，地点宜选在通风、半阴的地方，土壤要求疏松、肥沃，含丰富的腐殖质，以酸性沙质壤土为宜，并且不易积水。

大叶黄杨（*Buxus megistophylla* H. Lév.）

1. 特性及自然分布

常绿灌木、小乔木，平均高 5～8m。叶呈倒卵形或椭圆形，先端尖或钝，基部楔形，锯齿钝，叶柄短；花呈绿白色；果近球形，熟时 4 瓣裂，皮橘红色；花期 6—7 月，果熟期 10 月下旬。产于我国中部及北部各地。

2. 生态服务功能

叶色光亮，嫩叶鲜绿，极耐修剪，对二氧化硫抗性较强，为庭院中常见绿篱树种。可经整形环植门旁道边，或作花坛中心栽植。

3. 栽植技术

用插条或扦插繁殖。以梅雨季节扦插生根快。宜选择半木质化成熟枝条。

丁香（*Syringa oblata* Lindl.）

1. 特性及自然分布

灌木或小乔木，高可达 5m；树皮灰褐色或灰色；叶片革质或厚纸质，卵圆形至肾形；圆锥花序直立，由侧芽抽生，近球形或长圆形，花冠紫色，果倒卵状椭圆形、卵形至长椭圆形；花期 4—5 月，果期 6—10 月。主要分布于西南及黄河流域以北各地，广东、广西等地有栽培。

2. 生态服务功能

主要应用于园林观赏，对二氧化硫及氟化氢等多种有毒气体都有较强的抗性，故又是工矿区等绿化、美化的良好材料。

3. 栽植技术

宜栽于土壤疏松而排水良好的向阳处。一般在春季萌枝前裸根栽植，株距 2～3m。2～3 年生苗栽植穴径应在 70～80cm，深 50～60cm。

多花木蓝（*Indigofera amblyantha* Craib）

1. 特性及自然分布

直立灌木。茎具棱，密被白色平贴"丁"字毛。叶互生，羽状复叶，小叶形状、大小变异较大，通常为卵状长圆形或长圆状椭圆形。总状花序，花冠淡红色。荚果，棕褐色，线状圆柱形；花期 5—7 月，果期 9—11 月。产于山西、陕西、甘肃、河南、河北、安徽、江苏、浙江、湖南、湖北、贵州、四川。

2. 生态服务功能

能固土保水，防止土壤冲刷，起到水土保持的作用；同时其根部含有根瘤菌，能固定空气中游离的氮，具有改良土壤、增加土壤肥力的作用。

3. 栽植技术

选择在早春的时候进行移栽，深耕细挖，深度宜深。以 1～2 年龄苗为宜。

G

构骨（*Ilex cornuta* Lindl. & Paxton）

1. 特性及自然分布

常绿灌木或小乔木。树皮灰白色，平滑不裂；枝开展而密生；叶硬革质，表面深绿有光泽，背面淡绿色；花小，黄绿色，簇生于 2 年生小枝叶腋内；核果球形，熟时鲜红色；花期 4—5 月。原产于我国长江中下游地区各省。

2. 生态服务功能

良好的观叶、观果树种。可作庭院树或绿篱栽培，也宜盆栽或制作成盆景。

3. 栽植技术

春季 3—4 月或秋季 11 月带土球移栽，操作时要特别注意防止散球，同时要剪去部分枝叶，以减少蒸腾，以利于成活。

H

红叶石楠（*Photinia × fraseri* Dress）

1. 特性及自然分布

绿灌木或小乔木；株高达 4～6m；小枝灰褐色，无毛；叶生，长圆形或倒卵状椭圆形；复伞房花序顶生，花白色，径 6～8mm；果球形，红色或褐紫色；花期 4—5 月，果期 10 月。我国许多省份广泛栽培。

2. 生态服务功能

红叶石楠为彩叶树种，耐修剪，对土壤重金属镉、锌的富集能力较强。

3. 栽植技术

主要有组织培养和扦插两种方法。扦插时间为 3 月上旬的春插、6 月上旬的夏插和 9 月上旬的秋插。用半木质化的嫩枝或木质化的当年生枝条，剪成一叶一芽，长度 3～4cm，切口要平滑。

黄杨（*Buxus sinica* (Rehder & E. H. Wilson) M. Cheng）

1. 特性及自然分布

灌木，高 1～6m；小枝四棱形，被短柔毛，叶对生，阔椭圆形至长圆形；花序腋生，花小，密集；蒴果近球形；花期 4—5 月，果期 7—8 月。分布于华东、中南等地。

2. 生态服务功能

园林绿化中常作绿篱、大型花坛镶边，修剪成球形或其他整形栽培，点缀山石或制作盆景。

3. 栽植技术

播种一般在春季进行，可用条播或苗床播两种方法。播种前，首先要对种子进行杀菌消毒处理，选择土壤疏松肥沃、排水良好的沙壤作播种地。

海桐 (*Pittosporum tobira* (Thunb.) W. T. Aiton)

1. 特性及自然分布

常绿灌木或小乔木，高达 6m，有皮孔；叶聚生于枝顶，二年生，革质，倒卵形或倒卵状披针形；花白色，有芳香，后变黄色；蒴果圆球形；花期 4—5 月，果期 6—7 月。我国分布于长江以南滨海各省，内地多为培供观赏。

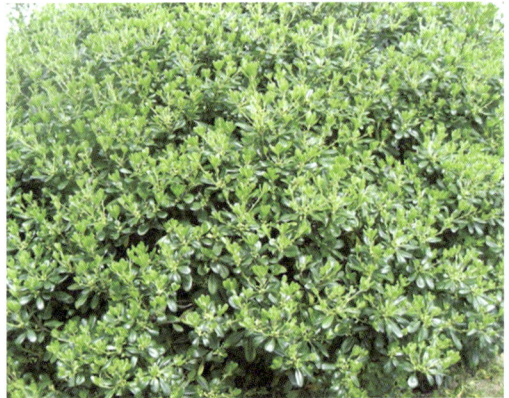

2. 生态服务功能

通常可作绿篱栽植，是理想的花坛造景树种，或造园绿化树种；海桐还具有抗海潮、抗有毒气体的能力，故又是构建海岸防潮林、防风林及矿区绿化的重要树种。

3. 栽植技术

海桐栽培容易，无须特殊管理。露地移植一般在 3 月进行。

花叶青木 (*Aucuba japonica var. variegata* Dombrain)

1. 特性及自然分布

常绿灌木。叶互生，革质，有大小不等的黄色斑点，基部近于圆形或阔楔形；圆锥花序顶生；果卵圆形，暗紫色或黑色，具种子 1 枚；花期 3—4 月。原产于日本，我国长江中下游地区广泛栽培。

2. 生态服务功能

宜配植于门庭两侧树下，在市政公共景观运用中多用于色块的营造。

3. 栽植技术

要选疏松、透气、保肥、保水又沥水的基质，平时应照常浇水。浇水时间以早晚为宜。

红檵木 (*Loropetalum chinense* var. *rubrum*)

1. 特性及自然分布

灌木或小乔木。叶革质，卵形，先端尖锐，基部钝，歪斜；花3～8朵簇生，花紫红色，蒴果卵圆形。先端圆；种子圆卵形，黑色，发亮；花期3—4月。分布于我国中部、南部及西南各省。

2. 生态服务功能

红檵木是赏叶观花、制作盆景的珍贵花卉，已成为庭院观赏花卉的最佳树种之一。

3. 栽植技术

施肥要选腐熟有机肥为主的基肥，结合撒施或穴施复合肥；梅雨季节，应注意保持排水良好，高温干旱季节，应保证早、晚各浇水1次，中午结合喷水降温；北方地区因土壤、空气干燥，必须及时浇水，保持土壤湿润，秋冬及早春注意喷水，保持叶面清洁、湿润。

红叶小檗 (*Berberis thunbergii* 'Atropurpurea')

1. 特性及自然分布

落叶灌木。幼枝淡红带绿色，无毛，老枝暗红色具条棱，叶薄纸质，倒卵形、匙形或菱状卵形；花期4—6月，果期7—10月。在我国各地区广泛栽培。

2. 生态服务功能

常用作花篱，也用作大型花坛镶边或剪成球形对称状配植，是园林绿化中色块组合的重要树种。

3. 栽植技术

红叶小檗主要以播种、扦插或压条方式繁殖。移栽可在春季或秋季进行，裸根或带土坨均可。生长期间，每月应施一次20%的饼肥水等液肥。

火棘（*Pyracantha fortuneana*（Maxim.）H. L. Li）

1. 特性及自然分布

常绿灌木。高达3m；侧枝短，先端成刺状，嫩枝外被锈色短柔毛；叶片倒卵形或倒卵状长圆形，边缘有钝锯齿，近基部全缘；花瓣白色，近圆形；果实近球形，橘红色或深红色；花期3—5月，果期8—11月。分布于黄河以南及广大西南地区。

2. 生态服务功能

果红叶绿，甚为美观，同时具有抗烟、吸附粉尘、净化空气等改善环境的作用，是园林、庭院绿化的常见树种。

3. 栽植技术

选择地势平坦，富含有机质的砂质壤土，按株行距2m×2m挖0.6～0.8m深的坑，填入基肥和表土，栽入穴中，踏实，浇足定根水。

胡枝子（*Lespedeza bicolor* Turcz.）

1. 特性及自然分布

落叶灌木，高1～3m；小枝疏被短毛；小叶草质，卵形、倒卵形或卵状长圆形；花淡紫色；荚果斜倒卵形稍扁；花期7—9月，果期9—10月。主要分布在我国东北、华北、西北的多个省（自治区）。

2. 生态服务功能

胡枝子枝叶秀美，开花繁茂，适应性强，是良好的园林绿化与荒山绿化树种。

3. 栽植技术

当荚果黄褐色时即可采集。育苗地选中性的沙质壤土为好，在有水土流失的坡地，采用水平沟，水平阶整地进行栽植。选根系良好的壮苗，苗木宜截干栽植，穴植。

黄花槐 (*Sophora xanthantha* C. Y. Ma)

1. 特性及自然分布

落叶灌木或小乔木，高 3～4m；茎、枝、叶轴和花序密被金黄色或锈色绒毛；羽状复叶，叶对生或近对生，长圆形或长椭圆形；花如金蝶，花冠黄色；荚果串珠状，种子长椭圆形，榄绿色。产于广东、云南（元江）、广西、江西赣州、福建漳州等地。

2. 生态服务功能

黄花槐树形优美，开花时满树黄花，园林中常作观赏花木或绿篱栽培，也可作行道树、孤植树等。

3. 栽植技术

一般在春季移植，挖好定植穴，先施基肥（腐熟的粪肥或农家肥），施于穴底回填肥土。

J

鸡爪槭 (*Acer palmatum* Thunb. in Murray)

1. 特性及自然分布

落叶小乔木植物；树皮深灰色，树冠伞形；小枝紫色或淡紫绿色，老枝淡灰紫色；叶近圆形，基部心形或近心形；伞房花萼片卵状披针形，花瓣椭圆形或倒卵形；幼果紫红色，熟后褐黄色，果核球形；花期 5 月，果期 9—10 月。主要分布于我国华东、华中至西南等省（自治区）。

2. 生态服务功能

秋色叶树种，宜作庭荫树、行道树和护岸树。因耐修剪，可修剪成不同的姿态或盆栽造型，也可植为绿篱，抗二氧化硫能力强，抗氟化氢能力中等，滞尘能力中等。

3. 栽植技术

播种繁殖。移植在秋季落叶后至春季芽萌动前进行，易成活，大苗移植不需要带土球。

夹竹桃 (*Nerium oleander* L.)

1. 特性及自然分布

常绿直立大灌木。叶枝下部对生，窄披针形；花冠深红色或粉红色，漏斗状，栽培演变有白色或黄色；种子长圆形，种皮被锈色短柔毛；花期6—10月，果期12月至次年1月。我国各地有栽培。

2. 生态服务功能

夹竹桃叶形优美，花色艳丽且花期长，观赏价值高，对空气中的烟尘、氯化物、氢化物、二氧化碳、臭氧，具有较强的吸存能力，在保持水土、改善和绿化环境等方面也有重要作用。

3. 栽植技术

夹竹桃喜肥怕涝，宜种植于向阳、地势较高、排水良好的避风处，盆栽宜选肥沃、疏松的土壤作为盆土。

接骨木 (*Sambucus williamsii* Hance)

1. 特性及自然分布

落叶灌木或小乔木，高可达6m；老枝有皮孔，小叶圆形至矩圆状披针形，顶端尖至渐尖；花小，白色至淡黄色；浆果状核果近球形；花期4—5月，果熟期9—10月。主要分布于东北、华北、华东、华中、西北。

2. 生态服务功能

接骨木枝叶茂盛、果实多、颜色艳，抗旱耐瘠薄、抗病虫，常作为庭院、公园绿化以及护坡固沙、农田防护林、绿篱树种等，具有很高的观赏价值和生态功能。

3. 栽植技术

每年春、秋季均可移苗，按行株距各 1.3～1.8m 开穴，深 21～25cm，每穴移苗 1 株，填土压紧，再盖土使稍高于地面。

锦鸡儿 (*Caragana sinica* (Buc'hoz) Rehder)

1. 特性及自然分布

豆科多年生小灌木；小叶 2 对，羽状，有时假掌状；花单生，蝶形花冠，黄色，常带红色，花瓣向下覆瓦状排列；荚果圆筒状；花期 5—6 月，果期 7 月。分布于河北、陕西、江苏、江西、浙江、福建、河南、湖北、湖南、广西、四川、贵州和云南。

2. 生态服务功能

锦鸡儿枝叶秀丽，花色鲜艳，在园林绿化中可孤植、丛植于路旁、坡地或假山岩石旁，也可用来制作盆景。

3. 栽植技术

繁殖方式一般采用播种，常在春或秋两季进行栽植。带土团挖取苗株，随挖随栽。

金丝桃 (*Hypericum monogynum* L.)

1. 特性及自然分布

半常绿灌木，高约 70cm。小枝圆柱形，秃净；叶对生，无柄，纸质，长椭圆形；聚伞花序顶生；花鲜黄色，花瓣 5 片，阔倒卵形，蒴果圆卵形；花果期 6—8 月。分布于我国南北各地。

2. 生态服务功能

金丝桃花叶秀丽，是南方庭院的
常用观赏花木，植于庭院假山旁及路
旁，或点缀草坪。华北多盆栽观赏，
也可作切花材料。

3. 栽植技术

移植可在春、秋季进行。栽后保
持土壤湿润。生长期或开花期应注意
修剪，盛夏高温要防干浇水，干旱季节每天浇水 1～2 次，并多向植株及附近地面
喷水，提高环境湿度。

金叶女贞 (*Ligustrum × vicaryi* Rehder)

1. 特性及自然分布

灌木，株高 2～3m；单叶对生，
椭圆形或卵状椭圆形，先端尖，基部
楔形，全缘；新叶金黄色，老叶黄绿
色至绿色；圆锥花序顶生，花白色；
花期 5—6 月，果期 10 月。分布于长
江流域以南地区。

2. 生态服务功能

叶色金黄，观赏性较佳，园林中常片植或丛植，或做绿篱栽培。

3. 栽植技术

早春带土移栽于阳光充足的环境，每年 5 月中旬和 9 月中旬进行修剪造型，由
于萌发力强，生长快，可强剪，以增强绿篱观赏效果。生长季节可每月施肥 1～
2 次。

L

龙爪槐 (*Styphnolobium japonicum* 'Pendula')

1. 特性及自然分布

落叶乔木；树冠如伞，树皮灰褐色；当年生枝绿色，小枝柔软下垂，大枝弯曲
扭转，主侧枝差异性不明显；羽状复叶。圆锥花序顶生，常呈金字塔形，花冠白色
或淡黄色；花期 7—8 月，果期 8—10 月。各地均有分布。

2. 生态服务功能

树冠优美，花芳香，是行道树和优良的蜜源植物；花和荚果入药，有清凉收敛、止血降压作用；叶和根皮有清热解毒作用，可治疗疮毒；木材供建筑用。

3. 栽植技术

栽培介质以沙质壤土为佳。春、夏季生长期施肥 2～3 次。冬季落叶后修剪整枝，促使树形均衡美观。

蜡梅 (*Chimonanthus praecox* (L.) Link)

1. 特性及自然分布

落叶灌木。叶对生，椭圆状卵形；花两性，密生于枝上，先叶开放，极芳香，花被多层，螺旋状排列，外层花被呈鳞片状，中层花被片较大，卵状椭圆形，黄色，有光泽，内层的较短，有紫色条纹。花期 12 月至次年 2 月，果期 7 月。全国各地均有栽培。

2. 生态服务功能

蜡梅不仅是观赏花木，还可以解暑生津、开胃散郁、解毒生肌、理气止咳，也可以用于暑热伤津、头晕呕吐、脘腹胀满、胸闷咳嗽及水火烫伤等。

3. 栽植技术

选择土层深厚、避风向阳、排水良好的中性或微酸性沙质土壤，一般在春季萌芽前栽植。

M

木槿 (*Hibiscus syriacus* L.)

1. 特性及自然分布

落叶灌木。小枝密被黄色星状绒毛，叶菱形至三角卵形；花钟形，淡紫色，花瓣倒卵形；果卵圆形，密被黄色星状绒毛；种子肾形、背部被黄白色柔毛；花期 7—10 月。除华北、西北、东北的部分地区外，国内均有分布。

2. 生态服务功能

木槿是夏、秋季的观赏型灌木，对二氧化硫与氯化物等有害气体具有一定的抗性，同时还具有一定的滞尘功能，是污染工厂的主要绿化树种。

3. 栽植技术

木槿适应性强，粗生易长，栽培管理较易。每年 12 月至次年 3 月，南方旱季，管理以浇水保苗为主；4—10 月进入高温多雨季节，可于 4 月对植株进行短截，并加强肥水管理，以促发新梢，使花开繁茂。

木瓜（*Pseudocydonia sinensis*（Dum. Cours.）C. K. Schneid.）

1. 特性及自然分布

灌木或小乔木，树皮成片状脱落；叶片椭圆卵形或椭圆长圆形；花单生于叶腋，花瓣倒卵形，淡粉红色；果实长椭圆形，暗黄色，木质，味芳香；花期 4 月，果期 9—10 月。分布于华东、华中、华南的大部分省（自治区）。

2. 生态服务功能

木瓜春可赏花，秋可观果，是常见的观赏树木。果实可加工成果脯、果酒等食品及饮料，具有和胃舒筋、祛风湿、止咳化痰的功效。

3. 栽植技术

木瓜在土层深厚、土质疏松、在排水良好的沙壤土上生长最佳，在山坡上栽培时坡向宜阳坡或半阴坡，不宜栽种在低洼积水、荫蔽处。

马桑（*Coriaria nepalensis* Wall.）

1. 特性及自然分布

灌木。小枝四棱形或成四狭翅；单叶对生，紫红色，椭圆形或阔椭圆形；总状花序，雄花序先叶开放，多花密集，花瓣极小；果球形，花果紫黑色；花期 2—3 月，果期 5—6 月。产于云南、贵州、四川、湖北、陕西、甘肃、西藏等省（自治区）。

2. 生态服务功能

其本身能固结土壤，是营造护坡林、护堤林和田埂造林的优良树种。

3. 栽植技术

用2年生苗木，于冬季、早春至第2年萌发前造林。初期生长比较缓慢，每年松土抚育二次，抚育时，不宜打枝，一般5、6年即可郁闭。

N

南天竹（*Nandina domestica* Thunb.）

1. 特性及自然分布

常绿灌木。叶常集生于茎梢，小叶椭圆形，全缘，叶片深绿色，冬季常变红色；圆锥花序顶生；花小，白色；浆果球形；花期3—6月，果期5—11月。分布于我国长江流域及陕西、河南、四川等省。

2. 生态服务功能

常作为优良观赏植物；其叶清热解毒，活血凉血，祛风止痛，可用于消化不良、吐泻、感冒发烧、风湿痛和跌打损伤等。

3. 栽植技术

栽植春、秋两季均可。大苗移植需带土球，最好选通风良好的半阴环境。

Q

蔷薇（*Rosa* sp.）

1. 特性及自然分布

落叶藤本或灌木。茎细长，蔓生，多刺；奇数羽状复叶，小叶椭圆形5～7片，叶缘有锯，托叶齿状；花簇生，圆锥状伞房花序，4—5月开花，花色白、粉红、红色等。分布于我国华北及长江流域。

2. 生态服务功能

常作为是香色并具的观赏花，也可以药用，由其制成的蔷薇花粥有良好的营养价值。

3. 栽植技术

要求疏松、深厚、肥沃、排水良好的土壤，忌积水。地栽株年施肥一次，不干可不浇水；夏季要适当遮阴，避开阳光曝晒。

R

忍冬（*Lonicera japonica* Thunb.）

1. 特性及自然分布

半常绿藤本。幼枝呈橘红褐色，常常覆盖粗糙的硬毛；叶柄密被柔毛；花冠白色，后黄色，唇形；果圆形熟时蓝黑色；花期4—6月，果期10—11月。除黑龙江、内蒙古、宁夏、青海、新疆、海南和西藏无自然生长外，全国各省均有分布。

2. 生态服务功能

因其清热解毒、疏散风热的功效，广泛用于风热感冒、温病发热、炎症、痈肿疔疮及各种病毒感染等的临床治疗，除作为中药使用外，亦广泛应用于食品、保健品及化妆品等行业。

3. 栽植技术

宜选择土质疏松、肥沃、灌溉排水条件良好的沙壤土。栽植地可利用荒山、荒坡、地边、沟旁、房前屋后成片或零星地块种植，深翻土地，施足基肥。

S

十大功劳 (*Mahonia fortunei* (Lindl.) Fedde)

1. 特性及自然分布

灌木或小乔木。叶片倒卵状长圆形；花黄色；花瓣长形，先端缺裂或微凹；浆果球形，紫黑色，被白霜；花期6—9月，果期8—12月。产于贵州、四川、湖南、广东、广西、浙江等地。

2. 生态服务功能

叶色艳美，外观形态雅致，是珍贵的观赏花木，在园林常丛植于假山一侧或定植在假山上。对二氧化硫的抗性较强，也是工矿区的优良美化植物。

3. 栽植技术

管理较为粗放。一般在早春萌动时移栽。栽植时施足底肥，栽植后压实土，浇透水。

三角梅 (*Bougainvillea* spp.)

1. 特性及自然分布

茎粗壮，枝条下垂，无毛或疏生柔毛；叶片纸质，卵形或卵状披针形；花为紫色或洋红色，果实覆盖绒毛；花期冬春间，北方温室1—3月开花。

2. 生态服务功能

三角梅的花可入药，三角梅有调和气血、治白带、调经的功效。三角梅作为具有较强观赏价值的花卉，枝干的高可塑性可以用作装饰花艺长廊、隔离带等。

3. 栽植技术

一般用扦插技术来繁殖，选择一年生半木质化枝条，修剪至10～15cm，将其插入沙床中，扦插的温度在25℃左右下栽植，一般扦插后1个月即可生根，再过

10 天就可以上盆栽植。

溲疏（*Deutzia scabra* Thunb.）

1. 特性及自然分布

落叶稀半常绿灌木，高达 3m。树皮成薄片状剥落；叶片卵形至卵状披针形；花白色或带粉红色斑点；蒴果近球形，顶端扁平具短喙和网纹。花期 5—6 月，果期 10—11 月。分布于我国江苏、安徽、江西、湖北、贵州等地区；华北、西南及长江流域各地区均有栽培。

2. 生态服务功能

花枝伸展，花朵繁密，花期较长，适应性强，是常见的园林观赏灌木，可孤植、丛植、群植于草坪、坡地、水畔、山石旁，也可列植成花篱。

3. 栽植技术

在落叶后或春季芽萌动前进行。苗木移植要带宿土。

T

贴梗海棠（*Chaenomeles speciosa*（Sweet）Nakai）

1. 特性及自然分布

落叶灌木。高达 2m，具枝刺。小枝圆柱形，嫩时紫褐色，老时暗褐色；叶片卵形至椭圆形，稀长椭圆形，边缘具尖锐重锯齿；花瓣近圆形或倒卵形，猩红色或淡红色；花期 3—4 月，果期 10 月。全国各地均有栽培。

2. 生态服务功能

贴梗海棠作为独特的孤植观赏树，或三五成丛地点缀于园林小品或园林绿地中，也可培育成独干或多干的乔灌木作片林或庭院点缀，春季观花，夏秋赏果。

3. 栽植技术

移栽要在冬季没有下雪的天气或次年春季 2 月，按照株距 2m、行距 2m 进行。为了保证栽苗成活，栽后要浇水和培土保墒。

X

小叶女贞（*Ligustrum quihoui* Carr.）

1. 特性及自然分布

落叶灌木，高 1～3m。小枝淡棕色；叶片薄革质，椭圆形、椭圆至倒卵形；圆锥花序顶生，近圆柱形，小花白色；核果一般呈倒卵形或椭圆形，紫黑色。花期 5—6，果期 9—10 月。产于我国辽宁南部及华北、华东、华中等地。

2. 生态服务功能

主要作绿篱栽植，其枝叶紧密、圆整，庭院中常栽植观赏；抗多种有毒气体，是优良的抗污染树种。

3. 栽植技术

移植以春季 2—3 月为宜，秋季亦可。需带土球，栽植时不宜过深。如在定植时，在穴底施肥，促进生长。

仙人掌（*Opuntia dillenii*（Ker Gawl.）Haw.）

1. 特性及自然分布

丛生肉质灌木。上部分枝宽倒卵形、倒卵状椭圆形或近圆形，密生短绵毛和倒刺刚毛；叶钻形，绿色，早落；瓣状花被片倒卵形或匙状倒卵形；浆果倒卵球形，紫红色；种子多数，扁圆形。南方沿海地区常见栽培。

2．生态服务功能

仙人掌对一氧化碳的吸收能力较强，可以通过刺尖和气孔释放较高浓度的负离子。

3．栽植技术

仙人掌喜排水良好的微碱性肥沃砂质土；应多见阳光，但盛夏要遮阴，以防强光直射出现日灼伤害；仙人掌耐旱，浇水宜少不宜多。

Y

月季（*Rosa chinensis* Jacq.）

1．特性及自然分布

常绿、半常绿低矮灌木。叶子为羽状复叶，表面深绿有光泽而叶背青白，且无毛面具有小托叶。花色以红色为主，其他有白、黄、粉红、玫瑰红等。蔷薇果卵圆形或梨形，熟时红色；自然花期4—9月。各省份及世界各地普遍栽培。

2．生态服务功能

月季花是春季主要的观赏花卉，其花期长，观赏价值高，可用于园林布置花坛、花境、花墙等，还能吸收硫化氢、氟化氢、苯、苯酚等有害气体，同时对二氧化硫、二氧化氮等有较强的抵抗能力。

3．栽植技术

露地栽培地选择地势较高，阳光充足，空气流通，土壤微酸性；每天至少要有6小时以上的光照，浇水做到见干见湿，不干不浇，浇则浇透；勤施肥。

盐肤木（*Rhus chinensis* Mill.）

1．特性及自然分布

小枝棕褐色，被锈色柔毛，具圆形小皮孔；花倒卵状长圆形，开花时外卷；核果球形，成熟时红色；花期8—9月，果期10月。在我国除东北、内蒙古和新疆外，其余省（自治区）均有分布。

2. 生态服务功能

作为很好的观叶、观果树种，可群植来配植秋景，也可列植于步道、溪岸或用来点缀风景；适应性强，生长快，耐干旱瘠薄，根蘖力强，是重要的造林及园林绿化树种，也是废弃地恢复的先锋植物。

3. 栽植技术

栽植宜在深秋至翌春进行，可随挖穴随栽植。选用当年生壮苗造林，将覆土踩实，以利于苗木成活，忌在低洼地栽植，要及时排水，防止积水。

野蔷薇 (*Rosa multiflora* Thunb.)

1. 特性及自然分布

落叶灌木，高达 3m。小枝细长，上升或攀缘状，皮刺常生于托叶下；小叶 5～9，卵状圆形；花多朵密集成伞房花序；果近球形，红褐色；花期 5—7 月，果期 10 月。主要分布于黄河流域以南各省（自治区）。

2. 生态服务功能

园林绿化，果实可酿酒；花、果、根、茎均可入药，有收敛、泻下、利尿、通经等功效。

3. 栽植技术

播种一般于 3—4 月进行。栽前应开沟施基肥。春季要经常浇水。雨季要注意排水防涝，应施肥 2～3 次，促使未开花的花枝在次年开花。

Z

紫薇 (*Lagerstroemia indica* L.)

1. 特性及自然分布

落叶灌木或小乔木。树皮平滑，灰色或灰褐色。叶互生或有时对生，纸质，椭圆形、阔矩圆形或倒卵形。花瓣 6 片，花色有玫红色、大红色等；花期 6—9 月，果期 9—12 月。原生分布于亚洲，南美洲、北美洲、大洋洲有引入。

2. 生态服务功能

具有较强的抗污染能力，对二氧化硫、氟化氢及氯气的抗性较强。

3. 栽植技术

紫薇栽植应选阳光充足的地方，湿润肥沃、排水良好的土壤。以3月至4月初栽植最好，大苗须带土球。

紫穗槐 (*Amorpha fruticosa* L.)

1. 特性及自然分布

落叶灌木，高1～4m。小枝灰褐色；叶互生；小叶卵形或椭圆形，花冠紫色；荚果下垂，棕褐色；花果期5—10月。我国东北、华北、西北及山东、安徽、江苏、河南、湖北、广西、四川等省（自治区）均有栽培。

2. 生态服务功能

紫穗槐营造防风固沙林、护坡林，是盐碱地绿化的先锋树种。紫穗槐枝条可编织，叶量大且富含粗蛋白、维生素等，是优良饲料。

3. 栽植技术

一般采用育苗繁殖、播种繁殖、插条繁殖。适宜播种期为春、秋两季。

草本类

B

波斯菊 (*Cosmos bipinnatus* Cav.)

1. 特性及自然分布

一年或多年生草本植物；花期6—8月，果期9—10月；喜温暖和阳光充足的环境，耐寒，忌阴，忌高温，忌积水；耐瘠薄土壤，以疏松、肥沃、排水良好的土壤为佳。在我国各地均有分布，在云南、四川大面积种植，在路旁、田埂、溪岸也常自生。

2. 生态服务功能

绿化观赏、食用和药用价值。适于布置花境，也适合作背景材料；花可食，榨汁；全草可入药，有清热解毒、明目消肿化湿的功效。

3. 栽植技术

种子繁殖与扦插繁殖。波斯菊种子有自播能力，可于4月中旬露地床播。

百日菊（*Zinnia elegans* Jacq.）

1. 特性及自然分布

一年生草本植物。花大色艳，开花早，花期长，株型美观，花期6—9月，果期7—10月。百日菊喜光，耐阴，不耐寒，怕酷暑，耐干旱，耐瘠薄，宜在肥沃深厚土壤中生长，性强健，适应性强，喜温暖，忌连作，怕湿热。在我国各地栽培很广，生于路旁、庭院、山坡荒地等。

2. 生态服务功能

对氟化氢的抗性很强，适宜配植于工矿污染区，对镉具有一定的富集效果，净化环境的同时保有观赏价值。

3. 栽植技术

播种繁殖。从播种到开花需75～90天播种在4月上旬至6月下旬均可，种子消毒用高锰酸钾液浸种，基质可采用高温熏蒸法，土壤可用高锰酸钾等消毒。

薄荷（*Mentha canadensis* L.）

1. 特性及自然分布

多年生草本植物。花期7—9月，果期10月。喜阳，略耐阴，主要生长在温带生物群落中，多分布于山野湿地河旁，最高可在海拔3500m的地方生长。薄荷分布较广，在我国南北各地均有分布。

2. 生态服务功能

食物生产、原材料。薄荷是重要的药、食两用植物，幼嫩茎尖可作菜食，全草又可入药，用于治疗风热感冒等病症。薄荷也是一种具有特殊经济价值的芳香作物，亦是食品添加剂、化妆品、香料等工业的重要原材料。

3. 栽植技术

根状茎繁殖、分株繁殖、种子繁殖、匍匐茎繁殖及茎扦插等。

C

酢浆草 (*Oxalis corniculata* L.)

1. 特性及自然分布

多年生草本植物，丛生，高 15～20cm，春、夏、秋不间断开花，以春、秋凉爽时间花开最盛。酢浆草喜向阳、温暖、湿润的环境；生于草丛、路边、河谷及林下阴湿处等；夏季炎热地区宜遮半阴，抗旱能力较强，不耐寒；一般园土均可生长，但以腐殖质丰富

的沙质壤土生长旺盛，夏季有短期的休眠。在中国各地均有分布。

2. 生态服务功能

绿化功能、药用价值。酢浆草是园林绿化较好的地被植物，酢浆草具有清热利湿、凉血散瘀、解毒消肿的功效，有较好的抗菌作用。

3. 栽植技术

酢浆草繁殖方式有宿根繁殖和种子繁殖。酢浆草喜排水良好的砂质土壤，黏土不利于生长，要适当换土。

葱兰（*Zephyranthes candida*（Lindl.）Herb.）

1. 特性及自然分布

石蒜科葱莲属植物。喜肥沃土壤，喜阳光充足，耐半阴与低湿，宜肥沃、带有黏性而排水好的土壤。较耐寒，在长江流域可保持常绿，0℃以下亦可存活较长时间。在−10℃左右的条件下，短时不会受冻，但时间较长则可能冻死。我国各地都有种植。

2. 生态服务功能

绿化观赏价值。常用作花坛的镶边材料，也宜绿地丛植，最宜作林下半阴处的地被植物，或于庭院小径旁栽植。

3. 栽植技术

分株法和播种法。分株繁殖在早春土壤解冻后进行。

车前草（*Plantago depressa* Willd.）

1. 特性及自然分布

一年生或二年生草本植物。耐寒、耐旱、适应性强，对土壤要求不严，在温暖、潮湿、向阳、沙质沃土上能生长良好，大多生于海拔5～4500m的草地、河滩、沟边、草甸、田间及路旁。在我国分布广泛，遍及各地，在朝鲜、俄罗斯、印度等国也有分布。

2. 生态服务功能

绿化观赏、药用和食用价值。车前草的适应性强，可作绿化草坪观赏植物。种子可以入药，嫩叶经过水煮和清水浸泡后也可食用。

3. 栽植技术

繁殖方式一般为种子繁殖。选择湿润、比较肥沃的沙质土壤，每公顷施基肥30000～45000kg后翻耕。

F

粉黛乱子草（*Muhlenbergia capillaris*）

1. 特性及自然分布

禾本目、禾本科、乱子草属植物。多年生暖季型草本，株高可达 30～90cm，顶生云雾状粉色花絮，花期9—11月，生长在开阔的森林，林间空地或沿着道路的开阔的酸性土壤中，我国上海、杭州等地均有种植。

2. 生态服务功能

园林绿化、观赏价值。粉黛乱子草可与其他植物材料混合使用，构建自然生态景观草甸，适用于自然生态型景观或生态滩涂、湿地、滨水景观中。

3. 栽植技术

播种法。粉黛乱子草的种子种植的时候不需要催芽，可直接在早上或者傍晚把种子撒在土壤中。

G

狗牙根（*Cynodon dactylon*（L.）Persoon）

1. 特性及自然分布

多年生草本植物，花果期5—10月。狗牙根原产非洲，广泛分布于热带、亚热带和温带地区，我国黄河流域以南各地均有狗牙根，北至新疆亦有野生狗牙根。狗牙根适合在温暖潮湿和温暖半干旱地区生长，极耐热耐旱，耐践踏，但抗寒性差，也不耐阴，根系浅，喜在排水良好的肥沃土壤中生长，在轻度盐碱地上也生长较快，多生长于村庄附近、道旁河岸、荒地山坡。

2. 生态服务功能

水土保持、固堤保土。常用以铺建草坪或球场，狗牙根是优良牧草。

3. 栽植技术

狗牙根以根茎、匍匐茎繁殖为主，也可种子繁殖。

高羊茅 (*Festuca elata*)

1. 特性及自然分布

禾本科羊茅属多年生丛生型草本，花果期 4—8 月。高羊茅喜寒冷潮湿、温暖的气候，不耐高温；喜光，耐半阴，耐土壤潮湿，并可忍受较长时间的水淹；对肥料反应敏感，抗逆性强，耐酸、耐贫瘠，抗病性强。高羊茅原产于我国广西、四川、贵州，生于路旁、山坡和林下。

2. 生态服务功能

水土保持、园林绿化。高羊茅适应性强，抗逆性突出，耐践踏和抗病力强，且夏季不休眠，适用于公路、铁路、河堤护坡。

3. 栽植技术

播种和分株繁殖。播种时间宜在 3 月中旬或 9 月中、下旬。

H

黑麦草 (*Lolium perenne* L.)

1. 特性及自然分布

多年生植物。黑麦草喜温凉湿润气候。宜于夏季凉爽、冬季不太寒冷地区生长。黑麦草耐寒耐热性均差，不耐阴。在风土适宜条件下可生长 2 年以上，国内一般仅作一年生牧草利用。世界各地普遍引种栽培的优良牧草。生于草甸草场，路旁湿地常见。

2. 生态服务功能

绿化。黑麦草是优质的放牧用牧草，也是禾本科牧草中可消化物质产量最高的牧草之一。

3. 栽植技术

播种法，条播、点播、撒播 3 种，一般以条播为主，辅以点播和撒播。

花烟草（*Nicotiana alata*）

1. 特性及自然分布

多年生草本植物，性喜温暖、向阳的环境及肥沃疏松的土壤，耐旱，不耐寒，喜温暖、向阳环境，较耐热。花烟草原产于阿根廷、巴西，我国哈尔滨、北京、南京等市有引种栽培。

2. 生态服务功能

景观美化，观赏价值。适合栽植于花坛、草坪、庭院、路边及林带边缘。

3. 栽植技术

播种法。花烟草种子粒径较小，我国国内生产商一般采用丸粒化种子。育苗基质应选保湿效果好、透气性好的进口草炭为宜。

J

结缕草（*Zoysia japonica* Steud.）

1. 特性及自然分布

禾本科、结缕草属多年生草本。结缕草喜温暖湿润气候，受海洋气候影响的近海地区对其生长最为有利。喜光，在通气良好的开旷地上生长壮实，但又有一定的耐阴性。抗旱、抗盐碱、抗病虫害能力强，耐瘠薄、耐践踏、耐一定的水湿。结缕草分布在朝鲜、日本以及中国等地，生长于海拔 200～500m 的地区，多生在山坡、平原和海滨草地。

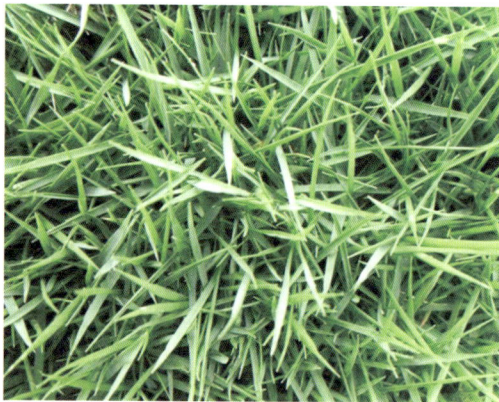

2. 生态服务功能

水土保持、固堤保土植物。结缕草地下茎盘根错节，十分发达，形成不易破裂的成草土，叶片密集、覆被性好，具有很强的护坡、护堤效益，是一种良好的水土保持植物。

3. 栽植技术

播种法和分株法。结缕草一般在4—5月或8—9月种植。种植前1个月施肥、整地、浇水。

金鸡菊（*Coreopsis basalis*）

1. 特性及自然分布

菊科金鸡菊属一年生或二年生草本植物，花朵繁盛鲜艳，冬叶长绿，至冬不凋，花期长达2个月，耐寒耐旱，对土壤要求不严，喜光，但耐半阴，适应性强，对二氧化硫有较强的抗性。金鸡菊原产北美洲，我国各地公园、庭院常见栽培。

2. 生态服务功能

具有观赏、药用价值。金鸡菊是很好的观花常绿植物，其枝、叶、花可供艺术切花用；可当茶饮，有降血糖、抗氧化、降血压、降血脂等药理活性。

3. 栽植技术

常能自行繁衍；生产中多采用播种或分株繁殖，夏季也可进行扦插繁殖。

鸡冠花（*Celosia cristata* L.）

1. 特性及自然分布

苋科青葙属一年生草本植物，花期为7—10月。鸡冠花喜温暖干燥气候，怕干旱，喜阳光，不耐涝，但对土壤要求不严，一般土壤庭院都能种植，生于500m以下的山地疏林下或河边灌木丛中。鸡冠花原产非洲、美洲热带和印度，现世界各地广为栽培。

2. 生态服务功能

绿化、美化和净化环境，鸡冠花对二氧化硫、氯化氢具良好的抗性，属于抗污染环境的生态观赏花卉。

3. 栽植技术

种子繁殖法，适合种在地势高、向阳、肥沃、排水良好的砂质壤土中。

菊花 (*Chrysanthemum×morifolium* Ramat)

1. 特性及自然分布

菊科菊属多年生草本植物，原产
于中国，由某些野生菊经种间杂交演
化而来的，短日照植物，喜阳光，忌
荫蔽，怕涝，喜温暖湿润气候，但亦
能耐寒，严冬季节根茎能在地下越冬。
花能经受微霜，但幼苗生长和分枝孕
蕾期需较高的气温。菊花遍布我国各
城镇与农村。

2. 生态服务功能

具有观赏、食用、保健。菊花能入药治病。

3. 栽植技术

以扦插繁殖为主，多于 4—5 月扦插，截取嫩枝 8～10cm 作为插穗，插后善加管理。

金银花 (*Lonicera japonica* Thunb.)

1. 特性及自然分布

多年生半常绿缠绕及匍匐茎的灌
木。适应性很强，喜阳、耐阴，耐寒
性强，也耐干旱和水湿，对土壤要求
不严，但以湿润、肥沃的深厚沙质壤
上生长最佳，每年春、夏两次发梢。
根系繁密发达，萌蘖性强，茎蔓着地
即能生根。我国各省均有分布，生于
山坡灌丛或疏林中、乱石堆、山足路旁及村庄篱笆边。

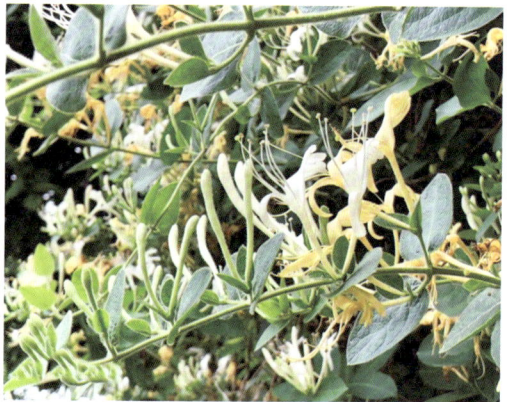

2. 生态服务功能

可以做绿化矮墙，利用其缠绕能力制作花廊、花架、花栏、花柱等；金银花主
要功效是清热解毒，主治温病发热、热毒血痢、痈疽疔毒等。

3. 栽植技术

可用播种、插条和分根等方法。

荩草 (*Arthraxon hispidus*)

1. 特性及自然分布

一年生草本植物。荩草适生力很强，耐瘠薄，在中国南方春季返青，夏季茂盛生长，秋季8—10月开花结实。遍布我国以及旧大陆的温带至热带，常生长在海拔1300～1800m的田野草地、丘陵灌丛、山坡疏林、湿润或干燥地带。

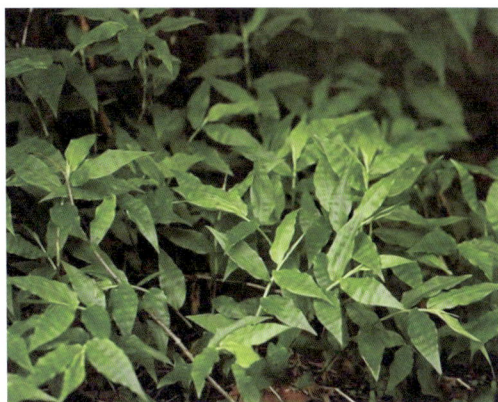

2. 生态服务功能

护坡固土、绿化。由于荩草耐瘠薄，在山石坡面、嵌草砖、贫瘠土壤、受践踏较严重的绿地可适当引种或保留自然生长的植株，与其他地被植物混植，既起到护坡固土作用，又能创造自然野趣。

3. 栽植技术

种子繁殖。在光照充足的坡面处年平均生长41.2cm，灌木丛内年平均生长53.1cm，坡脚下年平均生长63.8cm。

L

狼尾草 (*Pennisetum alopecuroides*)

1. 特性及自然分布

多年生狼尾草属植物。狼尾草喜光照充足的生长环境，耐旱、耐湿，亦能耐半阴，且抗寒性强。适合温暖、湿润的气候条件，耐旱，抗倒伏。我国自东北、华北经华东、中南及西南各省（自治区）均有分布；多生于海拔50～3200m的田岸、荒地、道旁及小山坡上。

2. 生态服务功能

可作饲料；也是编织或造纸的原料；也常作为土法打油的油杷子；也可作固堤防沙植物。

3. 栽植技术

采用种子繁殖。当温度稳定达到15℃时播种为宜，在5月上、中旬播种。

M

麦冬 (*Ophiopogon japonicus*)

1. 特性及自然分布

百合科沿阶草属草本植物，花期5—8月，果期8—9月。喜温暖湿润、降雨充沛的气候条件和较荫蔽的环境，耐寒，忌强光和高温。麦冬原产中国，现分布于广东、广西、福建、台湾、浙江等地；生于海拔2000m以下的山坡阴湿处、林下或溪旁。

2. 生态服务功能

绿化观赏、药用。麦冬有常绿、耐荫、耐寒、耐旱、抗病虫害等多种优良性状，园林绿化方面应用前景广阔；中国常用中药材，广泛用于中医临床。

3. 栽植技术

分株繁殖，于4—5月收获麦冬时，挖出叶色深绿、生长健壮、无病虫害的植株。

美人蕉 (*Canna indica* L.)

1. 特性及自然分布

美人蕉科美人蕉属的多年生草本植物。美人蕉喜温暖湿润气候，喜阳光充足土地肥沃，不耐霜冻，性强健，适应性强，不耐寒，对土壤要求不严，能耐瘠薄，畏强风。春季4—5月霜后栽种。美人蕉原产美洲，我国各地均可栽培，但不耐寒，霜冻后花朵及叶片凋零。

2. 生态服务功能

绿化观赏、净化土壤。美人蕉能
吸收二氧化硫、氯化氢等有害物质；花色艳丽，具有观赏价值。

3. 栽植技术

根茎繁殖。块茎繁殖在 3—4 月进行，将老根茎挖出，分割成块状，每块根茎
上保留 2～3 个芽，并带有根须，栽入土壤中 10cm 深左右。

马尼拉草（*Zoysia matrella*）

1. 特性及自然分布

多年生草本植物。横走根茎，须
根细弱。秆高可达 20cm，叶片质硬，
内卷，无毛，顶端尖锐。该草形成的
草坪低矮平整，茎叶纤细美观，又具
有一定的弹性，加上侵占力强，易形
成草皮。分布于我国台湾、广东、海
南；亚洲和大洋洲的热带地区亦有分
布。在我国东部、中部、南部等地区园林绿地上应用较多。

2. 生态服务功能

草坪绿化、固堤固沙植物。马尼拉草是铺建草坪的优良禾草，该种根茎发达，
植株矮小。

3. 栽植技术

草皮移植、草坯以及插条等营养繁殖方法建坪。最好的建植时期是 5—6 月。在整
好的湿润坪床上，可采取草皮卷地毯式满铺或格草皮卷切成条状草坯开沟栽植。

芒草（*Miscanthus sinensis*）

1. 特性及自然分布

多年生苇状草本。多年生，暖季
型，丛生，株高 1～2m，冠幅 1m 有
余，花序初绽时淡红色，干枯时变为
银白色，花期 8—10 月。芒草喜阳光
充足和温暖湿润气候，耐寒，耐旱。
对土壤要求不严格，适应性强，从疏

松的沙质土壤到黏土都生长良好。芒草原产于中国、韩国和日本等地，现广泛种植。

2. 生态服务功能

水土保持、固堤保土植物。常用以铺建草坪或球场。

3. 栽植技术

春播或分株，秋季茎秆扦插。

美女樱（*Glandularia×hybrida*）

1. 特性及自然分布

多年生草本植物，花小而密集，有白色、粉色、红色、复色等，具芳香，花期为5—11月。适宜生长温度5～25℃。喜温暖湿润气候，喜阳，不耐干旱，对土壤要求不严，北方多作一年生草花栽培，在炎热夏季能正常开花。在阳光充足、疏松肥沃的土壤中生长，花开繁茂。原产于南美洲，现世界各地广泛栽培，我国各地也均有引种栽培。

2. 生态服务功能

观赏、绿化。良好的地被材料，可用于城市道路绿化带、转盘、坡地、花坛等。

3. 栽植技术

用播种和扦插两种方法繁殖。种子播下后放置在阴暗处，要保持土壤湿润和空气湿润。

P

蒲公英（*Taraxacum mongolicum*）

1. 特性及自然分布

菊科蒲公英属下一种多年生草本植物。花期4—9月，果期5—10月。蒲公英是喜冷凉的植物，其适应性很强，既耐寒也耐热。蒲公英对干旱和酸性也有一定的抗性，可以在所有的土壤类型中生长，但在沙质土壤中生长较好。在世界的原生范围是西伯利亚到东亚地区，蒲公英大多生长在北半球温带和亚热带地区，少数生长在热带地区，常生长于中、低海拔地区的山坡草地、路边、田野、河滩。

2. 生态服务功能

具有观赏、食用药用。常作缓花草坪或片植，也可以点缀配植于园路的砖、石缝中。

3. 栽植技术

自然繁殖和人工繁殖。蒲公英在每年的 4—9 月均可播种，最好在 5 月下旬选用刚刚采收的新种播种。

蒲苇 (*Cortaderia selloana*)

1. 特性及自然分布

禾本科、蒲苇属植物。秆高大粗壮，丛生，高 2～3m。喜温暖、阳光充足与水良好的土壤环境，耐旱且较耐寒。蒲苇高大优美，四季常绿，圆锥花序呈纺锤状，花期长，观赏性强。原产于巴西、智利、阿根廷，我国上海、南京、北京等公园有引种。

2. 生态服务功能

具有观赏价值。蒲苇高大优美，四季常绿，圆锥花序呈纺锤状，花期长，观赏性强。

3. 栽植技术

有性繁殖和分株繁殖。当蒲苇花絮展开后，选取成熟的种子，一般随采随播。

三色堇 (*Viola tricolor*)

1. 特性及自然分布

堇菜科堇菜属二年或多年生草本植物。通常每花有紫、白、黄三色；果实呈现椭圆形；花期 4—7 月；果期 5—8 月。三色堇较耐寒，喜凉爽，喜阳光，忌高温和积水，耐寒抗霜，在昼温 15～25℃、夜温 3～5℃ 的条件下发育良好；喜肥沃、排水良好、种植

时以富含有机质的中性壤土或黏壤土为宜。三色堇原产于欧洲北部，我国南北方普遍种植，是欧洲常见的野花物种。

2. 生态服务功能

具有观赏、药用价值。常栽于花坛上，还适宜布置花境、草坪边缘。

3. 栽植技术

扦插繁殖和分株繁殖。三色堇喜充足的日光照射，在栽培过程中应保证植株每天接受不少于 4 小时的直射日光。

鼠尾草（*Salvia japonica* Thunb.）

1. 特性及自然分布

唇形科鼠尾草属多年生草本植物。花期为 6—9 月。生于山坡、路旁、荫蔽草丛、水边及林荫下，海拔 220～1100m。喜温暖、光照充足、通风良好的环境。生长适温 15～22℃。耐旱，但不耐涝。不择土壤，喜石灰质丰富的土壤，宜排水良好，土质疏松的中性或微碱性土壤。原产于地中海地区，我国主要生长在浙江、安徽南部、江苏、江西、湖北、福建、台湾、广东、广西等地。

2. 生态服务功能

具有观赏、食用、药用价值。园林绿化方面可作盆栽，用于花坛、花境和园林景点的布置。

3. 栽植技术

播种、扦插或压条繁殖。播种时一般在春、秋两季。育苗期为每年的 9 月到次年 4 月。

T

天竺葵（*Pelargonium hortorum* Bailey）

1. 特性及自然分布

牻牛儿苗科天竺葵属的草本植物。花期 5—7 月，果期 6—9 月。喜欢冬暖夏凉、耐潮半阴的环境，喜燥恶湿，生长期需要充足的阳光，对干旱盐碱地区有轻微抗性，怕积水和霜冻。天竺葵原产非洲南部，20 世纪中叶传到我国，现我国各地普遍栽培。

2. 生态服务功能

具有观赏、药用价值。天竺葵适应性强，花色鲜艳，花期长，适用于花坛布置等。

3. 栽植技术

扦插繁殖。一般扦插苗培育6个月开花，即1月扦插，6月开花；10月扦插，次年2—3月开花。

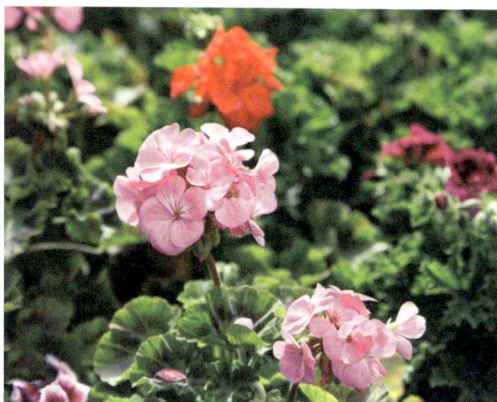

W

五节芒 (*Miscanthus floridulus* (Lab.))

1. 特性及自然分布

多年生草本，具发达根状茎。五节芒根系发达，耐旱性较好，喜温暖湿润气候，抗寒力强，耐阴性，适宜在酸性土壤栽植。分布在我国安徽、江苏、福建等地，生长于低海拔800m以下的撂荒地与丘陵潮湿谷地和山坡或草地上。

2. 生态服务功能

根系发达，耐旱性较好，能够截留雨水、涵养水源、防止表土流失和滑坡，具有较高的水土保持价值；对镉、锌和铅等重金属有较大的耐受性。

3. 栽植技术

走茎和分蘖繁殖，水培法繁殖。在水培前，应对五节芒幼苗根部进行120mg/L吲哚乙酸浸泡2小时。

X

细叶美女樱 (*Glandularia tenera* (Spreng.) Cabrera)

1. 特性及自然分布

马鞭草科美女樱属植物。花期持续110天左右，果实为蒴果、黑色，于8月底成熟。较耐寒，在我国北方部分地区可露地越冬，适应性较强，耐盐碱，喜温暖、湿润和阳光充足的环境，能耐半阴。原产于巴西、秘鲁和乌拉圭等美洲热带地区，我国的华东及华南地区等地有引种栽植。

2. 生态服务功能

观赏、绿化。抗性和适应性强，生长健壮，少有病虫害，管理简便粗放，是优良的园林露地观花品种。

3. 栽植技术

以播种、扦插为主。7—8月雨水多，要及时排水，防止涝灾。

Y

沿阶草 (*Ophiopogon bodinieri* H. Lév.)

1. 特性及自然分布

多年生草本植物，该植物植株矮小，花期6—8月，果期8—10月，经常长在台阶下有空隙的地方。根系发达，喜阴湿环境，忌阳光暴晒，不耐盐碱或干旱，耐寒，对土壤要求不严。产于我国华东、华南、华中等地，长江以南各地有分布。生于海拔600～3400m的山坡、山谷潮湿处、沟边、灌木丛下或林下。

2. 生态服务功能

具有绿化、药用价值。沿阶草长势强健，耐阴性强，植株低矮，根系发达，覆盖效果较快，是良好的地被植物，可成片栽于阴湿空地和水边湖畔做地被植物。

3. 栽植技术

春播或分株繁殖。沿阶草无论盆栽或地栽均较简单，无须精细管理，但要求通风良好的半阴环境。

虞美人（*Papaver rhoeas* L.）

1. 特性及自然分布

一年生草本植物，茎直立，高25～90cm，具分枝，花单生于茎和分枝顶端，花果期3—8月。喜欢光照充足和通风良好的地方；耐寒，不耐湿、热，不宜在过肥的土壤上栽植。寿命3～5年。耐寒，怕暑热，喜阳光充足的环境，喜排水良好、肥沃的沙壤土。原产欧洲，世界各地及中国常见栽培。

2. 生态服务功能

具有观赏、药用价值。花多彩丰富，花期长，适宜用于花坛、花境栽植，也可在公园中成片栽植。

3. 栽植技术

播种繁殖。春、秋季均可播种，春播在3—4月，秋播在9—11月。

一串红（*Salvia splendens* Ker Gawl.）

1. 特性及自然分布

唇形科鼠尾草属的亚灌木状草本植物。花为轮伞花序2～6花，花色呈红色且先端渐尖。花期3—10月。喜阳，喜温暖，好光也耐半阴，喜疏松、肥沃和排水良好的砂质壤土，耐寒性差，生长适温20～25℃，适宜于pH值为5.5～6.0的土壤中生长，为短日照花卉。原产于南美巴西，我国各地庭园中广泛栽培。

2. 生态服务功能

抗污染、观赏、药用植物。一串红是抗污花卉，对硫、氯的吸收能力强；我国城市和园林中普遍栽培的草本花卉。

3. 栽植技术

以种子繁殖为主，也可采用扦插繁殖。播种床内施以少量基肥，将床面平整并浇透水，水渗后播种，覆一层薄土，播种后8～10天种子萌发。

鸭跖草 (*Commelina communis* L.)

1. 特性及自然分布

鸭跖草科鸭跖草属的一年生披散草本植物。花期7—9月，果期8—10月。鸭跖草对土壤要求不严，适应性强，耐旱性强，土壤略微湿即可生长；喜温暖、湿润气候，喜弱光，忌阳光曝晒，最适生长温度20～30℃。鸭跖草分布于我国云南、四川、甘肃以东各地，在越南、朝鲜、日本、俄罗斯远东地区和北美也有分布。常见生于湿地、路边、沟边潮湿处及旱作地上。

2. 生态服务功能

具有观赏、绿化、药用价值。鸭跖草的花蓝色美丽，具有较高的观赏价值。

3. 栽植技术

鸭跖草通过播种、扦插、分株繁殖。鸭跖草用种子繁殖可在2月下旬至3月上旬在温室育苗。

野菊 (*Chrysanthemum indicum* L.)

1. 特性及自然分布

菊科菊属被子植物，多年生草本。花排成疏散伞房圆锥花序或伞房状花序，边缘白褐色，舌状花黄色，花期6—11月。野菊喜凉爽湿润气候，耐寒。以土层深厚、疏松肥沃、富含腐殖质的壤土栽培为宜。野菊花原产地在我国山西，陕西，广布东北、华北、华中、华南及西南各地；生于山坡草地、滨海盐渍地、田边及路旁。

2. 生态服务功能

具有经济、观赏、药用价值。野菊的干燥头状花序可以作为中药使用；舌状花黄色，具有一定的观赏价值。

3. 栽植技术

野菊繁殖方式有种子繁殖、扦插繁殖、分株繁殖。

羊茅 (*Festuca ovina* L.)

1. 特性及自然分布

禾本科羊茅属，多年生草本植物，密丛，高可达 20cm，花药黄色，6—9 月开花结果。具有较强的适生能力，耐旱、耐践踏、耐修剪。分布于欧亚大陆的温带地区。我国黑龙江、吉林、内蒙古、陕西、甘肃、宁夏、青海、新疆、四川、云南、西藏、山东及安徽山区也有分布。生长在海拔 2200~4400m 的高山草甸、草原、山坡草地、林下、灌丛及沙地。

2. 生态服务功能

具有绿化、观赏价值。羊茅具有很深的根系，中等绿色，叶细软，不仅具有较强的适生能力和较高的观赏价值，而且耐旱、耐践踏、耐修剪、绿色期长。

3. 栽植技术

种子繁殖。喷水保湿，适时修剪，及时施肥。

燕覆子 (*Calystegia hederacea*)

1. 特性及自然分布

一年生草本植物。花果期 5—8 月。喜温暖、阳光充足或半阴条件，能耐 −34℃ 的温度。喜富含腐殖质、排水良好的土壤。分布于中国东北、华北及陕西甘肃、山东、江苏、安徽、西藏等地区，东非的埃塞俄比亚、亚洲南部、东部以至马来亚也有分布。常生长于路旁、溪边或湖边潮湿处，常成片生长。

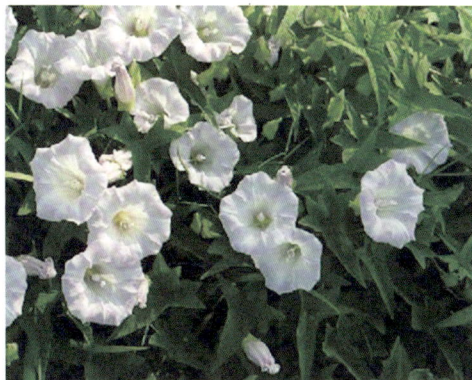

2. 生态服务功能

具有绿化、药用价值。根状茎具有健脾益气、利尿、调经、止带等功效。

3. 栽植技术

主要繁殖方式为以根扩展繁殖。在 3 月下旬，植株未萌发新苗前，挖取根茎。

Z

紫花苜蓿 (*Medicago sativa* L.)

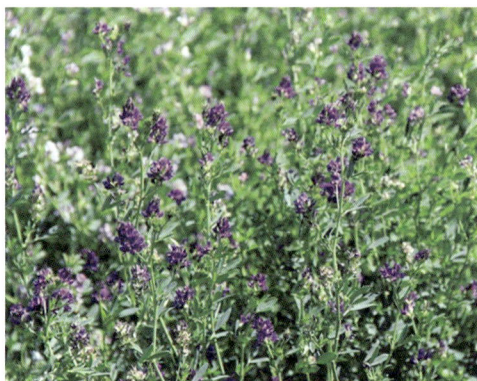

1. 特性及自然分布

多年生宿根草本植物，花期为5—7月，果期为6—8月。紫苜蓿喜欢温暖和半湿润到半干旱的气候，抗寒性较强。原产于亚洲西部，主要分布于我国黄河中下游及西北地区，在西北、华北、东北、华东面积分布较大，甘孜州中、北部有分布，偶有小片群落。生于田边、路旁、旷野、草原、河岸及沟谷等地。

2. 生态服务功能

根系固氮，能提高土壤有机质的含量，能改善土壤的理化性质，增强土壤的持水性和透水性。

3. 栽植技术

种子繁殖。种子要经过清选，晒干，使种子的净度达到90%。

紫羊茅 (*Festuca rubra* L.)

1. 特性及自然分布

本科羊茅属的多年生草本植物，花果期为6—9月。喜肥又耐瘠薄，适应性强，在砂砾地、岗坡地等生长也较好，喜冷凉湿润的气候，喜微酸性至中性土壤，适于在海拔较高的地区生长，在半阴处能正常生长。紫羊茅分布在北半球温寒地带，在我国分布于长江流域以北各地。自然生长在海拔600～4500m的山坡草地、高山草甸、河滩、路旁、灌丛、林下等处。

2. 生态服务功能

具有绿化、观赏价值。全世界应用最广的一种主体草坪植物，返青早，枯黄晚，绿色期长，色深，耐践踏和低修剪。

3. 栽植技术

种子繁殖。播种期可由气候和土壤干湿情况决定，可以春、夏播，也可以秋播。

早熟禾 (*Poa annua* L.)

1. 特性及自然分布

禾本科早熟禾属，一年生或冬性禾草。花期为 4—5 月，果期为 6—7 月。喜温暖干燥的环境，耐旱、耐阴、耐寒性较强；喜微酸性至中性土壤；低温下能顺利越冬，抗热性较差。早熟禾分布于我国内蒙古、山西、河北、辽宁、吉林、黑龙江等地，亚洲、欧洲、北美洲等地也有分布。生长在海拔 100～4800m 的平原和丘陵的庄稼地中、路旁草地、田野水沟或荫蔽荒坡湿地。

2. 生态服务功能

具有药用、经济价值。优良饲料，常用饲养牲畜；有清热解毒、止咳、降血糖等功效。

3. 栽植技术

种子繁殖。温暖地区春、夏、秋都可播种，秋播最宜；春播宜早，以备越夏及避免与杂草竞争。

藤本类

C

常春藤 (*Hedera nepalensis* var.)

1. 特性及自然分布

五加科常春藤属植物中华常春藤的茎叶。阴性藤本植物，也能生长在全光照的环境中，在温暖湿润的气候条件下生长良好，耐寒性较强。对土壤要求不严，喜湿润、疏松、肥沃的土壤，不耐盐碱。常春藤可利用边角隙地栽植，故而常春藤附生于阔叶林

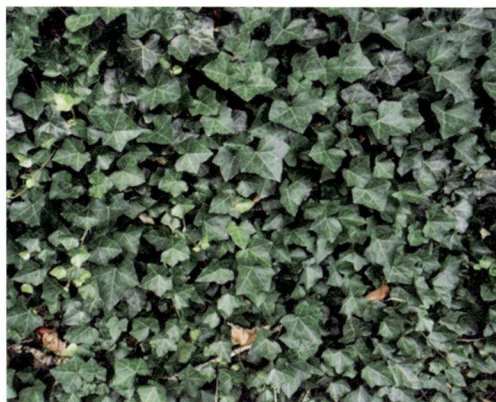

中树干或沟谷阴湿的岩壁上。常春藤原产欧洲、亚洲和北非，分布于我国西南、东南、西北地区。常攀援于林缘树木、林下路旁、岩石和房屋墙壁上，庭院也常有栽培。

2. 生态服务功能

净化空气、垂直绿化。增氧、降温、减尘、减少噪声等作用，用以攀缘假山、岩石作垂直绿化材料。

3. 栽植技术

种子繁殖、扦插繁殖或压条繁殖。在夏季炎热时应进行遮阴，或放在疏阴处，避免烈日暴晒。

G

葛藤 (*Argyreia pierreana* Bois)

1. 特性及自然分布

木质藤本植物，花期为 6—7 月。喜温暖湿润的气候，喜生于阳光充足的阳坡，分布于海拔 300～1500m 处。对土壤适应性广，耐酸性强，土壤 pH 值为 4.5 左右时仍能生长，耐旱，耐寒。产于我国云南东南部和广西地区，常生长在草坡灌丛、疏林地及林缘等处，攀附于灌木或树上的生长最为茂盛。

2. 生态服务功能

水土保持、绿化。葛藤枝繁叶茂，被覆度大，是公路护坡、干旱地区水土保持的良好植物。

3. 栽植技术

种子、分根、压条繁殖等。一般春季种植，最佳种植时间为 3—4 月。

J

九重葛 (*Bougainvillea spectabilis* Willd.)

1. 特性及自然分布

紫茉莉科叶子花属被子植物，是藤状灌木。由于其苞片形似叶片，色彩鲜艳，故名叶子花。喜温暖、湿润的气候和阳光充足的环境。不耐寒，耐瘠薄，耐干旱，耐盐碱，耐修剪，生长势强，喜水但忌积水。要求充足的光照，对土壤要求不严，但在肥沃、疏松、排水好的沙质壤土能旺盛生长。叶子花原产热带美洲，现在我国南方广泛栽培。

2. 生态服务功能

具有观赏、环保价值。环保绿化植物，具有一定的抗二氧化硫功能。色彩鲜艳，花形独特，花量大，花期长，广泛用于景观绿化，有较大的观赏价值。

3. 栽植技术

繁殖方式为扦插繁殖，疏松肥沃的沙质土为好，必须置于阳光直射的地方，花期过后对过密枝的地方修剪。

L

凌霄 (*Campsis grandiflora* (Thunb.) Schum.)

1. 特性及自然分布

紫葳科凌霄属的攀援藤本植物，花期为5—8月。喜阳、温暖湿润的环境，稍耐阴。喜欢排水良好的土壤，较耐水湿并有一定的耐盐碱能力，耐寒性较差，耐旱忌积水；喜微酸性、中性土壤，萌芽力、萌蘖性较强，耐修剪，根系发达生长快。凌霄产于我国，其在日本也有分布，越南、印度、巴基斯坦西部均有栽培。常生长在山谷、河

边、山坡、路旁、疏林下，在我国长江流域和南部的山谷、小溪边、疏林中都有分布。

2. 生态服务功能

具有观赏、药用价值。著名的园林花卉之一，花朵漏斗形，大红色或金黄色，色彩鲜艳；喜攀缘，是庭院中绿化的优良植物。

3. 栽植技术

扦插繁殖。嫩枝扦插的关键技术是遮阴程度，一般遮去全光照的 2/3，待开始发根后逐渐增加光照，以增加光合效率，加速生根。

P

爬山虎 (*Parthenocissus tricuspidata*)

1. 特性及自然分布

葡萄科地锦属木质藤本植物，花期为 5—8 月。性喜阴湿，耐旱，耐寒，冬季可耐 −20℃ 低温。对气候、土壤的适应能力很强，在阴湿、肥沃的土壤上生长最佳，对土壤酸碱适应范围较大，但以排水良好的沙质土或壤土为最适宜，生长较快。也耐瘠薄。分布于我国吉林、辽宁、河北、河南、山东、安徽、江苏、浙江、福建、台湾。生长于海拔 150～1200m 的路旁、旷野荒地、山坡崖石壁或灌丛。

2. 生态服务功能

具有绿化、药用价值。垂直绿化材料，既能美化墙壁，又有防暑隔热的作用。对二氧化硫等有害气体有较强的抗性。

3. 栽植技术

扦插、压条、播种等方法，以插条方法运用最多。插条可在落叶到萌芽前采集，插条长为 20～30cm。

T

藤本月季 (*Climbing Roses*)

1. 特性及自然分布

落叶灌木，呈藤状或蔓状，姿态各异。其茎上有疏密不同的尖刺，形态有直刺、斜刺、弯刺、钩形刺，依品种而异。花单生、聚生或簇生，花色有红、粉、黄、白、橙等，十分丰富，花型有杯状、球状、盘状、高芯等。藤蔓月季广泛分布于世界各地。

2. 生态服务功能

可作为花墙、隔离带、遮盖铁栅栏等使用。

3. 栽植技术

常用嫁接等无性繁殖方法进行繁殖。枝接要先将砧木沙藏。

Y

迎春花 (*Jasminum nudiflorum* Lindl.)

1. 特性及自然分布

多年生木本植物，小枝细长直立或者呈拱形下垂；花冠为金黄色，花瓣通常为倒卵形或椭圆形；花期为2—4月。迎春花喜光，稍耐阴，略耐寒，怕涝，喜温暖而湿润的气候，喜疏松肥沃和排水良好的沙质土壤，在酸性土壤上生长旺盛，碱性土壤上生长不良。迎春花原产于中国，现在在中国及世界各地广为栽培。生长在山坡灌丛中，海拔800～2000m。

2. 生态服务功能

具有绿化、观赏、药用价值。在园林绿化中宜配置在湖边、溪畔、桥头、墙隅，可供早春观花。

3. 栽植技术

以扦插为主，也可用压条、分株繁殖。扦插：春、夏、秋三季均可进行。

Z

紫藤 (*Wisteria sinensis*)

1. 特性及自然分布

落叶藤本植物。花期为 4—5 月，果期为 5—8 月。对气候和土壤的适应性强，较耐寒，能耐水湿及瘠薄土壤，喜光，较耐阴，以向阳背风的地方栽培最适宜。分布于我国河北以南黄河长江流域及陕西、河南、广西、贵州、云南、北京。生于海拔 500～1000m 的山谷沟坡、山坡灌丛中。

2. 生态服务功能

具有园林绿化、环保、观赏价值。观花绿荫藤本植物，紫藤对二氧化硫和硫化氢等有害气体有较强的抗性，对空气中的灰尘有吸附能力。

3. 栽植技术

扦插、播种、压条、分蘖、嫁接均可。插条繁殖一般采用硬枝插条。

附录 2　三峡库区治理和保护案例

1　秭归县城木鱼岛—尖棚岭库岸环境综合整治工程

1.1　案例背景

秭归县位于湖北省西部,长江西陵峡两岸。县境东起茅坪新集镇凤凰山(新县城所在地),西止磨坪乡凉风台,南起杨林桥镇向王山,北止水田坝乡懒板凳垭。秭归地势西南高、东北低,东段为黄陵背斜,西段为秭归向斜,属长江三峡山地地貌。秭归县既是三峡工程库区,又是三峡工程坝区,还是长江经济带湖北段的重要节点。依托三峡大坝、屈原祠等旅游资源,是长江三峡黄金旅游带核心区和三峡文化体验的首选地。地块位于屈原生态文化旅游区,西临金缸新城拓展区,南边为中心老城区,北边为银杏沱物流产业园。景观风貌为江河景观带,与银杏沱生态廊道和金缸城生态廊道相互交汇,形成东部滨江,西部靠山,南北接城的景观空间格局。

三峡秭归木鱼岛因形似木鱼而得名,与山脉走势连成一体的木鱼岛又形似一条巨龙的龙头。每年 3 月中旬,木鱼岛上开满了金灿灿的油菜花,在阳光的照射下,高峡平湖之上,犹如金龙出海,成为人们赏花看坝的绝佳去处。这个位于长江中的岛屿,曾经乱石遍地、杂草丛生,是一座令人揪心的荒岛。木鱼岛公园是三峡工程蓄水后形成的半岛,与三峡大坝直线距离不足千米。秭归已投资 4000 多万元对库岸进行了高标准的改造。木鱼岛位于湖北省宜昌市秭归县三峡屈原文化生态旅游区徐家冲港湾,毗邻屈原故里和三峡大坝两大国家 5A 级景区,与三峡大坝相距仅800m,出口处正对三峡大坝,是国家体育总局命名的"中国全民健身著名景观"。工程规划的目标,在解决环境问题的同时,也可以使秭归增添了一张生态名片。2018 年,秭归县城木鱼岛至尖棚岭岸线环境综合整治工程正式开工,秭归投资约

5000万元对木鱼岛进行环境景观提档升级，通过环境整治、生态修复，将之打造成一个开放式休闲公园。

1.2 项目概况

秭归县城木鱼岛至尖棚岭库岸环境综合整治工程已由湖北省秭归县发展和改革局以《秭归县发展改革局关于秭归县城木鱼岛至尖棚岭库岸环境综合整治工程初步设计的批复》（秭发改审批〔2015〕58号文）批准建设。秭归县城木鱼岛至尖棚岭库岸环境综合整治工程为三峡后续工作规划生态环境建设与保护岸线环境综合整治类项目。

项目位于县城中心城区东侧，包括库岸防护工程、望江公园片区环境绿化工程、木鱼岛片区环境整治工程、景桥重建及河道整治工程，批复概算总投资16385万元。库岸总长度5.12km，综合整治工程总面积达37hm²，其中库岸防护工程面积17.40hm²，建设内容包括土石方开挖及回填、护坡、支挡、排水沟、步道及栏杆工程。主要建设内容包括木鱼岛至尖棚岭库岸防护工程，以及木鱼岛段高程175.5m以上区域及木鱼岛—尖棚岭段滨湖路段滨湖路外侧至高程175.5m区域环境整治工程。规划范围沿滨湖路展开，北抵滚装客轮中心，南承滨湖一路，西至024乡道，东达木鱼岛，南北长约2900m，东西最宽处约500m。木鱼岛至尖棚岭175m以下消落区库岸防护，175m至滨湖路区域景观环境配套，木鱼岛生态修复及环境配套，望江公园环境绿化等。

木鱼岛工程为三峡后续规划扶持项目"秭归县城木鱼岛至尖棚岭岸线环境综合整治工程"的组成部分，主要建设内容为生态广场、园路、绿化、照明、景观廊桥及徐家冲港湾水质环境改善等工程。项目突出精准规划，根据现有设施及资源禀赋，按照"生态型、景观型、旅游型、健身休闲型"的定位，做到高标准设计、高质量建设、高水平管理。

原有库岸地形陡峭，消落区侵蚀严重，不仅存在多处崩岸和滑坡隐患，还威胁县城水厂、客运站、秭归客运港、银杏沱海事码头、滨湖路等多处设施安全。项目建设尽量与天然河势相适应，与洪水主流线大致平行，堤线布置大弯随弯、小弯取直，尽可能平顺，以利于行洪和航运。工程实施后，消除了崩岸和滑坡隐患，保障了三峡水库蓄退水安全。依托项目所在的自然生态岸线、冲刷地貌、小岛风光、遗迹古景等自然和历史文化资源进行统筹布局，以沿江为核心，构建由公园、库岸绿化、消落区绿化等组成的层次丰富、点线面结合的绿地系统，实现山、水、岸、绿和谐相融。

顺应木鱼岛狭长地形条件特点，以一条主要步行道路串联内岛、外岛，以及各主题片区、大小广场，形成入园台地区、港湾观景区、诗词体验区、坝首眺望区、空间一张一合、错落有致、步移景异。在植物的选型与配置上，一方面尊重地方特色、植物习性，选择适宜本地生长的植物，充分发挥其生态功能；另一方面满足四季四景交替变换的景观效果，遵循植物造景的生态原则、艺术原则和美学原则，形成错落有序、层次多样、色彩丰富的景观效果。整治一新后的木鱼岛，与徐家冲滨湖路、凤凰山与徐家冲港湾共同构成"一湾清水、面朝大坝、三面围合"的空间格局，打造一个高水准的屈原文化生态港湾，成为三峡库区举办大型水上活动（如龙舟赛、水上文艺演出）的大舞台。

秭归县木鱼岛至尖棚岭库岸环境整治工程于2018年6月开工建设，受疫情影响，2020年后施工进度有所滞后，但好在复工及时，整个项目能够在确保质量和安全情况下加快施工进度。该项目于2020年3月10日全面复工，是秭归县疫情防控期间最先复工的建设项目之一。库岸防护工程于2017年3月27日正式开工，2019年6月30日顺利完成所有工程任务；望江公园片区环境绿化工程在2020年4月底完工。工程整体于2020年9月完工，共栽植乔木1100棵，灌木500余棵，植草皮45000m²，恢复重建景观廊桥，完成生态广场铺装、园路、照明工程景观廊桥及徐家冲港湾水质环境改善工程。

1.3　实施效果

工程实施后，秭归木鱼岛公园内，绿色植物依然生气蓬勃，廊桥亭台古韵悠然，文化气十足。工程建成路面通车后，行走这里，世界顶级、不可再生的三峡大坝、高峡平湖、屈原故里文化旅游区尽收眼底。三峡大坝坝头的库岸分三段建设，通过方石护坡治理预防了江水冲刷演变地质灾害，江岸沙化地带通过绿化成为沿江风景线。木鱼岛公园免费对外开放，正式还绿于民、还生态空间于民。木鱼岛的开发注重体育元素的有机融入，建设草坡观赏、林荫广场、芳芷观赏、景观林等旅游景观，兼具旅游与休闲健身等多重功能，与毗邻的徐家冲港湾龙舟赛活动基地形成整体。备受关注的秭归木鱼岛，华丽转身变成公园，既复绿保护长江库岸，符合共抓大保护的要求，又还绿于民、还岸于民，深得市民、游客点赞。

如今的木鱼岛公园，融峡江山水和屈原文化于一体，为高峡平湖增色，为生态秭归赋能。这个小"棋眼"，正放大着秭归的生态优势、文化优势。项目的建成有利于维护沿线库岸稳定，改善县城及周边人居环境，保证居民饮水安全。木鱼岛公园与正在建设的湖北三峡移民博物馆相呼应，合力打造坝上库首滨湖景观和木鱼岛休闲旅游示范区，充分满足市民休闲需要以及广大游客观景需求。随着库岸环境综合整治工程的落地，一条8.2km长的全新道路建成，库岸绿了，环境好了，没有了雨天泥泞、晴天灰尘的困扰，取而代之的是跳广场舞和悠闲散步的群众。同时将有效维护库岸稳定、保护人居安全，为市民提供休闲、健身场所，落实长江生态环境保护，打造三峡坝区库首滨湖景观，改善人居环境和旅游环境、促进区域经济社会可持续发展（图 1.3-1 至图 1.3-4）。

图 1.3-1　工程平面图

图 1.3-2　工程实施后鸟瞰图

图 1.3-3　木鱼岛现状

图 1.3-4　景观廊桥效果

2　兴山县香溪河流域深度河岸线和消落区生态环境综合整治工程

2.1　案例背景

兴山县位于湖北省西部，宜昌市西北部，县境东西长 66km，南北宽 54km，位于长江西陵峡北侧，地处巫山山脉与荆山山脉之间。县域面积 2317km²，现辖 6 镇 2 乡，96 个村（社区），常住人口 16.6 万人。全县森林覆盖率达 76.8%，有着"中国天然氧吧"的称号。长江支流香溪河位于三峡库首区，是长江的一级支流，又名昭君溪，因王昭君"恒于溪中浣纱，溪水尽香"而得名，流域面积覆盖超 90% 的兴山国土面积。随着三峡水库的一期、二期蓄水，香溪河水位迅速抬升，香溪河两岸大量的岩土体被水淹没，不仅降低了岩土体的抗剪强度，同时也破坏了岸坡内部的力学平衡，从而导致了原本稳定的古滑坡复活及新滑坡的产生。香溪河是长江三峡库区的一级支流，同时也是兴山的母亲河、生命河。

香溪河生态环境保护事关兴山"两地两县"目标的实现、事关兴山子孙后代的未来。为此，兴山县人民政府迅速出台《关于香溪河大保护生态修复治理的意见》等，由书记县长挂帅、四大家领导参加，共同推进落实建立香溪河生态综合保护的体制机制。三峡集团长江大保护项目从 2019 年开始在兴山县投资实施基础项目建设，包括一期工程和二期工程，共 11 个项目。一期工程包括香溪河流域深渡河段岸线和消落区生态环境综合整治工程等 7 个项目，现已全部完工。2017 年 4 月 9 日，《三峡库区兴山县香溪河流域深渡河段岸线和消落区生态环境综合整治工程可行性研究报告》获得兴山县发展和改革局批复。2017 年 5 月 16 日，《三峡库区兴山县香溪河流域深渡河段岸线和消落区生态环境综合整治工程初步设计报告》获得兴山县发展和改革局批复。2019 年 11 月 11 日，项目正式开工建设。

2.2　项目概况

三峡库区兴山县香溪河流域深渡河段岸线和消落区生态环境综合整治工程通过河道疏浚、护岸护坡、管网工程、生态修复等多种手段对现有流域进行环境综合整治，旨在改善深渡河流域水环境和生态环境。工程位于兴山县古夫镇的深渡河和香溪河。本工程上起于已建的深渡河古洞口二级电站大坝下游，下止于香溪河"最美水上公路"起点下游约 400m 处，河道范围总长约 5km。主要建设内容为新建护岸工程约 8.1km；新建溢流堰 2 座；新（改）建人行便桥 2 座；对深渡河段沿线进行生态修复，共有 162300m²，项目总投资 23298.25 万元。

2.2.1 护岸工程

（1）护岸工程布置

护岸轴线沿香溪河、古夫河两岸布置，左、右岸轴线总长 8082.736m。A 段起于古夫河古洞口二级电站下游的涵管桥滚水坝左岸，经河口昭君大桥后继续沿香溪河左岸往下游延伸约 800m 至终点，全长 4601.568m；B 段起于古夫河古洞口二级电站下游的涵管桥滚水坝右岸，往下游延伸至 2# 堰右岸坝肩，全长 2567.037m；C段起于昭君大桥右岸桥台，往下游延伸至护岸终点，全长 914.131m。

（2）护岸型式

本工程护岸型式主要采用斜坡式与直斜复合式，局部较陡岸段采用石笼护岸。

（3）护岸工程设计

护坡主要采用格构＋植物进行坡面防护。格构框架尺寸为 2.5m× 2.5m，平面上为矩形，格构下铺土工布防渗，格构内填砂石垫层和种植土，至与格构梁上表面齐平，然后种植草皮、灌木和花卉等。

对于局部较陡岸段妥巴镀锌钢丝网内装块石制成，外形一般方形或矩形。

在高程 168m、169.2m 和 176.7m 分别布置马道或亲水平台，宽 2～22m。亲水平台段布置下河梯道。亲水平台段布置 10m 宽的下河梯道，其余岸段每隔 400～500m 布置一处 5m 宽下河梯道，全线共布置下河梯道 15 条，其中 10m 宽梯道 1条，5m 宽梯道 14 条。

2.2.2 拦蓄工程

本工程在古夫河深渡河段上新建 1 号溢流堰和 2 号溢流堰。

（1）1 号溢流堰设计

2 号堰液压活动闸由 8 块尺寸 6.25m×6m（宽×高）的钢板闸，1 号堰位于孙家湾愚公桥下游约 104m 处，垂直河道主流向布置，轴线长 50m。堰体采用重力式混凝土基座＋液压活动闸的结构型式，正常蓄水位 176.5m，全坝段可溢流。堰体下游依次设置消力池和格宾石笼海漫进行消能。1 号堰液压活动闸由 8 块尺寸

6.25m×4.5m（宽×高）的钢板闸门及其配套液压驱动设备组成，闸门材料采用低碳合金钢板（Q345R）。

（2）2号溢流堰设计

2号溢流堰位于古夫河干流、昭君大桥上游约1074m处，垂直河道主流向布置，轴线长50m。堰体采用混凝土基座＋液压活动闸的结构型式，正常蓄水位172m，全坝段可溢流。堰体下游依次设置消力池和格宾石笼海漫进行消能。

2.2.3　人行便桥

在古夫河深渡河段上改建1座人行桥，并结合2号溢流堰坝新建1座人行桥。

（1）2号溢流堰人行桥

2号溢流堰人行桥的桥面高程为177.20m，宽4.0m，人行桥采用3跨简支钢架结构，每跨20m，总长60m。主桥采用钢桁架梁，横向3片，中间用横撑连接。主桁高1.5m，上下弦杆采用350mm×350mm×12mm×19mm工字钢，腹杆采用150mm×150mm×7mm×10mm工字钢。桥基础采用圆形钢筋混凝土柱，直径1.0m，共3根。

（2）悬索玻璃桥

在原悬索玻璃桥的基础上进行拆除后改造。改建后悬索桥采用柔性钢丝绳作为受力构件，上主索采用纵向4根φ52钢丝绳作为受力件，单侧2根布置，采用20/30组合吊杆与工字钢横梁连接。桥面采用2根φ28钢丝绳，置于下部。桥面系采用方钢框架承托24mm厚钢化玻璃。吊桥采用一跨布置，主跨为85m，主桥成桥后中跨垂跨比为0.0788。该桥面净宽度为2.0m，横梁总宽度为2.8m，桥面高程177.7m，最大垂直高度12m。

2.2.4　河道疏浚

自护岸段最下游开始向上游疏挖河道，起点高程为河床高程154.50m，古夫河疏挖至2号溢流堰防冲槽下游24m，长度约1900m；南阳河疏挖至昭君大桥下游，分支长度约407m。

2.2.5　沿线冲沟排水工程设计

在临河天然冲沟的部位，相应布置排水箱涵，将冲沟的山洪排入河道。排水箱涵的竖向布置受箱涵进出口高程的控制。进口高程一般为护岸回填边线。箱涵纵坡根据地形条件纵向采用1%缓坡连接，进出口设八字墙。

2.2.6 生态修复工程

对河段两岸消落区以上的坡地进行生态修复，沿古夫河、香溪河河道全长约4.8km，生态修复总面积约为162287m²。

2.3 实施效果

兴山全力推进香溪河流域生态修复，在保护与发展中探索出一条和谐之路。项目的实施是保护深渡河和香溪河流水体水质、改善河流水生生态环境的需要。对其他内河治理具有示范作用。项目的实施可明显改善深渡河和香溪河的水生态环境问题，项目属于区域基础设施工程，建成后具有良好的环境效益和社会效益，可有效减少对流域水体的污染，改善流域水质；通过改善水环境，可减小疾病发生概率，提高人群健康水平。本工程建成后具有较好的环境效益，不仅可以修复消落区生态环境、维护库岸稳定、保护居民的生命财产安全，而且可以提升旅游配套、促进当地经济发展，对于三峡工程充分发挥巨大综合效益、促进库周地区经济社会可持续发展和移民安稳致富具有十分重要的意义（图2.3-1至图2.3-4）。

图 2.3-1 消落区绿色长廊

图 2.3-2 香溪河大桥

图 2.3-3 香溪河汇口

图 2.3-4 消落区生态恢复

　　同时，在香溪河流域综合治理中，统筹好城镇开发、粮食稳产与水资源保障、水生态修复的关系，系统推进水生态、水环境、水资源、水安全"四水同治"，创新提出"生态"＋"人文"双线并行的治理路径。其中，生态线以两岸山水林田湖草为载体，对香溪河两岸山体、田地、消落区及水体进行自然和人工相结合的生态修复，打造青山绿水宜居的生态生活空间；文化线以两岸重要村庄为节点，丰富两岸村庄历史文化内涵，在空间环境中植入文化要素，提升景观空间文化品格。如今，香溪河的水变清了，早晚健身有了更加适宜的场所，作为三峡库区的兴山县，城市品质和人居环境越来越好。

3 三峡库区巴东县城长江干流库岸综合整治工程

3.1 案例背景

　　巴东县位于湖北省西部、长江中上游三峡库区两岸，是长江湖北段的西部"桥头堡"。巴东县城区两岸地形地貌与岸坡地质结构复杂，加上当地雨量丰沛且暴雨集中，历来是地质灾害的多发地区。为深入贯彻党的十八大做出的"大力推进生态文明建设"的战略决策，进一步解决近年来库区出现的一些涉及生态、城镇、地质安全和改善民生方面的新问题、新情况，2013 年 8 月，国务院三峡工程建设委员会同意国务院三峡工程建设委员会办公室会同有关部门对三峡后续工作规划进行适当优化完善。优化完善将进一步加大对生态安全、城镇安全、地质安全、重大民生等方面的支持力度，加强库周生态安全保护带建设、城镇功能完善和城镇安全防护带建设、重大地质灾害治理和地质安全防护带建设，促进库区优势特色产业发展，努力为库区长远发展留下一笔优良资产，建设与现代化三峡枢纽工程相匹配的现代化库区。

　　巴东县是三峡库区湖北省移民安置的重点区（县）之一，其中巴东县城沿江两岸区域是巴东县三峡移民集中安置区，也是建设三峡库区"三带一区"的重要节点，该区域内存在地质灾害频发、生态环境脆弱和基础设施建设滞后等问题，通过积极实施三峡后续工作规划，可有效解决以上问题，其中《三峡库区巴东县城长江干流库岸综合整治工程》北岸官渡口至东壤口段、南岸狮子包段、南岸长江大桥至王家滩大桥段、北岸纸厂沟出口至东襄溪出口段、南岸巫峡口至长江大桥段可行性研究报告已于 2012 年、2013 年、2015 年、2016 年分阶段获得审批。但仅依靠实施三峡后续工作规划对于改善南北两岸景观环境、塑造巴东旅游品牌乃至促进巴东经济社会发展的作用非常有限，因此迫切需要从建设任务及规模等方面对县城长江干流库岸综合整治工程进行全面提升，将巴东打造成长江经济带上具有强大吸引力和辐射力的滨江旅游城市。

3.2 项目概况

　　三峡库区巴东县城长江干流库岸综合整治工程是湖北省发改委列入 2015 年全

省重点项目名单的一项重要工程，是保护县城安全、美化县城环境、提升县城品位、促进巴东经济社会快速健康发展的一项系统工程。项目旨在突出长江大保护、生态库区的主题，按照"整体打造、依山就势、突出重点、南北同步"的思路，结合"长江两岸连成一线，水上水下连成一片，基础设施完善与库岸生态修复融为一体"的建设思路，建设生态库区，助力长江大保护，推动县域经济社会可持续发展。

具体整治范围分布在县城长江干流两岸，南岸起于巫峡口，止于沿江路 1 号桥，北岸起于官渡口老集镇纸厂沟出口，止于东壤口镇东壤溪出口，规划区域面积 333hm²，建设内容包括滨江区域生态环境整治、景观设施打造、新建县城官（渡口）东（瀼口）旅游公路、护岸工程、亲水广场、还迁安置小区及配套市政工程等 35 个子项工程，合同额约 15 亿元，横跨房建、市政、园林等多个施工专业。项目于 2017 年 5 月动工建设，由巴东县神农投资开发有限公司投资建设，中交第二航务工程局承建，是巴东县生态建设投资最大、规划区域面积最广的"F＋EPC"项目。

2016 年 8 月 26 日，巴东县发展和改革局发文《关于三峡库区巴东县城长江干流库岸治理工程（优化完善方案）立项的通知》，批复同意项目立项。项目分为 5 个子项目，包括：①巴东县官（官渡口）东（东瀼口）路建设工程（神农溪景区对外交通），计划总投资 38384.14 亿元；②长江干流库岸综合整治工程（纸厂沟出口至东襄溪出口段），计划总投资 11756.84 万元；③长江干流库岸综合整治工程（长江大桥至王家滩大桥段），计划总投资 10108.98 万元；④长江干流库岸综合整治工程（南岸巫峡口至长江大桥段），计划总投资 5543.74 万元；⑤巴东港主城港区西壤坡旅游码头改（扩）建工程，计划总投资 68951.54 万元。

项目分为 5 个子项目，包括：

（1）巴东县官（官渡口）东（东瀼口）路建设工程（神农溪景区对外交通）

计划总投资 38384.14 万元，本工程位于巴东县新县城内长江北岸，道路起点定于官渡口镇东侧 G209 国道三岔路口处，与官渡口镇滨江大道出口相接，接点高程 194.10m，终点定于巴东县东约口镇，接现有 18.00m 宽的城镇街道，接点高程 197.00m。

（2）长江干流库岸综合整治工程（纸厂沟出口至东瀼溪出口段）

计划总投资 11756.84 万元，工程规模为岸线护岸工程长度为 4335.00m、生态基础设施工程用地规模 65.61m²、交通基础设施工程包括护岸巡检通道长 12863.00m、巡检通道附属栏杆 9735.00m；梯道宽 2060.00m，配套公共厕所 5 个、垃圾收集点 19 个和垃圾箱 87 个等。

（3）长江干流库岸综合整治工程（长江大桥至王家滩大桥段）

计划总投资10108.98万元，工程规模为岸线护岸工程长度为3754.00m、生态基础设施工程用地规模48.21m²、交通基础设施工程包括护岸巡检通道11820.00m²、巡检通道附属栏杆6327.00m、梯道4695.00m²。

（4）长江干流库岸综合整治工程（南岸巫峡口至长江大桥段）

项目位于巴东县城长江干流南岸巫峡口至长江大桥，工程实际总投资5590万元，主要工程内容岸线护岸工程新建763m，修复已有护岸长度658m；生态基础设施工程10.81hm²；交通基础设施工程包括护岸巡检通道总长1776m（巡检通道宽4m），巡检通道附属栏杆1235m；梯道宽2～5m，总长398m；配套建设有环保（巡检通道附属垃圾收集点3个和垃圾箱50个等）、电力、体育等附属工程。

（5）巴东港主城港区西壤坡旅游码头改（扩）建工程

计划总投资68951.54万元，拟建码头工程位于长江上游巴东水道右岸巴东港主城港区内，距下游巴东长江公路大桥约0.45km，距三峡大坝约76.00km，长江上游航道里程约123.00km。工程设计旅客接待人数为40万人次，码头年吞吐量为80万人次，建设3个300客位旅游泊位，水工结构考虑570客位旅游船靠泊；配套建设相应的建筑、结构、供电照明、通信、给排水、暖通、消防、环保等配套工程。

施工中创造性地采用了"第四代无栽培基质生态混凝土护坡技术"。与"植生型生态混凝土"和"透水生态混凝土"比较，这种混凝土的连通孔隙率可以达到25％～30％，绿化覆盖率从以前的30％提升到90％，同时强度更高，可以抵御40m/s的水流冲刷，是其他生态混凝土的8倍以上。

3.3 实施效果

本项目的建设将改善城市的环境品质，工程实施后，还具有很大的环境生态效益。主要表现在：一是在综合协调水体、岸线和滨水区3个层面空间功能的基础上，确定水体功能体系，健全水系的景观服务功效。同时，还可以合理开发利用水资源，发挥水资源的经济潜能。二是河流生态修复工程中采用的人工湿地等措施不仅可以直接净化水质，还可以恢复河湖地区自然湿地生态系统，使其具备气候与水文调节、调蓄、物质生产等功能。三是湖泊、河道生态修复工程中采用的各类生态治理工程措施从生态景观和风景美学的角度出发，采用有利于生态恢复的植物配置和造景方式，通过历史文化景观的再现和新型建筑景观的配置，水体、滨水自然游憩景观的塑造，以及水上、陆上景观廊道的有机连接，具有点线面结合、自然生态与人文景观并茂的，以及可供休闲、度假、科普教育的综合功能。

总之，巴东库岸项目的顺利竣工，将有效提高库区两岸抵御自然灾害的能力，减少水土流失，改善巴东县居民出行宜昌、重庆方向的交通压力。推进地区自然生态系统、人工生态系统与经济系统、社会系统的有机结合，形成一个安全、稳定、高效，具有高度的资源更新能力、环境承载能力、产业开发能力、效益创造能力和人文支持能力的经济、社会和生态复合系统，使生态效益转化为巨大的社会效益和经济效益，并以之反哺生态环境建设。同时，建成后的多个子项目也将成为巴东县新一批的网红打卡点，进一步提升巴东县的知名度，加速树立巴东地区标志性的旅游品牌。届时，"壮美三峡、秘境巴东"将成为湖北省文化旅游及惠民利民的一张名片，助力巴东经济更好更快发展（图 3.3-1 至图 3.3-4）。

图 3.3-1 治理前库岸

图 3.3-2 陆域景观廊道

图 3.3-3 干流库岸景观

图 3.3-4 亲水广场

4 巫山县两江四岸消落区生态环境综合治理工程

4.1 案例背景

巫山县位于重庆市北部,地处长江三峡腹地,扼长江黄金水道,素有"渝东北门户"之称、巫山县东临湖北巴东,南连湖北建始,西抵奉节,北依巫峡,是长江上游重要生态屏障的最后关口,对维系长江三峡段优良生态尤为重要。巫山属于我国三大阶梯中的二级阶梯。境内地形受巴雾河以北的大巴山山脉和以南的巫山山脉控制,地势南北高,中间低,境内多为低山丘陵和中山地貌。巫山段地层属扬子地层区,包括四川盆地分区和大巴山分区。岩性区域分布特征明显,中山地貌区集中分布三叠系嘉陵江组的碳酸盐岩夹碎屑岩,岩石较坚强,力学强度较高,抗风化能力较强;低山丘陵区大面积分布三叠系巴东组的碎屑岩,以砂质泥岩为主,岩性软弱,力学强度低,易风化破碎。巫山段地质构造以褶皱构造为主体,断裂构造较少,岩体节理裂发育。巫山段库岸边坡的工程地质条件并不是很好,泥质灰岩、泥质白云岩和页岩岩性脆弱,力学强度低,易风化成堆积体,在降雨浸润软化和库水冲刷的作用下容易形成滑坡、泥石流等地质灾害;相对坚硬的灰岩地层容易出现溶蚀作用,所含软弱夹层出现差异风化,容易发生崩塌等地质灾害。

巫山县"两江四岸"环境综合治理暨生态修复工程,是深入贯彻落实习近平总书记把修复长江生态环境摆在压倒性位置,共抓大保护、不搞大开发重要战略思想的重要举措,是巫山立足生态优先、绿色发展,切实履行筑牢长江上游生态屏障使命担当的实际行动。通过实施环境综合治理和生态修复,达到提升全县环境质量和环境保护的目的。

4.2 项目概况

2018年11月5日,由巫山县发展和改革委员会提交的《巫山县两江四岸消落区生态环境综合治理工程可行性研究报告》获得重庆市发展和改革委员会的批复。2019年8月12日,由巫山县水利局提交的《巫山县两江四岸消落区生态环境综合治理工程(145~175m消落区生态环境综合治理工程部分)初步设计报告》,重庆市水利局基本同意该审查意见。2020 年 11 月 8 日，两江四岸消落区生态环境综合治理工程在龙门街道龙江村开工建设。

本工程位于巫山县长江和大宁河交汇处附近，为三峡后续规划新建项目。防洪标准为 20 年一遇，工程等别为 IV 等，主要建筑物级别为 4 级，次要建筑物级别为 5 级，水工建筑物堤防的合理使用年限为 30 年。项目实施范围以巫山县城两江四岸生态区为重点，上至南陵的龙王沱，下至已成长江大桥，北至溪沟，扣减已治理范围和小三峡风景名胜区生态敏感区大宁河主河道左右岸。两江四岸消落区生态环境综合治理工程内容，包括 145～175m 消落区生态环境综合治理和 175m 以上生态修复两部分，其中 145～175m 生态环境治理涉及岸线长 16690m，包括南陵段 3550m、江东段 1420m、江东咀段 5250m、白子溪段 3000m、溪沟段 3470m；175m 以上生态修复包括 175～185m 生态修复和江东咀段、白子溪段公园景观工程。生态修复工程整治面积 22.4hm²，主要采用坡地绿化方式。以乔木、灌木为主进行护岸林带建设，江东咀段公园和白子溪公园整治面积 39.67hm²，含场地及道路工程、场平工程、绿化工程、建筑工程、景观设施、电气及给排水工程等。工程占地面积共计 128.94hm²，其中永久占地 128.11hm²，临时占地 0.83hm²。项目占地中 145～175m 用地（68.55hm²）属于三峡水库土地征用线范围，175m 以上占地为本工程新增占地。

巫山县两江四岸消落区生态环境综合治理工程（145～175m 消落区生态环境综合治理工程部分）初步设计的防洪标准为 20 年一遇，主要建筑物级别为 4 级，次要建筑物为 5 级，护岸顶高程为 175.00m（黄海高程，下同）。该工程实施岸线范围以巫山县城两江四岸生态区为重点，上至南陵的龙王沱，下至已成长江大桥，北至溪沟，共计 5 段，全长 16.69km。其中：南陵段 3.55km（含已整治段 0.5km）、江东段 1.42km（大宁河段 0.67km，堰沟回水沟段 0.75km）、江东咀段 5.25km（大宁河段 2.81km，支流回水沟段 2.44km）、白子溪段 3.0km、溪沟段 3.47km（溪沟段 3.22km，支流回水沟段 0.25km），高程范围为 145～175m，以及 28 处排洪管涵。护岸型式分别采用直斜复合式护岸（斜坡＋抗滑桩，挡墙＋斜坡），全斜坡式护岸（削坡，削坡＋反压，削坡＋抗滑桩＋反压，回填）及天然岸坡三种护岸型式。其中，直斜复合式护岸段 2830.10m，全斜坡式护岸段 11824.87m，天然岸坡段 2034.80m。工程总布置中，南陵段长 3550m，其中，直斜复合式护岸段 938.40m，全斜坡式护岸段 2111.60m，天然岸坡段 500m。江东段长 1419.77m，其中，直斜复合式护岸段 210m，全斜坡式护岸段 530.42m，天然岸坡段 679.35m。江东咀段长 5250m，其中，直斜复合式护岸段 1480.74m，全斜坡式护岸段 3118.95m，天然岸坡段 650.31m。白子溪段长 3000m，其中，直斜复合式护岸段

200.96m，全斜坡式护岸段 2799.04m。溪沟段长 3470m，其中，全斜坡式护岸段 3264.86m，天然岸坡段 205.14m。为了解决沿线冲沟排水通畅和防止内涝，工程沿线各段根据冲沟分布情况布置 28 处排洪管涵，其中：南陵段 6 处、江东咀段 8 处、白子溪段 8 处、溪沟段 6 处。排水管涵管径 0.5～1.5m，均采用成品预制混凝土管涵。施工总工期 29 个月，工程静态总投资为 127272.37 万元。

根据项目总体安排，江东咀段采用分标段最早开始实施，其中，江东咀−1 标段建设地点巫峡镇龙江村，设计岸线全长 1165m，具体范围对应批复桩号江东咀 K1＋614.680～江东咀 K2＋624.040（长 1009.36m）和下 K0＋000.000～下 K0＋155.640（长 155.65m），该标段于 2020 年 12 月进场施工，主要施工内容包括护岸削坡开挖外运、陆域回填、块石抛填反压、强夯、钢筋混凝土格构、格宾镇脚、排水沟、马道、梯步；江东咀−2 标段建设地点在巫山县长江与大宁河交汇处附近，工程面积约 26hm²，其中核心区域约 13hm²，建筑面积 1500m²，包括白子溪至江东咀段生态修复工程和江东咀公园工程，含场地及道路工程、场平工程、绿化工程、建筑工程、景观设施、电气及给排水工程等，EPC 项目于 2021 年 9 月进场施工。白子溪段实施阶段的各护岸堤型长度较初步设计有所变化，其中全斜坡式护岸段长 2134.13m，直斜复合式护岸段长 865.87m，基础处理措施主要为块石抛填，镇脚全长约 6864m；马道全长约 9227m；护坡面积约为 122901m，措施为格宾护垫＋喷植被混凝土；下河梯道共有 12 处，总长约 549m；每级马道内侧均设置排水沟，总长约 4499m；排洪建筑物共有 5 处，总长约 872m。145～175m 消落区生态环境综合治理工程部分其他段大部分已经完成施工图设计招标工作，白子溪 175m 以上生态修复工程也计划开展施工图设计阶段招标工作。

4.3 实施效果

该项目以习近平总书记提出的"共抓大保护、不搞大开发"为总遵循，按照"生态优先、绿色发展"的理念开展规划设计，在确保地质安全和城市安全的前提下，开展生态修复。综合治理和生态修复范围主要以"两江四岸"消落区和生态区为重点，结合保留保护、生态修复和工程治理等方式，重点对长江两岸及大宁河流域白水河、白子溪、溪沟等两岸进行地质灾害治理和生态修复，确保地质安全、生态环境和市民生态、亲水的公共空间。

该项目的建设，一方面有效地减少了消落区泥沙流失，保证了库岸稳定；另一方面改善了消落区生态环境，修复了消落区生态功能。宁江晚渡位于巫山县长江与大宁河交汇处附近，采用坡地绿化方式，以乔木、灌木为主进行护岸林带景观配置。工程实施后，消落区综合治理与水土流失治理、生态环境保护、人居环境改善、旅游资源开发、美丽乡村建设、脱贫攻坚等有机结合，通过统筹规划，科学设计，实现了地质安全、生态修复和产业发展共赢。长江干流巫山段水质稳定达到国家Ⅱ类标准，出境断面总磷浓度由 2016 年 0.103mg/L 降至 2022 年 0.043mg/L，降幅 58.25％。大昌湖创建为国家湿地公园，大宁河（巫山段）列入第一批市级示范河流（图 4.3-1 至图 4.3-4）。

图 4.3-1 长江巫山段

图 4.3-2 生态修复效果图

图 4.3-3 江东咀一角

图 4.3-4 宁江晚渡汇口

5 奉节新县城库岸综合整治工程（六号桥—老县城段）

5.1 案例背景

三峡库区奉节县新建县城布置在长江南、北两岸，呈沿江带状分布。江北片区东起宝塔坪谭家沟，经梅溪河，西至朱衣河，为全县的政治、经济、文化中心，江南为工业区。虽经多次选址，奉节新县城规划区多处仍分布在库岸带上，组成库岸的地层除巴东组灰岩、泥灰岩及泥质灰岩等基岩外，各类松散堆积体和松动破碎岩体也占有相当比重，斜坡稳定问题十分普遍。三峡水库在 2003 年 6 月蓄水达到 139m 水位后，随着水位的上升，多处库岸段出现了不同类型的变形破坏迹象。需要特别关注的是，水库达到蓄水水位后，在有限时间内对新城区库岸岩体结构进行研究，进而对不同岩体结构库岸段的边坡变形破坏模式进行系统分析，提出有针对性的治理方案并立即付诸实施，对保护人民生命财产安全、提高工程治理效果以及维持奉节地区的长期稳定和经济持续发展都具有非常重要的意义。

奉节县新县城库岸综合整治工程是重庆市人民政府高度关注的项目，并列入重庆市 2010 年政府工作报告，奉节县委、县政府对此高度重视，专门成立了项目建设指挥部。奉节县新县城库岸综合整治工程，是在保障新县城区域安全防护的基础上，通过对消落区治理及沿线环境整治和完善县城基础设施，不断提升奉节县旅游配套条件和促进库区移民安稳致富。奉节县新县城库岸综合整治工程，是在保障新县城区域安全防护的基础上，通过对消落区治理及沿线环境整治和完善县城基础设施，不断提升奉节县旅游配套条件和促进库区移民安稳致富。工程的实施对于维护库岸稳定、保障城镇安全、确保三峡工程充分发挥巨大的综合效益、促进区域经济社会可持续发展和实现奉节县全域旅游的发展目标发挥重要作用。

5.2 项目概况

根据《三峡库区奉节新县城库岸综合整治工程规划》（2010 年 8 月），奉节县新县城库岸综合整治工程涉及库岸总长约 25.2km，沿线分布朱衣河组团、三马山片区、老县城片区、宝塔坪片区、规划的江南组团以及白帝城风景区。而本库岸沿线现有交通等配套基础设施条件较差,已制约了奉节县城经济社会的发展。奉节县新县城库岸综合整治工程长江大桥—白帝镇段进行了总体方案规划和设计,其中包含长江大桥—六号桥段、六号桥—老县城段、宝塔坪特大桥。六号桥—老县城段是工程中规划滨江路与宝塔坪特大桥连接的重要节点工程。建设单位委托长江设计集团有限公司对奉节县新县城库岸综合整治工程(六号桥—老县城段)进行了可研和初步设计。奉节县发展和改革委员会以奉节发改投〔2017〕87 号对《奉节县新县城库岸综合整治工程(六号桥—老县城段)可行性研究报告》进行了批复;奉节县城乡建设委员会以奉节城乡建委发〔2017〕83 号对《奉节县新县城库岸综合整治工程(六号桥—老县城段)初步设计》进行了批复。

工程建设内容包括库岸防护工程、消落带治理工程、道路工程(即夔门大道)、城市防洪治理工程和配套的综合管网工程、交通工程、灯饰及绿化工程等,其中夔门大道为基于现有滨江老路及诗城路的改线和扩宽建设。起于朱衣镇干溪沟,止于新县城六号桥,涉及库岸整治 10.136km,消落带治理 63.78 万 m^2,夔门大道长 10.679km,城市防洪治理工程 1.175km。工程分为清水煤场至李家大沟段、干溪沟至清水煤场段、李家大沟至长江大桥段等 3 段,均采用回填放坡,防止库岸崩塌破坏的方法进行治理。消落区主要采取工程措施和生态措施相结合的方案平顺坡面,利用混凝土预制块护面,在 160.14～175.14m 缓坡护面上,采用生态工程植生块护坡恢复,营造生态防护带;景观工程主要在 175.14m 以上岸坡、道路两侧绿化带及堤内回填形成的平台设置生态绿化带,进行市政景观设计建设。根据奉节县人民政府和移民局相关要求,奉节县新县城库岸综合整治工程分为三期实施:

(1)一期(清水煤场—李家大沟)

起于清水煤场(即二期工程终点),止于李家大沟西侧(即三期工程起点),沿线依次穿越清水煤场、周家湾、林家台、头道河沟、施家梁子小岛、张家包。建设内容包括库岸整治长 3.03km,消落区治理面积 17.86 万 m^2,夔门大道长 1.89km,路幅宽 22m,道路等级为城市主干道Ⅳ级,双向 4 车道,设计车速 40km/h,包括大桥 2 座,施家梁子大桥和张家包大桥,均为双幅桥,其中施家梁子大桥左幅桥梁全长为 308m,设计桥型为 10 跨 30m 简支梁桥,右幅桥梁全长为 368m,设计桥型为 12 跨 30m 简支梁桥;张家包大桥左幅桥梁全长为 308m,设计桥型为 10 跨 30m 简支梁桥,右幅桥梁全长为 248m,设计桥型为 8 跨 30m 简支梁桥。

(2)二期(干溪沟—清水煤场)

起于干溪沟,止于清水煤场与一期工程起点顺接,沿线依次通过冒峰社区、围溪沟、骈厂沟、杨家沟、哲家梁沟、红东沟、舒家沟。建设内容包括库岸整治长

6.256km，消落区治理面积 35.24 万 m²，夔门大道长 4.177km，城市防洪治理工程长 1.175km。其中，库岸整治及消落带治理工程分为干溪沟至围溪沟、哲家梁沟至清水煤场两段，防洪建筑物及堤坝工程级别为 3 级，防洪标准为 20 年一遇；夔门大道红线宽度 26m，道路等级为城市主干道 Ⅳ 级，双向 4 车道，设计车速 40km/h，包括人行下穿道 2 座；城市防洪治理工程为匡家沟冲沟治理、孙家沟冲沟治理，治理全长 1.175km。

（3）三期（李家大沟—六号桥）

起于李家大沟西侧与一期工程终点顺接，止于六号桥处与夔州路相接，沿线依次穿越李家大沟、常家湾，跨自杨坪沟后接港务站前老路，沿老路展线经九号桥，跨孙家沟后与长江大桥相交，继续沿老路展线，经八号桥、七号桥、十一号桥后在六号桥处与夔州路连接。建设内容包括库岸整治长 0.85km，消落区治理面积 10.68 万 m²，夔门大道长 4.612km。其中库岸整治分 9 段（李家大沟段、常家湾段、常家湾段至白杨坪沟段、白杨坪沟段、白杨坪沟段至孙家沟段、孙家沟至长江大桥段、长江大桥至大河沟段、大河沟段、大河沟至六号桥段）进行，防洪主要建筑物及堤防工程级别为 4 级，防洪标准为 20 年一遇；消落带治理包括白杨坪沟段、水井沟段和大河沟段；夔门大道红线宽度 22～24m，道路等级为城市主干道 Ⅳ 级，双向 4 车道，设计车速 40km/h，设有孙家沟大桥 1 座，全长 188m，桥型为 6×30m 预应力混凝土简支小箱梁。

5.3 实施效果

工程实施后，在绿化景观以及灯光设计等方面提升了奉节新县城整体景观效果角度。道路、交叉口、岸线护坡等设计在满足自身功能需要的同时，结合新县城的整体特点，使道路、交叉口、岸线护坡与周围景观融为一体。对道路两侧、交叉口周围及岸线护坡全部进行绿化、硬化，绿化树种与城市景观结合，体现地方特色。建设的夔门大道可完善奉节新县城的道路交通及综合管网等市政基础设施。消落带治理将加强朱衣河、长江消落带的生态环境保护及沿线环境整治，改善朱衣河及长江的水质环境，改善水体的生物多样性；库岸综合整治及城市防洪工程将提升护岸防洪能力，确保奉节新县城的城市安全，同时将形成景观廊道，可大大提升城市形象（图 5.3-1 至图 5.3-4）。

奉节县新县城库岸综合整治工程，是在保障新县城区域安全防护的基础上，通过对消落区治理及沿线环境整治和完善县城基础设施，不断提升奉节县旅游配套条件和促进库区移民安稳致富。工程建设的生态效益和经济效益显著，有利于城市交通的改善，有利于提高城市防洪能力，美化环境，保护生态，有利于促进奉节新县城及附近区域的经济发展。工程的实施对于维护库岸稳定、保障城镇安全、确保三峡工程充分发挥巨大的综合效益、促进区域经济社会可持续发展和实现奉节县全域旅游的发展目标具有极其重要的意义。

图 5.3-1　李家大沟—长江大桥段

图 5.3-2　打通城东出口通道

图 5.3-3　城西安全出口通道

图 5.3-4　打通沿江大道通道

6 汉丰湖岸线环境综合整治工程

6.1 案例背景

开县地处重庆市东北部，北依大巴山，南近长江，距重庆市区约 330km，县域位于东经 10755′48″～108°54′00″，北纬 30°49′30″～31°30′00″之间，2016 年撤县设区，称为开州。开州东与巫溪、云阳两县接壤，南与万州区天城毗邻，西与四川省开江、宣汉两县交界，北与城口县相连，海拔为 136～2628m。开州位于小江流域中上游，区域大部分属于小江流域。小江支流南河从老县城南侧呈西东向流过，东河从东侧呈北南向流过，在城区老关嘴汇合后称澎溪河（小江），在云阳县汇入长江。

开州是三峡移民重点区（县）之一，搬迁安置 16.88 万人。三峡工程建成后，三峡水库正常蓄水位为 175m（吴淞，下同），汛期最低水位为 145m（吴淞，下同），受三峡水库运行调度影响，在高程 145～175m 将形成与天然河流涨落季节规律相反、涨落水位差高达 30m 的水库消落区。开县范围内消落区面积约 42km²，是三峡库区消落区面积最大且集中分布的县，占全库区消落区总面积的 12.3％，占重庆库区面积的 13.97％，主要集中分布于人口稠密的开县新城周围的河谷平坝区，连片面积达 24km²。开州消落区集中环绕着移民新县城和沿河 8 个重要场镇，周边密集生活着 50 万人。为减小老县城段消落区范围，开州于 2007 年 6 月在澎溪河下游乌杨桥处开工建设水位调节坝工程，水位调节坝远期正常蓄水位 168.5m，可大量削减开县县城段消落区面积；同时，调节坝的上游将形成一个常年水位为 168.5～173.22m、水域面积为 14.8km² 的人工湖——汉丰湖。汉丰湖的水位常年保持在 170.28m 以上，是三峡库区最大的内陆湖，也是具有双重水位调节功能的城市内湖。

6.2 项目概况

汉丰湖岸线环境综合整治工程含重庆市开县汉丰湖岸线环境综合整治工程（开县新县城平桥段）、开县汉丰湖岸线环境综合整治工程（开县新县城文峰段四标段）、开县汉丰湖岸线环境综合整治工程（老县城段）、汉丰湖岸线环境综合整治工程（开县新县城平桥段）生态修复部分、汉丰湖岸线环境综合整治工程（开县老县城段 2—3 标）、汉丰湖岸线环境综合整治工程（开县新县城文峰段）一标段景观部分、开县汉丰湖岸线环境综合整治工程（歇马段）—涉水部分、开县汉丰湖岸线环境综合整治工程（大丘段）—涉水部分、开县汉丰湖岸线环境综合整治工程（丰太段）—涉水部分等。

6.2.1　开县汉丰湖岸线环境综合整治工程（歇马段）—涉水部分

开县汉丰湖岸线环境综合整治工程（歇马段）—涉水部分位于规划的生活物流园区，南河南岸。该工程起于歇马村，止于规划的开州大道西延伸段 2km 处，工程全长约 1.43km。依据《开县城市总体规划（2004—2020）》，该工程位于开县城区滨水景观带内，周边自然、人文景观资源丰富，交通便利。该工程与开州大道西延伸段道路相结合，是开县生态调节库生态保护与建设工程的重要组成部分，也是开县生活物流园区滨水景观带建设工程项目之一。

歇马河沟综合整治工程位于镇安镇歇马村谭家沟，开县规划生活物流园区内。综合整治工程起于谭家沟与规划园区相交处，止于新的汇合口，工程段左、右两岸新修堤防总长 1612.694m。拟建桥梁段位于南河南侧岸边，为人工堆积斜坡地貌，靠岸边侧早期修建有护岸工程，采用混凝土六棱块护坡，坡度约 22°；靠内侧为新近人工堆积的粉质黏土、泥岩碎块石土，地形坡角 30°～35°，堆积时间 2～3 年，结构松散。桥梁位置位于人工堆积斜坡坡脚与早期护岸顶附近地带。

工程位于小江左岸一级支流响水湾河段上，治理河道总长 0.475km。工程河段上游起于响水湾大桥，下游终点接新建响水湾 2 号大桥。治理工程主要由护岸工程、穿堤排洪工程两部分组成。工程左岸堤脚控制线长 485.36m，右岸堤脚控制线长 451.10m，共计长度 936.46m。开州区汉丰湖响水湾岸线环境综合整治工程，涉及护岸治理长度 919.54m，主要工程有护岸工程、穿堤排洪工程、临时工程等，涉及土石方 13 万余立方米，混凝土浇筑约 7000m³。该项目已于 2021 年 8 月 1 日开工。

（1）护岸工程

新建护岸工程总长 936.46m，其中：

K 左 0＋225.65～K 左 0＋385.33、K 右 0＋000.00～K 右 0＋055.90、K 右 0＋122.50～K 右 0＋451.10，共计 3 段，总长 544.18m，采用 C20 混凝土挡墙＋框格植草护坡。K 左 0＋000.00～K 左 0＋225.65、K 右 0＋055.90～K 右 0＋122.50，共计 2 段，总长 292.25m，采用 C20 混凝土贴坡＋框格植草护坡。

K 左 0+385.33～K 左 0+485.36，共计 1 段，总长 100.03m，采用 C20 混凝土挡墙+框格植草护坡+堤顶道路。

（2）穿堤排洪工程

本工程河段沿线共有 1 条冲沟，工程修建后，两岸现状的冲沟将会被掩埋，本次在桩号 K 左 0+047.74 新建一处 DN1500 穿堤管涵，长 32m。

（3）护坡结构设计

工程河段两岸护坡结构采用 C20 混凝土框格植草护坡，断面结构为 0.2m×0.4m，菱形交叉布置，C20 钢筋混凝土格构每隔 10m 或遇基础变化处均应设置横缝，横缝宽 2cm，内以沥青杉木板填充；格构内撒播草籽（麦冬），软化硬质结构形象，打造生态护坡。种植土厚 300m。

（3）边坡植草绿化

植草由专业人员指导或专业人员完成，草皮保养期为春、夏、秋三季。坡面回填有机质壤土为 30cm，混入复合肥 3%（土壤重量比），填筑有机壤土低落格构表面 1cm，浇水湿土；然后按用量播撒草种，覆盖表土或细沙；最后洒水保养，洒水用花洒喷头，保持土壤湿润，冬季要复膜保温，夏季防旱，防暴雨冲刷。

6.2.2 开州区汉丰湖丰乐迎仙段岸线环境综合整治工程

工程已由重庆市开州区发展和改革委员会以开州发改审〔2021〕336 号文批准建设，项目业主为重庆湖山投资集团有限公司，建设资金来自三峡后续资金和业主多渠道自筹，项目出资比例为 100%，招标人为重庆湖山投资集团有限公司。

建设地点：开州区丰乐街道。项目概况与建设规模：共 2 条新建道路，滨湖路和纵一路延伸段，为城市次干路，主要包括道路工程、综合管网土建工程、海绵城市、湿地生态、库岸、植被及完善配套设施等。项目投资估算金额为 8530.12 万元。

6.2.3 开州区环汉丰湖旅游开发项目（西湖景区）

工程已由重庆市开州区发展和改革委员会以开州发改审〔2020〕168 号文批准建设，项目业主为重庆开乾投资集团有限公司，建设资金来自项目法人多渠道自筹，项目出资比例为 100%，招标人为重庆开乾投资集团有限公司。

建设地点：丰泰片区。项目概况与建设规模：主要建设新建丰太段污水管线全长 5200m，其中，重力流管线长 3751m，压力流污水管线长 1449m；新建一体化污水提升泵站 1 座等。项目合同估算金额：783.98 万元。标段划分（如有）：招标项目开州区环汉丰湖综合旅游开发项目（西湖景区）共划分为 10 个标段。

6.2.4　开县汉丰湖岸线环境综合整治工程（丰太段）—涉水部分

开县汉丰湖岸线环境综合整治工程（丰太段）—涉水部分已由开县发展和改革委员会以开发改基〔2015〕333 号文批准建设，项目业主为开县北部新区建设开发有限责任公司，建设资金来自县政府筹集（争取三峡后续工作专项资金补助），资金来源已落实。

建设地点：开县北部新区丰太片区。建设内容及规模：工程河段所在地属开县县城规划区，因此堤防设计防洪标准定为 50 年一遇，堤防工程等别为Ⅲ等，工程主要建筑物为 3 级，次要建筑物级别为 4 级。

综合治理河道长度约 5.6km，主要包括新建护岸工程、排洪建筑物及人行便桥三部分。新建换工程堤线总长 5566.57m，沿线设置 24 座排水涵洞，1 处人行便桥。工程投资约 8565.89 万元。

6.2.5　汉丰湖国家湿地公园湿地保护及修复工程

本招标项目汉丰湖国家湿地公园湿地保护及修复工程已由重庆市开州区发展和改革委员会以开州发改审〔2021〕881 号文批准建设，项目业主为重庆市开州区自然保护地管理中心，建设资金来自中央基建预算投资预算资金和项目业主多渠道自筹，项目出资比例为 100%，招标人为重庆市开州区自然保护地管理中心。

建设地点：汉丰湖国家湿地公园范围内。项目概况与建设规模：①湿地保护工程：宣教设施、警示牌 50 个、界碑 16 块、界桩 600 根。湿地宣教工程及湿地有害生物除治、湿地封护封育工程、鸟类监测保护项目等。②湿地修复工程：包括芙蓉坝、水东坝（王家湾、丰太大丘坝）等湿地修复、湿地林泽、滩涂湿地修复等，面积 200975m²。项目工程总投资额为 2833.73 万元。

6.2.6　开州区汉丰湖响水湾岸线环境综合整治工程

本招标项目开州区汉丰湖响水湾岸线环境综合整治工程已由重庆市开州区发展和改革委员会以开州发改基〔2016〕301 号文批准建设，项目业主为重庆湖山投资集团有限公司，建设资金来自项目法人多渠道筹集资金，项目出资比例为 100%，招标人为重庆湖山投资集团有限公司。

建设地点重庆市开州区北部新区响水湾片区。项目概况与建设规模：本项目工程河段上游起于响水湾大桥，下游终点接新建响水湾 2 号大桥。治理长度 919.54m，工程左岸长 473.15m，右岸长 446.39m。主要包括护岸工程、穿堤排洪工程、临时工程，其中护岸工程包含实施岸线清表 37847.68m²、除淤 11424.28m³、挡墙 6725.58m³、护坡 440.60m³、护栏 965.52m 和排水 903.66m 及土石方工程等；穿堤排洪工程包含新建一处 DN1500 穿堤管涵，长 75m，并实施垫石、挡墙 162.96m³ 及土石方工程等；临时设施工程实施土石围堰工程 7446.00m³，新建临时道路 500.00m，施工房屋 850.00m² 等临时设施。项目工程总投资额 2471.97 万元。

6.3 实施效果

通过多项工程治理，目前汉丰湖水质达到Ⅲ类，水体综合营养状态指数控制在 50 以内，自然岸线率提升至 80% 以上；汉丰湖现拥有水杉、浮叶慈姑等国家一、二级水生保护植物 5 种，中华秋沙鸭、胭脂鱼等国家一、二级保护动物 20 种，每年到汉丰湖越冬的雁鸭类候鸟达 20 余种、2 万余只。2023 年，汉丰湖景区接待游客 400 万人次，实现旅游综合收入 30 亿元，同比增长 40%。成功获批首批国家水上国民休闲运动中心试点单位。为发挥其作为湿地的多种生态功能，重庆建设汉丰湖国家湿地公园，将其打造成当地的生态样板，公园先后被评为"国家级水利风景区""国家 AAAA（4A）级风景名胜区""国家级湿地公园"。被四周青山包围的汉丰湖，宛如碧玉碗里的明珠，是三峡生态湖泊典范工程、国家级湿地公园、国家 AAAA 级旅游景区，入选"新三峡十大旅游新景观"（图 6.3-1 至图 6.3-4）。

图 6.3-1　汉丰湖消落区治理前

图 6.3-2　汉丰湖消落区治理后

图 6.3-3　汉丰湖河道整治前

图 6.3-4　汉丰湖河道整治后

7　万州万一中至驸马片区库岸及消落区综合整治工程

7.1　案例背景

万州区万一中至驸马片区库岸及消落区综合整治工程位于长江左岸万州区。工程位置起点为万一中下游长江二桥桥下红砂碛滨水生态公园岸坡，终点为穿古洞左岸。万州区地理条件比较复杂，路段地势起伏，曲折多变，包括山区、河流等自然障碍，道路交通设施所能提供的交通容量不能满足当前交通需求量且不能得到及时的疏通效果，时常造成拥堵；同时还伴随着暴雨、大雨，日降雨量可达 100mm 以上，雨量主要集中在 5—9 月，占全年的 70% 左右，而且平均每年有 4 场暴雨，历年最长连续降雨量数达 17 天，雨后坡面径流遍布，斜坡飞瀑迭起，山洪险象环生。

本工程建设任务是通过工程措施与生态措施相结合，达到理顺岸线、稳定库岸、改善环境、治理滑坡和完善路网及基础设施的目的，为北滨大道延伸段工程的实施提供基础条件，满足万州可持续发展的要求，建设本工程是必要的。项目建成后，将有效削减入河泥沙、减缓河道淤积、保持水土和稳定库岸等，为市民提供一个安全、生态、休闲的环境空间，对于保证库区人民群众生命财产和黄金水道安全、完善沿线城市基础设施、提升万州区整体的城市品质具有重要意义。万一中至驸马片区库岸及消落区综合整治工程的实施，将打通长江二桥至驸马长江大桥北岸的交通网络，大幅完善城市基础设施，提升万州区整体城市品质。

7.2　项目概况

重庆市万州区万一中至驸马片区库岸及消落区综合整治工程位于重庆市万州区，西起枇杷坪长江二桥生态绿地，东至长江四桥吊龙村。工程总长约 8910m，分为两大部分：第一部分为万一中至驸马片区北滨大道延伸段道路工程、沿线库岸及消落区整治工程和滑坡治理工程，起于万一中下游、长江二桥桥下，终于穿古洞左岸。其中，市政道路全长 5700m；库岸及消落区整治采取路堤结合的治理形式，整治总长 4990m，高程覆盖范围为 145～176m（黄海高程），护岸主要采用斜坡式、直斜复合式和直墙式，护坡为植生块，新建若干下河梯道和 8 处穿堤涵洞、4 座跨支沟大桥和 1 座上跨北滨大道 A 匝道桥；滑坡治理总长 1260m，包括四炮台滑坡、下坪滑坡、乳品公司滑坡和桑树坪变形体治理；第二部分为高速公路连接线道路工程，道路起点接万州长江四桥北岸驸马收费站，终点接第一部分的北滨大道延伸段道路工程，交点位于穿古洞冲沟左岸，道路全长 3206m，含 1 座跨支沟大桥和 8 处箱涵。

本工程防洪护岸设计洪水标准为 50 年一遇，防洪护岸主要建筑物级别采用 2 级，次要建筑物为 3 级，滑坡治理工程防治等级为 Ⅱ 级，工程及建筑物合理使用年限为 50 年。建设总工期为 36 个月，工程设计概算采用《渝东建设工程造价信息》2018 年 11 期价格水平计算。经审查，工程静态总投资 108931.79 万元。

设计洪水水面线采用二维水流数学模型推算工程河段 50 年一遇运行初期设计洪水水面线，工程前、后水面线高程分别为 173.551～173.526m、173.546～173.521m，工程后水位壅高−0.005～0.005m，正常运行 30 年后设计洪水水面线，工程前、后水面线高程分别为 173.997～173.966m、173.993～173.961m，工程后水位壅高−0.007～0.005m，最大过水断面占据率 1.41%，流速变化范围−0.08～0.08m/s。

工程总布置主要包括库岸及消落区整治工程和滑坡治理工程。

7.2.1 库岸及消落区整治工程

库岸及消落区整治工程起点位于长江二桥桥下红砂碛滨水生态公园岸坡，终点止于穿古洞左岸。共 5 段，分别为万一中至双溪铺段、双溪铺至恒太河段、恒太河至驸马油库段、驸马油库至穿古洞段和穿古洞左岸段，5 段总长 4862m，高程覆盖范围为 145～176m。主要采用斜坡式和直墙式两种堤型。对斜坡段坡面进行生态绿化防护。结合北滨大道延伸段道路工程排水系统、沿线滑坡排水措施和冲沟既有箱涵，沿线共布置 6 道穿堤箱涵。

7.2.2 滑坡治理工程

本工程沿线涉及 3 个滑坡和 1 个变形体。本次治理滑坡分别为四炮台滑坡、下坪滑坡、乳品公司滑坡和桑树坪变形体。滑坡治理总长 975m。

（1）四炮台滑坡治理

四炮台滑坡前期已治理，滑体现状稳定。拟建道路经过滑坡体前缘，桩号 K1+050～K1+260，长度 210m，为确保施工期安全，在道路内侧增设 42 根直径 2.0m、间距 5.0m 的单排抗滑桩。

（2）桑树坪变形体治理

拟建道路位于该滑坡的中部及前缘，滑坡范围基本覆盖整个工程区。桩号 K2+155～K2+230，长度 75m，采用衡重式挡土墙＋护岸堤型，挡土墙墙顶高程 176.0m。对滑动面以上的变形体进行清除，对路堤范围开挖换填后重新回填碾压密实。

（3）下坪滑坡治理

本段桩号 K2＋800～K3＋300，长度 500m。K2＋800～K2＋900 段后缘 165.0m 高程以上滑体进行清除至滑面，再对滑坡采用抗滑桩进行分级支挡。全段根据地勘资料和滑坡体厚度，在平面 156m、176m 马道位置布设钻孔灌注抗滑桩，桩径 2.0m，桩中心距 4.0m，桩长 30～40m。

（4）乳品公司滑坡治理

本段桩号 K3＋600～K3＋800，长度 200m。为确保恒太河大桥的安全，拟采用抗滑桩进行治理，抗滑桩分别设置在滑坡中部高程 176m 和高程 156m 处，抗滑桩桩径 2m，桩中心距 4m。在高程 166m、156m 处各设置宽度为 3m 的马道，马道间边坡坡比为 1∶2.25。其中高程 156m 以上土石方进行挖除卸载。

工程采用斜坡式、直墙式或两者结合布置的防护型式，斜坡式堤防采用土石堤，直墙式堤防采用桩基托梁挡土墙或衡重式挡土墙。坡面根据三峡水库调度方案，对高程 166m 以下岸坡采用预制块护坡、高程 166～176m 采用植生块护坡。

穿堤箱涵设计洪水标准与堤防一致，结合北滨大道延伸段道路工程排水系统、沿线滑坡排水措施和冲沟既有箱涵，沿线共布置 6 道穿堤箱涵。其中，净空尺寸 5.0m×6.0m 的 C30 钢筋混凝土箱涵 1 道，净空尺寸 2.5m×3.0m 的 C30 钢筋混凝土箱涵 1 道，净空尺寸 2.0m×2.0m 的 C30 钢筋混凝土箱涵 4 道，箱涵出口采用底流消能方式。

本工程灌注桩等基础处理主要安排在汛期低水位时段进行，导流时段为 6—9 月；填筑工程采用全年施工，导流时段为全年。导流洪水标准和时段选择基本合适高程 156m 以下主要采用水下抛填至高于施工水位的平台以创造干地施工条件，在主汛期利用三峡坝前低水位 145m（吴淞高程）时施工；填筑工程施工期导流方式采用各施工堤段抢先进行 5 年一遇洪水位以下部位的施工。考虑 6—9 月分月洪水对施工堤段的影响，各施工堤段填筑高度应满足下月洪水相应的施工安全高程。高程 175m 以上路基填筑等工程可在汛后过渡期和枯水期进行施工。滑坡体高程 175m 以上部位开挖施工不受库区水位影响，高程 175m 以下部位在库区低水位 6—9 月进行施工。

7.3 实施效果

　　万州万一中至驸马片区库岸及消落区综合整治工程肩负着拓展万州城市发展空间、提升万州城市形象的功能作用，因此在其建设中按照景观大道设计，双溪铺、恒太河、穿古洞3座大桥分别采用了不同的结构形式，致力于打造"一桥一景"的城市景观。工程建成后可维护库岸稳定、确保人居安全，可治理消落区、改善消落区景观、美化滨水环境；同时，还能拓展城市发展空间和改善城市交通网络，为沿岸水土资源的进一步开发利用创造有利条件。

　　滑坡的治理对保证库区人民群众生命财产和黄金水道安全具有重要意义；在削减入河泥沙、减缓河道淤积、保持水土和稳定库岸等方面具有积极的作用；能为市民提供一个安全、生态、休闲的环境空间。该工程实施后，构建一个完整的滨江环湖城市道路网络，进一步完善城市基础设施，助力万州江湾新城和"一区一枢纽两中心"建设。在实施道路工程的同时，同步对库岸和消落区实施整治工程。对消落区生态敏感区域通过自然湿地保护和生态环境治理，美化一条滨江生态景观带，从而使道路交通环境与长江自然生态环境相互协调。项目通过加强消落区污水排放规范、岸线水土加固、绿化提档升级等专项建设，有效保护和提升了长江沿线水质空间，消除消落区沿线传统污染源，通过治理改善了消落带生态，为万州区打造了一片绿水青山的江岸景观，实现了企业项目建设及城市的绿色发展（图7.3-1至图7.3-4）。

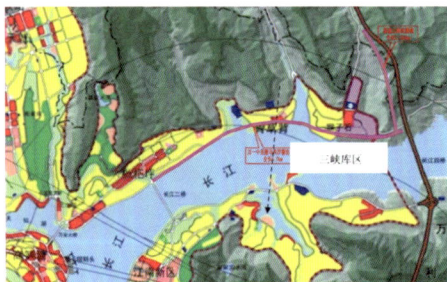

图 7.3-1　工程平面布置图

图 7.3-2　江岸消落带效果图

图 7.3-3　双溪铺桥梁效果图

图 7.3-4　实施后的消落区成效

8　万州区密溪沟至长江四桥消落区综合整治工程

8.1　案例背景

2011 年以来，万州区各级政府结合三峡后续工作规划，修编了相关城市发展规划，尤其强调对库岸生态环境保护和地质灾害的防治与整治及完善城镇基础设施。三峡工程建成运行后，库区水位大幅上涨进入沟内，致使江边形成独特的内湖水湾。由于水库的周期性调节——"冬枯而蓄，夏涨而泄"，冬、夏季水位上下落差近 30m，在长江沿线形成两条带状淹没线，环境景观效果差。同时，由于工程沿线自然岸坡较陡，频繁的水位变动将会加大库岸坍塌、侵蚀再造及水土流失风险，严重威胁周围居民生命和财产安全。此外，岸边冲沟也将成为潜在的纳污区，对沿线水环境造成不利影响。当三峡水库高水位蓄水时，因冲沟曲折、沟底相对平坦，会聚集并滞留来自工程区周围的漂浮垃圾和腐烂物，严重影响水域生态环境。随着库岸再造和消落区环境恶化等问题逐步显露，需要尽快解决。

在此大背景下，万州区人民政府启动了密溪沟至长江四桥消落区综合整治工程，工程区位于万州区陈家坝街道的晒网村、塘角村沿江岸坡地带，属万州区江南新区所辖。工程起点为密溪沟右岸，接在建的密溪沟大桥，终点下穿在建长江四桥引桥，与通往云阳的规划道路相接，全长 3955m。该工程是集滑坡治理、库岸整治及道路建设于一体的综合性建设项目，建设地点为万州区江南新区晒网坝——塘角片区，主要建设内容包括密溪沟至长江四桥沿线滑坡治理工程、库岸整治工程以及南滨大道下延段道路工程。

8.2　项目概况

密溪沟至万州长江四桥消落区综合整治工程，位于江南新区晒网坝至塘角片区。工程分为水利和市政工程，包括库岸整治、滑坡治理、道路建设、景观绿化等。库岸整治施工中，要对大面积的软土地段进行软基处理，提高地基承载力，为之后修建路堤打好基础。本工程的主要任务是：通过工程措施与生态措施相结合，达到治理滑坡、稳定库岸、改善环境和完善路网及基础设施的目的。密溪沟至长江四桥消落区综合整治工程总长约 3955m，主要包括滑坡治理工程、库岸整治工程、南滨大道下延段道路工程等建设内容。

8.2.1 滑坡治理工程

滑坡治理工程设计范围全长约 2260m，为对沿线分布的与本工程相关的滑坡进行治理，分别为长地坪滑坡、塘角 1 号滑坡 A 区和 E 区、塘角 2 号滑坡 A 区及塘角 2 号滑坡 B 区，主要采用前缘反压和削方减载的治理措施。

（1）滑坡治理工程布置

工程沿线有 3 个大型滑坡，分别为长地坪滑坡、塘角 1 号滑坡、塘角 2 号滑坡。针对塘角 1 号滑坡体和长地坪滑坡体，在滑体前缘进行回填反压，高程 156～151m（黄海高程，下同）采用堆（抛）石体填筑，高程 156m 以上采用滑坡体开挖碎石土反压（内加土工格栅），在高程 176m、166m 和 156m 共设置 3 个马道，马道分别宽 3m、5m 和 5m，各级马道间边坡坡比均为 1∶2.25，高程 156～151m 堆（抛）石体坡比为 1∶2.0，高程 151m 以下反压平台坡比为 1∶2.5；高程 176m 至道路高程坡比为 1∶1.5。道路高程以上至中部路外边缘滑体沿滑面清除。针对塘角 2 号滑坡体，道路高程以下滑体沿岩面清除，采用衡重式挡墙护脚，墙顶高程 176m，挡墙上部至道路高程采用砂砾石回填，坡比为 1∶1.75 和 1∶1.5，马道宽 2m。道路高程以上至中部路外边缘滑体沿滑面清除。

（2）治理方式

塘角 1 号滑坡、塘角 2 号滑坡及长地坪滑坡在南滨大道下延段道路高程以上至中部路外边缘采用了削方减载的处理方式，长地坪滑坡及塘角 1 号滑坡前缘采用了回填反压的处理方式。

（3）治理工程设计

削方减载采用机械施工，土方开挖坡比不陡于 1∶1.5，石方开挖坡比不陡于 1∶0.75，滑面以上的滑体土基本清除。削方利用料用于前缘的回填反压填筑，在高程 176m、166m 和 156m 设置 3 个马道，马道分别宽 3m、5m 和 5m。高程 151m 以下利用料反压平台坡比 1∶2.5，高程 156～151m 堆（抛）石体坡比为 1∶2.0，高程 176～156m 利用料反压（或砂砾石换填）各级坡比为 1∶2.25；高程 176m 至道路高程利用料回填坡比为 1∶1.5～1∶1.75，马道宽 2m。

8.2.2 库岸整治工程

库岸整治工程结合滑坡治理措施，主要采用斜坡库岸＋挡墙支挡的形式，坡面进行生态绿化防护，同时对滑坡治理成果进行坡面防护。

（1）护岸防护形式

护岸型式选择采用岸坡挖填平顺、逐级放坡的斜坡式护岸。护岸高程范围140～176m，分三级斜坡、两级马道。高程 176～166m 护坡坡比 1∶2.25，采用生态护坡的型式，高程 176m 马道宽 3m，高程 166m 马道宽 5m。高程 166～156m 护坡坡比 1∶2.25，采用混凝土预制块护面，并于高程 156m 布置 5m 宽马道。高程156～151m 采用堆（抛）石护脚，抛石坡比 1∶2.0。高程 151m 以下反压平台，坡比 1∶2.5，采用雷诺护垫防护。

（2）库岸护面结构

根据三峡水库调度方案，库水位在高程 166m 之下的时间约 8 个月，因此对高程 166m 以下库水淹没较长时间岸坡采用抗冲刷能力强的预制块护坡，在高程166～176m 可考虑具有绿化功能的生态护坡措施。结合本地区已建工程经验和构建生态库岸的要求，本工程采用植生块护岸措施。

8.2.3 道路工程

道路工程为结合滑坡治理与库岸整治设计，布置于高程 176m 库岸顶面之上，道路内侧结合地块场平进行回填放坡或边坡开挖。道路起点顺接在建密溪沟大桥接线，终点下穿在建长江四桥引桥，与通往云阳的规划道路相接。道路在桩号 K0＋000 与 K0＋240 处分别与规划的密溪沟环湖路和中部路形成平交口。

（1）横断面路幅及路面设计

道路路基宽为 33m，布置双向六车道，断面布置形式为 4.5m（人行道）＋24m（车行道）＋ 4.5m（人行道）。采用沥青混凝土路面。

（2）路基设计

道路工程与库岸整治相结合，库岸工程施工到 176m（黄海高程）平台后，在平台上布置路基。在长地坪滑坡路段，库岸采取回填反压方式治理滑坡，路基直接回填在 176m 平台上；在塘角 1 号和 2 号滑坡路段，滑坡治理方式为削方减载，路基形式为半填半挖断面或全挖方断面。

8.2.4 景观绿化

景观绿化工程设计范围包括道路临江侧高程 145m 以上库岸，起点顺接密溪沟大桥护岸，终点止于在建长江四桥上游冲沟，全长 3707m，总面积约 61hm²，其中高程 176m 以上的面积约 12.5hm²。主要包括景观铺地、小品设计、植物设计、地上停车位、管理用房、建（构）筑物、给排水设计、照明设计等。高程176m以下仅包括马道的面层装饰、景观平台、景观步道、石滩以及植物种植等。

8.2.5 交通工程

根据道路线形、交通流量、流向和交通组成适当确定交通标志、标线等管理设施的设置位置；通盘考虑，整体布局，做到连贯性、一致性。通过交通工程的设置给道路使用者提供全面的资讯，满足各种道路交通信息的需求，确保行驶的安全、快捷、畅通。

交通标线的布设应确保车流分道行驶，起导流作用，保证昼夜的视线诱导，车道分界清晰，线向清楚，轮廓分明。

8.2.6 排水工程

本次设计道路为双向六车道，因此沿道路两侧布置雨水管道，其中南侧（岸侧）雨水管道主要污水收集干管管径为400～800mm，沿拟建道路敷设，在桩号K0+980处道路南侧规划有陈家坝污水处理厂，近期规划处理能力2万t/d。本道路污水管网在K0+980处接至陈家坝污水处理厂进水管。排入陈家坝污水处理厂处理。

8.2.7 照明工程

（1）供配电系统

本工程采用箱式变电站为沿线的道路照明、交控设备、公交车站等负荷供电，等级按照三级负荷考虑。根据总体设计，本段工程在主线桩号K0+700、K2+100、K3+400处各设1座路灯专用箱变，箱变供电半径不大于800m，路灯箱变容量均为100kVA，变压器采用节能型干式变压器。箱变采用10kV高压进线，箱变10kV电源就近接入，10kV路灯高压外线工程由建设单位单独向供电部门申报。

（2）道路照明布置方式

道路沿线路灯采用双侧对称布置方式，在机动车道和人行道之间设置12m金属杆双面照路灯。机动车道侧路灯挑臂长2.5m，灯具功率为220W，人行道侧路灯挑臂长2.0m，灯具功率为70W。光源均为LED灯，间距35m一盏，照度均匀，有利于机动车道的行车需要。

8.3 实施效果

万州区密溪沟至长江四桥消落区综合整治工程是一项以生态岸坡治理为主，兼顾改善城市道路交通、美化城市环境等综合利用水利工程。工程实施后，具有较好的社会、环境、经济等综合效益。项目建成后，滑坡的治理对保证库区人民群众生命财产和黄金水道安全具有重要意义；在削减入河泥沙、减缓河道淤积、保持水土和稳定库岸等方面具有积极的作用；能为人们提供一个安全、生态、休闲的环境空间，有助于提升江南新区整体的城市品质；打通长江四桥南岸立交与江南新区的入城大道，修建万州至云阳的快速通道，将大幅完善沿线城市基础设施。

工程实施后，通过对消落区沿江岸坡治理，平顺岸线，保护沿江基础设施、工矿企业等建筑物的安全，不仅改善了城市生态环境，而且使邻江的江滩土地得到有效利用，有利于万州区和江南新区经济社会的可持续发展。本工程实施后，还具有很大的社会效益和环境效益，可有效保护和改善消落区的生态环境，避免水库水位降落对消落区可能产生的瘟疫流行、水质恶化所带来的严重危害，为人们提供稳定的生产和生活环境；改善当地交通条件，促进物流畅通，为消落区的经济社会发展提供良好的外部环境；同时，还可以解决移民就业机会，增加移民家庭收入，有利于移民安稳致富和社会稳定（图8.3-1至图8.3-4）。

图8.3-1　地理位置图

图8.3-2　治理工程效果图

图8.3-3　护坡施工形象

图8.3-4　护坡施工形象

9　忠县县城沿江综合整治工程

9.1　案例背景

忠县县城位于县域的东南部，长江北岸，沿江呈条带状分布，是全县的政治、经济、文化中心。忠县县城属三峡水库半淹县城，采取了就地东移后靠复建方案，是忠县移民迁建工程的主体和核心组成部分。自 1993 年三峡库区移民安置工作以来，库区移民搬迁成就斐然。尽管城市功能有了较大的改善和提高，但基于三峡库区特定的区域环境及历史条件，在忠县县城沿江区域，以沿江道路为代表的基础设施功能不完善及建设标准偏低等问题仍比较突出，已不能适应经济社会快速发展的需要；同时，三峡建库正常蓄水运行后产生的库岸再造和消落区环境问题也十分紧迫突出，将威胁到城市基础功能的正常发挥，并对人居环境及人群健康造成不利影响；而构建和谐社会、创建山水园林城市的发展目标也对忠县县城沿江区域生态景观建设提出了更高要求。

基于上述现实问题与紧迫需求，为维护城市正常功能、改善交通基础设施条件、保护居民生命财产安全、保障人民群众身心健康、创造优美人居环境，需要对忠县县城沿江区域开展针对性的整治建设，包括沿江道路的改（扩）建、库岸防护、消落区治理及生态景观建设等。这些建设内容既与三峡后续工作规划有关移民安稳致富、生态建设与环境保护、地质灾害防治等主要任务要求相一致，又符合忠县县城城市建设发展规划目标。

9.2　项目概况

忠县县城沿江综合整治工程的主要任务是：以建设连接县城内外的沿江道路为主线，综合实施库岸和消落区整治及沿江生态景观建设，形成忠县县城内外完善、顺畅的交通网络，维护沿江库岸稳定，进一步提高和完善忠县县城基础设施条件，改善沿江景观，促进库区移民安稳致富和经济社会可持续发展，提升忠县县城的整体城市功能和形象。

　　忠县县城沿江综合整治工程设计主要包括沿江大道工程、库岸及消落区整治工程及生态景观工程三项内容。道路路线是综合整治工程设计的基础和关键因素，沿江大道结合现有滨江路沿岸线布置，受地形地质条件及周边建（构）筑物限制，制约因素较多，库岸、消落区治理工程及景观工程以道路路堤工程为主体，相应布置。

9.2.1　忠县县城西山小区沿江综合整治工程

　　西山小区沿江区域现分布有一条滨江路，道路等级较低，道路路面宽度较小，平、纵曲线指标较低，道路内侧密集分布居民小区。由于现有滨江路道路平曲线不能满足设计要求，需对路段进行顺直处理。考虑现有滨江路内侧居民小区较多，可考虑将路线往江心适当移动，以使路线顺畅。道路外侧路基应结合库岸及消落区整治工程采用综合整治方案，可采用回填放坡、挡墙或两者结合的工程措施，其中金山沟上游段由于地形较陡可采用挡墙支护形成道路路基，金山沟下游段地形相对较缓可结合库岸及消落区整治工程需要采用回填放坡＋挡墙进行支护。道路纵向设计时，应考虑设计道路路面高程与沿线居民房屋高程相互协调，方便居民出行。本工程治理范围为：西接移民新城大道的终点（槽坊沟与金山沟之间），东接州屏山小区滨江路，设计道路全长 2.2km。

　　（1）沿江大道工程

　　方案设计出发点为充分利用原有道路，综合考虑沿江道路线型、施工条件及综合经济效益。设计道路上游连接移民新城大道终点，下游跨玉溪河至州屏山小区已建滨江路，线路长 2200.47m，路幅宽 24m。沿线布置金山沟大桥、鸣玉溪二桥共两座桥梁。

　　移民新城大道终点—金山沟右岸段新建道路路基通过内侧开挖、外侧挡墙支护或开挖路堑的方式形成；跨金山沟段采用桥梁方案；金山沟左岸—忠州师范学校段在原有道路基础上进行平面线型优化和路面拓宽的改（扩）建；跨玉溪河段采用连续刚构桥梁。

　　道路采用双向 4 车道，双黄线分隔对向交通，车道宽度为 3.75m；两侧设施带和人行道合并设置，单侧宽度为 4m。

　　（2）库岸及消落区整治工程

　　库岸及消落区整治工程以沿江大道工程为基础，同时适当考虑景观工程建设需要，主要采用挡墙、回填放坡＋挡墙的支护措施。

根据存在库岸再造问题和消落区生态环境问题的库岸段的分布情况，对移民新城大道终点—忠县师范学校段（不含金山沟段）的库岸进行治理，总长为1604.30m。其中，移民新城大道终点—金山沟左岸段（K0＋000.00～K0＋602.23）路基挡墙外侧的岸坡采用格构锚喷进行护坡；结合路堤设计，金山沟左岸—忠县师范学校（K0＋729.23～K1＋731.30）段的岸坡采用回填放坡＋挡墙支护方式进行库岸再造和消落区治理。

（3）生态景观工程

生态景观工程是本工程的一个重要组成部分，其以沿江大道工程、库岸及消落区整治工程为基础，主要在沿江大道工程回填形成的平台及道路两侧的绿化带及库岸边坡上进行景观建设，提高县城沿江区域的生态景观效果。

生态景观的主要设计原则是以工程防护为基础，增强生态防护功能、美化景观环境，解决城市基础设施建设、生态景观建设在时间和空间上不一致带来的景观、园林绿化等问题。

生态景观的主要建设内容为沿江大道两侧人行道铺装设计、马道铺装设计、行道树选种和景观照明系统设计；对沿江大道 K0＋855.50—K1＋731.30 段回填形成的平台进行城市绿地（公园）设计；沿江大道护坡景观设计；城市（市政配套设施）小品设计；适宜于忠县气候与土壤条件的绿化种植。

9.2.2 忠县县城红星小区沿江综合整治工程

红星小区段起点在玉溪河河口左岸州屏山小区老公安局附近接西山小区段沿江大道，终点在甘井河河口左岸苏家小区郑公社区附近接苏家小区段沿江大道，是忠县县城沿江综合整治的一个重要组成部分，对县城形成内外顺畅、便捷的交通网络起到重要作用。本工程针对红星小区段，在沿江大道路线走向已经确定的基础上，对道路的平面、纵断面、路基等进行具体设计，结合沿江大道工程，对存在库岸再造问题和消落区生态环境问题的库岸段进行治理，同时根据工程布置进行沿江区域的景观工程建设。红星小区沿江综合整治工程设计范围为：起点在玉溪河河口左岸州屏山小区老公安局附近接西山小区沿江综合整治工程，终点在甘井河河口左岸苏家小区郑公社区附近接苏家小区沿江综合整治工程，设计道路全长 3.7km，从长江上游至下游依次穿越州屏山小区和红星小区。

（1）沿江大道工程

方案设计出发点为充分利用原有道路，综合考虑沿江道路线型、施工条件及综合经济效益。设计道路总长 3699.53m，路幅宽度 24m。沿线布置红星高架桥和井河二桥两座桥梁。道路采用双向 4 车道，双黄线分隔对向交通，车道宽度为 3.75m；两侧设施带和人行道合并设置，单侧宽度为 4m。

1）州屏山小区段（K2+200.47～K3+743.98）

本段主要是对已建滨江道路的改（扩）建和线型优化，线路长 1543.51m。玉溪河左岸—白桥溪沟右岸段在现有滨江路的基础上往内侧进行扩宽处理，白桥溪沟右岸—污水处理厂段在白桥溪沟回填体上新建道路绕过污水处理厂。

2）红星小区段（K3+743.98～K5+900）

本段设计线路长 2156.02m。其中，污水处理厂—长江大桥—丽江花园段主要在现有滨江路外侧采用高架桥穿越忠县长江大桥，与下游现有滨江路平顺连接，避开与长江大桥的交通交叉干扰；丽江花园—井河右岸段主要在现有滨江道路基础上往外侧扩宽，路基采用回填放坡+挡墙支挡；井河段新建訾井河二桥跨越，采用连续刚构桥梁。

（2）库岸及消落区整治工程

库岸及消落区整治工程以沿江大道工程为基础，同时适当考虑景观工程建设需要，主要采用开挖置换+回填放坡、喷混凝土护面、浆砌石护面及坡面平整等措施。根据存在库岸再造问题和消落区生态环境问题的库岸段的分布情况，对白桥溪沟右岸白桥溪沟回填体—井河右岸玄七沟回填体段（不含污水处理厂段）的库岸进行治理，桩号为 K3+542.66～K5+287.57（不含 K3+743.98～K3+978.70），总长 1510.19m。

1）州屏山小区段（K3+542.66～K3+743.98）

本段位于白桥溪沟右岸—污水处理厂之间，在城市建设中此段被回填形成较高的松散回填，结合白桥溪沟回填体条件，采用开挖置换+回填放坡、坡面防护等措施进行治理。

2）红星小区段（K3+978.70～K5+287.57）

污水处理厂—长江大桥—丽江花园（K3+978.70～K4+465.70）段道路设计采用高架桥方案穿越长江大桥桥孔，高架桥下的库岸仅对坡面进行平顺整理后采用喷混凝土和浆砌石护面，丽江花园—井河右岸（K4+465.70～K5+287.57）段主要对路基挡墙外侧的库岸进行坡面平整处理，并对玄七沟回填体采用开挖置换+回填放坡进行治理。

（3）生态景观设计

生态景观工程是本工程的一个重要组成部分，其以沿江大道工程、库岸及消落区整治工程为基础，主要在沿江大道工程回填形成的平台、道路两侧的绿化带及库岸边坡上进行景观建设，提高县城沿江区域的生态景观效果。

生态景观的主要设计原则是以工程防护为基础，增强生态防护功能、美化景观环境，解决城市基础设施建设、生态景观建设在时间和空间上不一致带来的景观、园林绿化等问题。

生态景观的主要建设内容为沿江大道两侧人行道铺装设计、马道铺装设计、行道树选种和景观照明系统设计；沿江大道护坡景观设计；城市（市政配套设施）小品设计；适宜于忠县气候与土壤条件的绿化种植。

9.2.3 忠县县城苏家小区沿江综合整治工程

针对忠县县城苏家小区沿江区域的现状情况与实际问题，整治工程建设任务为采用措施降低不利消落影响，有效改善消落区生态环境；对存在再造情况的岸坡进行有效治理，维护沿江库岸稳定；结合消落区及库岸治理工程，在沿江区域新建沿江道路，完善苏家小区交通网络；结合消落区及库岸治理工程，拓宽治理河道和疏浚航道；利用消落区及库岸治理工程回填场地，建设苏家滨江绿地公园。工程位于忠县县城苏家小区沿江区域，起点为甘井河左岸郑公社区附近，终点位于苏家码头附近，其中沿江道路起点接红星小区沿江综合整治工程甘井河二桥，终点连接苏家小区的精忠路。新建防护工程长 2.1km，治理消落区面积 39.3 万 m^2，回填形成平坦场地面积 10.9 万 m^2，景观绿化面积 13.7 万 m^2。

（1）消落区及库岸整治工程

对现有苏家小区沿江区域 2.1km 库岸对应的 45.1 万 m^2 消落区进行治理，并结合消落区治理对部分再造库岸进行整治。工程主要采用开挖结合回填方式对消落区和库岸进行治理，临江侧采用防护堤进行防护，堤内进行回填处理。

（2）沿江道路工程

在苏家小区沿江区域新建一条城市主干道，以连接属红星小区段沿江综合整治工程的甘井河二桥和苏家小区内部城市主干道，形成县城对外交通的快速通道；在内侧设置 2 条城市支路，以满足苏家小区内部交通衔接需要。沿江大道布置在消落区及库岸整治工程防护堤堤顶，全长 1869.23m，路基宽度 30m。内侧支路布置在消落区及库岸整治工程堤后回填体顶部，全长 133.93m，路基宽度 11.5m。

（3）河道整治及航道疏浚工程

主要结合消落区及库岸整治工程进行布置，对甘井河河口进行开挖拓宽。对应长江高水位时，拓宽长度为 200m，平均拓宽宽度为 45m。对应长江低水位时，拓宽长度为 330m，平均拓宽宽度为 150m。结合库容占补平衡，经对占补料场进行开采后，甘井河航道疏浚长约 700m，东溪河航道疏浚长约 1375m。河道整治及航道疏浚工程与消落区及库岸整治工程紧密联系，不可分割，消落区及库岸整治工程下部开挖即是对河道进行整治、对航道进行疏浚。本书以下内容仅对消落区及库岸整治工程进行论述，不再另外提及河道整治及航道疏浚工程。

（4）生态景观工程

主要对工程回填形成的 6.7 万 m² 的场地进行生态景观建设，同时在护岸临水岸坡 165m 以上面积约 5.9 万 m² 的斜坡区域、在沿江大道外侧面积约 1.1 万 m² 的绿化带也进行生态景观建设，打造苏家滨江绿地公园。

9.3　实施效果

经过 17 年的持续建设，一条始于银山组团，沿江边蜿蜒至苏家组团，全长约 10km、宽 24m 的滨江大道全线贯通。这条主干道串联起银山、西山、州屏、红星、苏家组团，拉开特色中等城市骨架。通过整治工程的建设实施，进一步提高和完善忠县县城的基础设施条件，促进库区移民安稳致富和经济社会可持续发展，提升忠县县城的整体城市功能与形象。通过本工程的实施，完善了县城内外之间的交通条件，使得各组团间联系更为紧密，保障了城市安全，美化了城市生态环境，提升了城市形象，有利于改善城市布局。完善、便捷的交通网络，保障了城市安全，美化了城市生态环境，提升了城市形象，改善了招商投资环境，为旅游业、物流业及其他产业园区发展提供了更加便利的条件，有利于扩大就业机会，增加居民收入，为保障三峡库区移民安稳致富和可持续发展奠定了基础。

通过本工程对沿江库岸和消落区的整治，建设沿江园林绿化带，形成了沿江生态防护带，避免了水位降落时污染物滞留，有效拦截了入库污染物，保护了三峡水库水质。基本根除塌岸等地质灾害及消落区的疫情隐患，减少了库岸冲刷产生的入库泥沙，周围景观和人居环境得到明显改善，打造了忠县县城西山小区沿江一带景观门户。结合沿江道路建设，对沿江一线库岸和消落区实施了综合整治，清除了危及城市基础设施和沿线居民生命财产安全及生态安全的各种隐患，人居环境得到明显改善（图 9.3-1 至图 9.3-4）。

图 9.3-1　组团景观效果图

图 9.3-2　鸣玉溪二桥建设面貌

图 9.3-3　苏家小区治理效果

图 9.3-4　临江公园治理效果

10 丰都县重要支流植被恢复建设工程

10.1 案例背景

丰都县重要支流植被恢复建设工程项目区位于重庆市版图中心，三峡库区腹心地带，东经 107°31′42″～108°2′20″，北纬 29°41′49″～30°16′25″。西与涪陵相连，西北与垫江接壤，北面紧邻忠县，东接石柱，东南连彭水，南抵武隆，涉及暨龙镇、江池镇、栗子乡等 18 个乡镇（街道）。项目区的地貌类型受构造成因的影响，大致可分为丘陵系列和山地系列，多以丘陵为主。最低海拔 175m，最高海拔 1180m。本区域是三峡库区生态最敏感、最脆弱的地区之一，也是库区生态环境建设战略要地之一。

2013 年 4 月，重庆市发改委对本项目可行性研究报告进行了批复，重庆市移民局对本项目初步设计进行了批复。初步设计批复总投资概算为 19541 万元，建设规模为植被恢复 87004 亩。其中，生态公益林人工造林 34204 亩，生态公益林低效林改造 3500 亩，经济林人工造林 25600 亩，经济林低效林改造 7850 亩，封山育林 15850 亩。由于生态林面积较大，土地无法落实，该工程在完成人工造林 23304.2 亩后未继续实施。根据《重庆市三峡后续领导小组办公室关于调整三峡后续项目植被恢复项目的通知》（渝三峡后续办发〔2017〕23 号）相关文件精神"建设内容同意调整为 87003.5 亩，全部为人工造林，变更部分建设地点；调整总投资为 15053 万元。2018 年初重新启动该工程，经丰都县相关部门研究，决定将该工程分解规划 7500 亩到三建乡（市级贫困乡之一）发展笋竹产业项目；余下 56199.3 亩重新规划实施。

10.2 项目概况

项目建设内容及规模：项目建设总规模为 56199.3 亩。营林类型为生态林人工造林和经济林人工造林，其中生态林人工造 8996.8 亩，经济林人工造林 47202.5 亩。项目总投资 10674.4377 万元。工程建设费 9952.2046 万元，占总投资的 93.23%；工程建设其他费 411.3271 万元，工程建设基本预备费 310.9060 万元。

项目建设期：2018—2020 年。

10.2.1 造林技术措施

（1）立地类型

项目区造林地立地类型为平行岭谷低山丘陵立地亚区。区域内地貌受地壳强烈挤压和水系的不断侵蚀切割，形成了境内山地、丘陵、平坝三种地貌类型，河谷地段为低山、丘陵、平坝。根据项目区现状调查，结合《三峡水库生态屏障区造林绿化技术规程》《重庆市三峡库区生态屏障区及重要支流植被恢复专题规划》要求，将项目区划分为 2 个立地类型，分别是低山丘陵中、厚层酸性紫色土型、低山丘陵中、厚层冷沙黄壤型。

（2）林种划分及树种选择

依据《三峡库区生态环境建设与保护分项规划》，结合丰都县重要支流项目区内的自然与经济社会条件，一级林种确定为防护林、经济林。二级林种确定为风景林、水土保持林，水果林、干果林、其他经济林。结合项目区自然地理条件、经济林发展现状及远景规划，在充分征求项目乡镇及农民种植意愿的前提下，自下而上确定造林树种，进行本项目树种设计，各林种树种选择如下：

1）风景林

为了提高观赏效果，根据立地、树种适应性和树形的分异，选择具有叶、花、果、枝、树皮等形状和色彩季节差异，具有观赏特性和观赏价值的景观树种。以乡土树种为主，适当搭配彩叶树种、季相变叶树种、显花树种、显果树种。本项目选择树种为红枫、黄花槐、日本樱花、元宝枫。

2）水土保持林

选择适应性强，生长旺盛，根系发达，固土力强，具有穿入深层土壤根系，耐瘠薄、抗干旱，可增加土壤养分、恢复土壤肥力，能形成疏松柔软、具有较大容水量和透水性死地被凋落物的树种。选择树种为枫杨、柳杉、毛竹、香椿、雷竹、金佛山方竹。

3）水果林

树种选择为车厘子、柑橘（爱媛 38 号、春见、红晚橙、金秋沙糖柑、椪柑、沃柑）、果桑、红心柚、梨子（皇冠梨）、李（冰糖李、脆红李、红玫瑰、葫芦李、青脆李）、柠檬（优力克香檬）、枇杷（大五星、华白 1 号）、脐橙（长红）、桃（8 月翠油蟠桃、川香桃、凤凰桃、金蜜桃、芒果油蟠桃、蟠桃 7-7、天后油蟠桃、晚黄桃、雪桃、早熟 3 号油蟠桃、早熟 6 号油蟠桃、中华晚脆桃、中蟠 13 号）、葡萄（巨丰）、杨梅 \ 樱桃。

4）干果林

树种选择为板栗、核桃（川早 2 号）。

5）其他经济林

树种选择为花椒（九叶青）、黄柏、油用牡丹、油桐。

（3）造林模型设计

以立地类型为基础，根据造林的具体位置（所处功能区）、地形、土壤等因子，结合树种生物学、生态学特性和社会经济状况等设计相应的造林模型，共设计造林模型 66 个。

10.2.2　生态林人工造林

（1）造林地选择

对项目建设范围内的部分耕地、无立木林地（退耕还林地）、宜林地，按生态公益林建设要求建设生态防护林。

（2）造林地清理

造林地清理时间宜选择栽植前 1 个月内进行。

清理对象及方式：主要清理对象为造林地块内可能影响造林效果的石块、杂草及其他杂物；清理方式宜选择块状或带状清理（宽度不宜超过 1m）。

（3）整地时间

整地可与造林地清理同时进行，以减少工序，降低用工成本。本项目整地时间范围为 10—12 月。

整地措施：根据作业区立地类型，生态林人工造林全部采用穴状整地方式。典型设计见图 10.2.1。

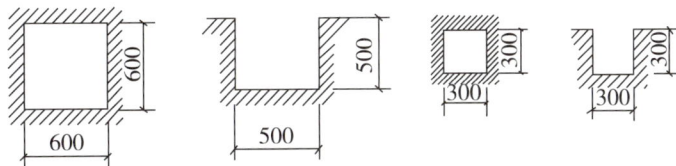

图 10.2-1　种植穴规格图（单位：mm）

（4）栽植密度及种植点配置

栽植密度：参照《三峡水库生态屏障区造林绿化技术规定》中主要树种栽植密度要求，结合作业区实际情况，确定各造林树种的初植密度。

根据各树种初植密度，结合经营目的和功能确定各树种株行距和种植点配置方式。

毛竹、雷竹、金佛山方竹株行距 3m×3m，红枫、黄花槐、日本樱花、元宝枫、枫杨、柳杉株行距 2m×2m，香椿株行距 1m×2m，配置方式均为品字形，典型种植点配置图（图 10.2-2）如下：

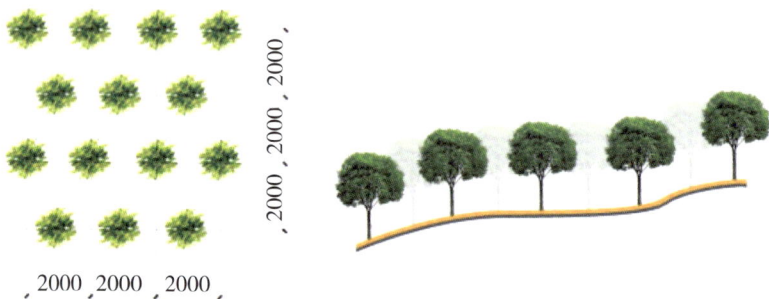

图 10.2-2　造林模式配置图（单位：mm）

（5）栽植

栽植前的准备：对裸根苗木，可在栽植前将根系蘸上稀稠适当的泥浆；在瘠薄干旱、水土流失比较严重的地段，可施用保水材料。栽植季节宜选择春、秋两季，时间范围为 10—12 月。具体造林时间宜选择阴天或小雨天气。坑穴深浅及根茎交接处和地面相平为标准，根系舒展，边填土边夯实，树穴中央略呈小丘状凸起。栽植好后浇透水，使泥土充分吸收水分，与根部紧密结合。根系舒展，深浅适当、根系与土壤密接。其他辅助措施在苗木根部处理或栽植后浇透水时，加入 20 倍的 ABT 生根粉液，促进苗木根系生长，提高造林成活率。

10.2.3　经济林人工造林

（1）造林地选择

经济林人工造林主要选择土地利用现状主要为耕地，土层深厚，邻近区域已具有相当种植规模和经验的地块。

（2）造林地清理

清理时间：造林地清理时间宜选择栽植前 1 个月内进行。主要清理对象为造林地块内可能影响造林效果的石块、杂草及其他杂物；清理方式宜选择块状或带状清理（宽度不宜超过 1m）。

（3）整地

整地可与造林地清理同时进行，以减少工序，降低用工成本。本项目整地时间范围 10—12 月。整地方式根据作业区立地类型及树种配置，经济林人工造林采用全面整地和穴状整地两种方式。全面整地规格：所有土壤翻耕一遍，深度 30cm。适宜树种油用牡丹和油桐。穴状整典型设计见图 10.2-3。

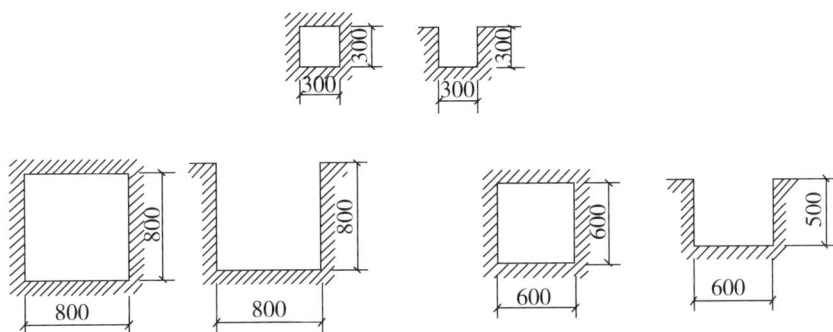

10.2-3　种植穴规格图（单位：mm）

（4）施肥

为了确保经济苗木的快速生长，提高造林苗木成活率，在栽植前施适量基肥。基肥以有机肥为主（充分腐熟的有机肥，可配以少量氮、磷、钾等化学肥料），基肥要一次施足。穴状整地地块在栽植前结合整地施于穴底，每株施肥 5～10kg（根据树种和种植坑确定）；全面整地造林地块结合整地施基肥，基肥应与土壤拌匀。施肥过程中应注意肥料不要直接接触苗木根系，以免烧伤苗木根系，导致苗木死亡。

（5）栽植密度及种植点配置

栽植密度参照《三峡水库生态屏障区造林绿化技术规定》中主要树种栽植密度要求和《名特优经济林基地建设技术规程》（LY/T 1557—2000）附录 D 的"建园"密度，确定初植密度。

种植点配置：黄柏，株行距为 2m×3m，配置方式为"品"字形，典型种植点配置图同造林技术；红心柚株行距为 4m×5m，脐橙（长红）、杨梅株行距为 4m×4m，柑橘（爱媛 38 号、春见、红晚橙、金秋沙糖柑、椪柑）、车厘子、柠檬（优力克香檬）、梨子（皇冠梨）、樱桃、板栗、核桃（川早 2 号）株行距为 3m×4m，柑橘（沃柑）、果桑、花椒（九叶青）、李（冰糖李、脆红李、红玫瑰、葫芦李、青脆李）、枇杷（大五星、华白 1 号）、桃（8 月翠油蟠桃、川香桃、凤凰桃、金蜜桃、芒果油蟠桃、蟠桃 7—7、天后油蟠桃、晚黄桃、雪桃、早熟 3 号油蟠桃、早熟 6 号油蟠桃、中华晚脆桃、中蟠 13 号）株行距为 3m×3m，花椒（九叶青）、葡萄（巨丰）株行距为 2m×3m，油用牡丹株行距为 0.6m×0.1m，配置方式为长方形或正方形，典型种植点配置见图 10.2-4。

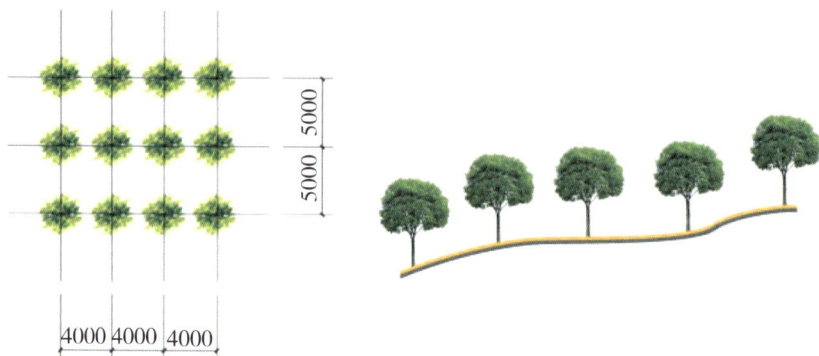

10.2-4 造林模式配置图（单位：mm）

（6）栽植

1）栽植前的准备

地上部分处理：可根据造林季节、苗木生长情况、培育要求等对苗木进行剪枝、去叶等处理。对于受伤的根系、发育不正常的偏根、短截过长主根和侧根，可进行适当修剪；对苗木根系要进行适当修剪和整理，并采用浸水、蘸泥浆或浸蘸 ABT 生根粉等方法处理。经济林土壤改良可采用以下三种方式：一是在栽植前需要将栽植穴内的土壤捣碎，表土与心土分开堆放，填土时先填表土，后填心土，以改善土壤团粒结构；二是向栽植穴内添加一定量的有机肥与土壤充分均匀混合，以改善其腐殖质和肥力结构；三是使用土壤调节剂改善土壤 pH 值（需根据具体树种及土壤条件确定）。

2）栽植季节

栽植季节宜选择春、秋两季，时间范围为 10—12 月。具体造林时间宜选择阴天或小雨天气。

3）主要技术要点

栽植时要保持苗木立直，栽植深度适宜，苗木根系伸展充分。苗干要竖直，根系要舒展，填土一半后提苗踩实，再填土踩实，最后覆上虚土。栽植后及时浇水覆土。需要选择和配置授粉树的树种或品种，按照《名特优经济林基地建设技术规程》（LY/T 1557—2000）8.6 的规定执行。

10.3 实施效果

丰都县重要支流植被恢复建设工程以保护生态环境就是保护生产力，改善生态环境就是发展生产力为目标，通过重要支流植被恢复、天然林保护、低效林改造、森林抚育等生态修复工程，打造绿水青山。在推进绿色发展过程中，丰都县构筑经济发展与资源环境的关系，走经济发展与生态环保良性互动的新路，老百姓在生态文明建设中得到实惠。

把原来"靠山吃山"的观念转化为"养山护山"。围绕大地增绿、农民增收、林业增效的目标，不断谋划造林绿化的"文章"。不断提高经济林地产出效益，帮助贫困群众开辟新的致富门路。加强景区、景点周围森林资源保护，为全县旅游大发展创造良好的生态条件。一片片绵延起伏的天然林、瓜果飘香的经果林，一幅幅青山绿水、如诗如画的美景。丰都县国土绿化工作迈着稳健踏实的步伐前行，筑起了一座坚固的绿色生态屏障和珍贵的绿色生态宝库，山清水秀美丽丰都正一步步变为现实（图 10.3-1 至图 10.3-4）。

图 10.3-1　生态林建设

图 10.3-2　滨江景观示范林

图 10.3-3　万亩红心柚基地

图 10.3-4　经济林雪桃种植

11 涪陵长江、乌江汇合口东岸综合整治工程

11.1 案例背景

　　涪陵，长江、乌江滋养的福地，素有千里乌江第一城之美称。长江、乌江不仅是涪陵的门户，是涪陵的名片，也是涪陵的竞争力所在、魅力和吸引力所在，保护好长江、乌江，就是保护好涪陵的发展和未来。涪陵城区的核心区主要有两个组团，即江南老城和涪陵新区。涪陵老城可以称为涪陵的母城，就像渝中区被称为重庆母城一样。发源于贵州的乌江，在此注入浩浩荡荡的长江。长江水呈暗灰色，而乌江水却呈绿色，在交汇的江面上呈现出泾渭分明的"鸳鸯锅"。涪陵老城是建在一片坡地上，受地形影响，这里的道路鲜有笔直的，大多是弯曲和起起伏伏的路况，加上密集的建筑，身在拥挤的涪陵老城，仿佛置身水泥森林里。在江南老城的长江对岸，是北山坪，此山是台地地形，四周"悬崖"，而山顶却较为平坦，因而得名北山坪。坪上可以鸟瞰涪陵城区，一览无遗，这里也是市民常去的休闲之地。

　　涪陵区长江、乌江汇合口东岸防洪护岸综合治理工程位于涪陵城区江东办事处境内长江乌江汇合处的长江南岸，乌江东岸的单向坡上，工程所在地水路、公路交通方便。水路逆长江而下 120km 可达重庆，顺江而下 2390m 可达上海，乌江逆江而下 500km 可达贵州省思南县；公路有长涪高速路直达涪陵，有涪丰北线公路经涪陵长江三桥到达工程区，有涪丰公路南线（涪陵至丰都）经过工程区，工程区内的涪丰南线经涪陵乌江二桥直接与涪陵主城区相通，交通方便。

11.2 项目概况

　　重庆市涪陵区长江、乌江汇合口东岸防洪护岸综合整治工程位于重庆市三峡库区涪陵区长江乌江汇合口东岸，下游与已建长江涪陵污水处理厂护岸顺接，上游端止于磨盘沟。堤线上分布有师专—群沱子、上渡口两个大型滑坡以及中渡口小型滑坡，滑坡前沿总长度占堤线长度的 1/3。工程沿程布置了 8 处排水箱涵，分段集中排放内侧雨水。本工程位于三峡水库常年回水区内，为根治滑坡，维护涪陵江东片区沿江库岸稳定，减少洪水淹没损失，保障乌江航道和涪丰公路的畅通，改善城市环境，拟兴建防洪护岸工程。

11.2.1　护岸工程

严格控制施工范围，尽量避开雨季施工，并在雨季到来前做好边坡防护及排水设施；加强运输车辆管理，土石料在运输过程中要采取保护措施，严禁沿途散溢；将剥离表土集中堆放，留作后期绿化覆土；对施工过程中形成的裸土边坡用防雨布覆盖，临时堆放采用钢构挡板和防雨布进行拦挡和覆盖，钢构挡板长1800m；对陆域回填区进行土地整治并撒播草籽绿化，面积20.15hm²。下一阶段应完善施工过程中的排水措施。

11.2.2　滑坡治理工程

滑坡受堤脚线、顶部加载等不利因素控制，与一般性滑坡治理相比，其技术难度更大，在堤防设计工作中滑坡治理设计是其最重要内容之一，滑坡治理的效果直接影响到堤防工程的安全性、整体性、美观性、可操作性和经济性。由于开发建设的需要在滑坡上部需进行陆域回填，加之三峡30m库水位变幅的反复作用，致使下滑力增加，治理难度增大。因此，在堤防堤线选定的前提下，滑坡段堤型选择是堤防设计的关键环节，既要满足稳定要求，又要节省投资，还要与堤防工程整体性相协调（图11.2-1）。

（1）中渡口滑坡

滑体前缘剪出口高程约145m，后缘高程177m，滑体顺江宽60～90m，纵长约400m，面积约3.6万m²，滑体厚度1.3～8.6m，平均厚度约4m，滑体方量约11.48万m³，为一小型松散堆积层滑坡。滑体主要物质为残坡积的黏土夹碎石和河流冲积的粉土，滑带土为紫红色、灰绿色黏土夹碎石，滑坡地层为页岩。

（2）师专—群沱子滑坡

滑体前缘剪出口高程137m，滑体顺江宽约320m，后缘高程307m，宽约100m，纵长约1300m，面积26.65万m²，滑体厚度在6.10～34.72m，平均厚度约14.40m，滑体方量约384万m³，为一大型松散堆积层滑坡。滑体土分为三类：块碎石土、粉土、黏土夹碎块石，滑带土为粉土、粉质黏土，置于块碎石土、黏土夹碎石之上和黏土夹碎石置于粉土、粉质黏土之上。滑坡岩体地层岩性以泥岩为主，夹少量粉砂岩和砂岩。在护岸工程初步设计中，为了与堤防工程相结合，在滑坡前缘布置4～5排钻孔灌注桩群，桩径分为1.8m和2.5m两种，长19～41m。桩径1.8m的桩排距（中至中）和桩间距（中至中）分别为4.5m和4.0m；桩径2.5m的桩排距（中至中）和间距（中至中）均为5.0m。钻孔灌注桩群主要起抗滑作用，兼作承载桩，该滑坡段共设桩376根。顶高程155.5m，现浇C25混凝土承台厚

2.5m，宽 12～17.5m。承台以上接混凝土扶壁式挡墙，顶高程 170.0m，在 170.0～174.0m 高程采用斜坡护岸。

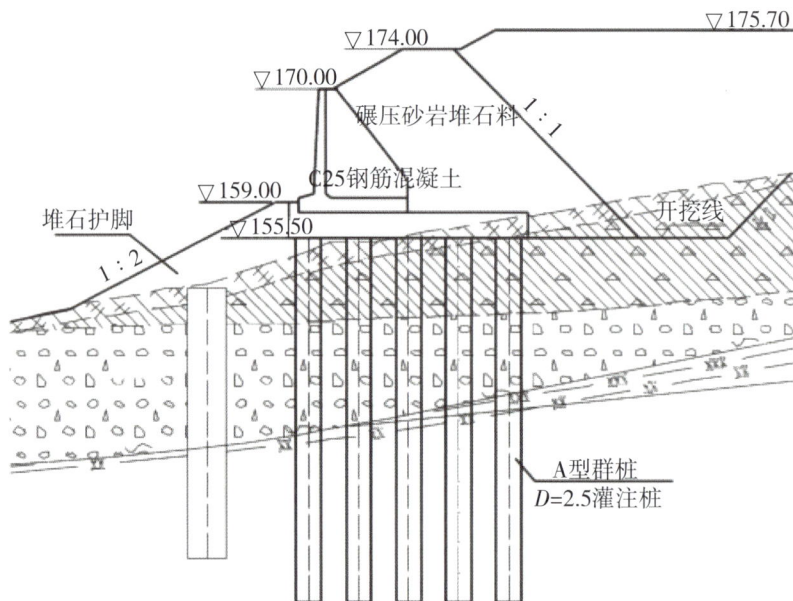

图 11.2-1　护岸工程典型断面（单位：m）

11.2.3　上渡口滑坡

滑体前缘剪出口高程 137m，后缘高程 215m，滑体顺江宽约 900m，纵长 170～300m，面积约 14.9 万 m²，滑体厚度 5.4～24.1m，平均厚度 10.7m，滑体方量约 159 万 m³，为一大型松散堆积层滑坡。滑体土分三类：块碎石土、土夹碎块石及冲积粉土、粉质黏土，滑带土为紫红色、灰绿色黏土夹碎石。滑坡岩体地层岩性为页岩、泥岩、砂岩相间互层，夹粉砂岩。

滑坡治理常采用截排水、锚杆、锚索、抗滑桩、挡墙和削坡等措施，但单一措施对于下滑力太大、基岩埋置深度较深、滑带平缓的师专—群沱子滑坡和上渡口滑坡不适宜，对两段滑坡采用群桩承台承担推力，上部支挡结构承担回填区土压力的综合措施是经济、合理、可行的。设置 4 排群桩时，第 1、2 排桩承担主要推力，分担的弯矩、轴力和剪力较大，第 3、4 排较小。因此，本工程对群桩布置进行了优化，减少了第 4 排一根桩，调整了桩的布置，但桩间距维持不变。

本堤防工程结合开发建设用地，保护环境，应按"先治坡，后建设"的原则进行。堤轴线所经之处，滑坡分布广、范围大、滑移体积大，施工时间受三峡水库蓄水影响大，有效施工时间短。因此采用绕避、减少滑动力方式均不可取，经综合分析研究，本堤防工程采用群桩承台＋扶壁式挡墙的支挡结构。针对滑坡段滑带土性状、厚度、埋置深度进行不同的设计是经济合理的。中渡口滑坡因剪出高程较高，滑坡体位于堤防建筑物开挖区，结合堤防工程布置，未采用抗滑支挡结构，而是清除全部滑坡体。上渡口滑坡、师专—群沱子滑坡因剪出口高程较低、滑坡带长、滑体厚、滑体方量巨大而采用增加抗滑力的支挡结构。

11.3　实施效果

水生态建设强调自然修复，从生态系统整体结构和功能的角度进行城市河流的生态修复。由此，从河岸生态修复、河道生态治理等方面，打造城市生命景观河流，更加关注河流生物多样性，关注河流生态系统服务功能的全面优化提升，城市河流将因此充满活力变得灵动，群众能够享受更多韵味十足的高品质绿意空间。本项目的建成将清水绿岸还于市民，重新构筑人、水、城之间的紧密联系。通过加强滨水公园功能与城区功能的联动，加强城区与水岸的步行等多种交通方式联系，可以让市民方便、无障碍到达滨水公园及开敞空间，享受滨江休闲服务。

"硬质堤岸"转变为"韧性岸线"，则将给城市安全运行提供有力保障，有利于筑牢城市生存、发展的"生命线"。随着"海绵城市""韧性城市"理念在我国的运用，通过合理加强河道水位控制、保障河道行洪空间，提高流域下垫面（即河流或湿地的水下部分，俗称河床）雨水蓄滞能力；结合山地河流水文特征，完善次级河流流域的防洪排涝体系，提高城市防洪排涝能力；因地制宜地构建弹性利用的生态型护岸，平衡防洪排涝功能与水陆系统能量流动、物质交换、生物栖息等生态功能（图 11.3-1 至图 11.3-4）。

图 11.3-1　长江涪陵段

图 11.3-2　长江乌江汇合口

图 11.3-3　整治前状况

图 11.3-4　整治后效果

12　长寿区滨江长寿谷库岸综合整治项目

12.1　案例背景

长寿城区位于三峡水库常年回水区末端，距三峡坝址 527km，为三峡库区部分淹没城市。

长寿区位于重庆市中部地区，距重庆市主城区 63km。长寿区辖 14 个镇、4 个街道办事处，辖区面积 1423.62km²。长寿区东北邻重庆市垫江县、东南连涪陵区、西南靠渝北区和巴南区、西北连四川省邻水县。长寿区是重庆市承接主城都市发达经济圈与三峡库区生态经济圈的区域性中心城市。长寿区是《重庆市城乡总体规划（2007—2020）》中确定的化工、钢铁、新材料工业为主的重要工业城市。长寿工业基础雄厚，特别是天然气化学工业在西部乃至全国有着重要地位，是中国西部最大的天然气化工基地，天然气化工产品总量居国内市场第一位。

桃花溪河街区域曾是长寿区的城市中心区，是城区的商贸及交通枢纽中心，由于种种原因，后期河街区域的建设发展严重滞后，城市发展停滞甚至萎缩，城市环境比较差。三峡水库蓄水运行后，在桃花溪回水范围为河口至三洞段，河道长 3.5km，消落区面积 1100 亩，对环境影响明显，致使生态环境恶化，周边人居环境较差，面临卫生防疫、环境污染、水土流失、地质灾害等一系列问题。为了维护库岸稳定、确保人居安全、改善消落区及沿线景观环境、提升旅游配套条件、促进移民安稳致富，拟对本段库段实施综合整治。工程包括库岸整治与防护、沿线地质灾害治理、亲水平台、排水工程、绿道游径系统、桥、生态修复与绿化等。

12.2　项目概况

滨江长寿谷是继"天赐长寿湖""菩提长寿山"之后，长寿区倾力打造的第三个百亿级景区。长寿区滨江长寿谷库岸综合整治项目位于桃花溪河口至三洞电站下游的桃花溪两岸，项目总投资约 31526 万元，本项目堤防护岸工程的级别为 2 级，防护标准 50 年一遇。建设内容包括水利工程和市政工程两部分。其中，水利工程包括：河道治理 6272m，涵洞 23 座；市政工程包括：绿道 6332m，桥梁 3 座等。

项目主要包括堤防护岸、长寿谷绿道、排水工程等。治理桃花溪全长6272m，其中，左岸堤线长3276m，右岸堤线长2996m，堤身采用斜坡式护岸或直斜复合式护岸；沿线分别在高程167.5m、175m和堤顶布置长寿谷绿道游径系统，新建桥梁3座；新建排水涵洞23个，生态修复和绿化面积584亩。其中，左岸绿道设计长3274.353m；右岸绿道长3058.43m。绿道宽度7m。两岸绿道由3座桥梁连接，1号桥位于桃花溪河口附近，桥长301.5m，2号桥位于牛尾岭附近，桥长248.5m，3号桥位于三洞电站附近，桥长46m。

（1）河口1号桥

桥址位于桃花溪河口河街新桥上游约100m处，桥梁走向299.4°，左岸桥梁轴线与岸坡走向近垂直，右岸与岸坡呈约45°斜交。桥址附近桃花溪流向急剧变化，上游侧流向南东，在桥址部位急转流向南西，河谷呈不对称的宽缓"V"字形。

左岸桥头上游岸坡为向西北侧突出的尖嘴，桥头部位高程177m以上为较宽缓平台，分布有沿河道路，高程172m以下坡度为4°～12°，坡脚部位略陡，高程172～177m已采用预制六棱块进行护坡，但破损较严重。

右岸高程178.5m左右为乡村道路，宽约5m，上游道路外侧采用挡墙防护，下游侧岸坡采用预制六棱块进行护坡，桥轴线附近未进行防护。高程173m以下岸坡坡度为9°～13°，下部略缓，高程172m至道路间斜坡坡度约31°。乡村道路以上多为原始岸坡，因分布有居民点，斜坡上修建了部分挡墙，地形多呈台阶状。

（2）牛尾岭2号桥

桥址位于桃花溪河口河街新桥上游约2km处，桥址段附近桃花溪呈北西流向，河谷呈不对称的"U"字形。

左岸高程172m以下为河流冲积形成的堆积岸坡，地形相对较平缓，平均地形坡度为12°；高程172～180m地形较陡，坡度为30°～40°，多为基岩裸露；高程180m以上地形总体平缓，局部呈小陡坎状，为少数居民点。

右侧岸坡平均地形坡度为21°，高程172m以下为冲积形成堆积岸坡；172～183m岸坡表层以残坡积土体覆盖；183m以上为基岩岸坡，局部为陡坎状，为居民点。

两侧桥台附近均有较多村民居住，地表植被不茂盛，以旱地为主。

（3）三洞电站3号桥

3号桥址位于桃花溪库尾三洞电站下游约30m处，桥址段附近桃花溪主要呈北西流向南东，河谷呈不对称的宽缓的"V"字形，两岸地形坡度总体较陡。左岸高程179m左右为一宽约10m的平台，高程179～191.6m为斜坡段，坡角约36°，高程191.6m为宽约5.0m的机耕道，191.6m以上为基岩陡壁，高程179m以下岸坡坡角约36°；右岸高程174.7m附近为乡间小路，外侧为原三洞电站第三级电站引水渠，渠宽约1.5m，深约1.8m。渠道内侧至高程190m为斜坡段，坡度约36°，高程190m以上为基岩陡壁。渠道外侧堆积大量的砂岩块石，块径较大，多达数米，堆填高程与渠道顶基本持平。

（4）道路工程

1）K0+000～K0+060

该路段线路设计高程304.12～304.85m，为一般填方段。此段地形为一平坝，总体较为平缓，左侧靠近斜坡，右侧靠近水塘。该段原为水田，现改造为旱田。覆盖层为粉质黏土，厚度为0.4～1.20m，右侧局部表层为过湿粉质黏土，厚度小于1.0m，下伏基岩为侏罗系中统上沙溪庙组砂岩、泥岩。路段为填方，地形及基岩面平缓，回填后整体稳定。建议清除表层过湿土，清除厚度约1.0m。填方放坡坡率建议为1∶1.5。

2）K0+060～K0+140

该路段线路设计高程303.8～304.12m，为一般填方段。此段地形为缓坡中下部，左侧靠近斜坡，右侧外侧分布水田，由于天气干旱，现无积水。覆盖层为粉质黏土，厚度为0.3～0.70m，下伏基岩为侏罗系中统上沙溪庙组砂岩、泥岩。路段为填方，地形及基岩面较陡，边坡堆填后可能会发生整体滑塌，根据计算结果，按坡率法放坡堆填后边坡整体处于稳定状态。

由于该段缓坡土体厚度较小，建议堆填前清除上部土体，填方边坡建议采用分阶放坡：放坡坡率每8m一级，每一级之间设置2m宽平台，第一级放坡坡率1∶1.5，第二级放坡坡率1∶1.75。

3）K0+140～K0+441.447

该路段线路设计高程302.8～304.1m，为一般填方段。此段地形为宽缓槽谷地段，总体较为平缓。该段为水田，现干旱无积水，局部已改为旱田。覆盖层为粉质黏土，厚度为0.6～4.40m，局部表层为过湿粉质黏土，厚度小于1.0m，下伏基岩为侏罗系中统上沙溪庙组砂岩、泥岩。路段为填方，地形及基岩面平缓，回填后整体稳定。建议清除表层过湿土，清除厚度约1.0m。填方边坡建议采用分阶放坡：放坡坡率每8m一级，每一级之间设置2m宽平台，第一级放坡坡率1∶1.5，第二级放坡坡率1∶1.75。

12.3 实施效果

项目绿道周边景观建设充分考虑了以下几个方面：一是加强空间组织，规范用地性质，科学选配各种植物；二是注重整体风貌协调，打造景观亮点，形成有冲击力的记忆点；三是突出色叶植物、花卉植物运用，选配本土适生植物，提高绿道绿化、彩化、香化、美化水平；四是在绿道范围内增加休息站、卫生间，同时考虑后期商业服务引入，提升城市绿道服务价值。项目实施丰富了绿道周边景观层次，打造"四季有花、四时有景"的景观效果，结合周边自然景观和地形条件，局部补种具有季节变化、观花、闻香的乔木及花灌木，形成林荫绿道。通过林荫绿道形成连续的生态廊道，串联破碎化的生态斑块及历史文脉，增强生态空间的连续性，扩展人与自然的交流界面，让市民和游客在趣味互动的过程中感知自然，欣赏更广阔的自然。

长寿区高位谋划滨江长寿谷库岸整治项目及城市绿道项目，依托"江＋谷＋岩＋城"立体空间形态，同步推进滨江区域生态保护，能充分发挥三洞沟峡谷景观的城市特色优势，维护长江库岸稳定、确保人居安全，改善消落区及沿线景观环境。目前，滨江长寿谷库岸整治项目已完成80%。下一步，长寿区等相关单位多渠道筹集资金实施库岸周边绿化美化工程，切实打造成为"望江·看山·观城·游林"的景观文化廊道，为长寿新增一张靓丽的江景名片，让市民尽享自然之美（图12.3-1至图12.3-4）。

图 12.3-1 整体效果图

图 12.3-2 桥梁施工图

图 12.3-3 消落区施工图（一）

图 12.3-4 消落区施工图（二）

13 江北区江北城段消落区综合治理项目

13.1 案例背景

水是城市的灵秀之源、活力之源，涵养好水生态、保护好水环境就是对城市负责、对人民负责。嘉陵江是长江上游左岸的一条主要支流，发源于陕西省秦岭南麓，流经陕西、甘肃、四川、重庆4省（直辖市）。干流分为东、西两源，东源出自陕西省凤县以北的秦岭镇，自北向南流经徽县；西源为西汉水，源自甘肃省礼县以北，自西北向东南流。两源于略阳的两河口汇合后，过阳平关进入四川境内，南流至四川省广元市的昭化接纳白龙江，在阆中市和南部县境内分别有东河和西河汇入，经南充、武胜至渠河嘴与渠江汇合，于重庆境内合川区又接纳涪江，形成扇形水系。过合川后，流经背斜地层，形成窄深河谷，向东南流经北碚抵重庆市城区汇入长江。干流全长1120km，落差2300m，平均比降2.05‰，流域面积157900km²，占长江流域面积的9%。

江北城段消落区综合治理工程所处河段位于长江上游，属典型的山区性河流。河道呈一"S"形弯道，两岸基岩裸露，分布有众多的石梁、礁石和突咀。在天然情况下，枯水期较长，水位变化较小；中水期较短，水位变化较快；汛期多峰，常出现水位暴涨暴落现象。长江洪水基本上由暴雨形成，除青藏高原外，流域内都可能发生暴雨。年最大洪水多发生在7—9月，由于集水面积大，暴雨时空分布不均匀，故洪水过程一般为连续多峰型。江北嘴江滩公园所在江岸，处于重庆长江、嘉陵江两江交汇区域，因三峡水库季节性调蓄形成消落区。特别是打鱼湾码头沿岸，每年4—6月露出水面形成沙滩，因阳光沙滩的美丽风景，在2020年被网友称为"渝尔代夫"而火遍全网。

13.2 项目概况

三峡库区重庆主城"两江四岸"江北区江北城段消落区岸线环境综合整治工程是主城区"两江四岸"治理提升工程的一部分。该工程项目以"千年江北城，美丽滨水岸"为设计主题，将设计建设山清水秀生态带、便捷共享游憩带、人文荟萃风貌带、立体城市景观带。工程位于重庆市江北区嘉陵江长安码头下河道末端至长江北岸塔子山南麓观音寺，隶属于重庆市江北区江北城街道，交通方便，地理位置优势明显。

本项目位于江北区，全长5912.286m，起于嘉陵江北岸长安码头，经江北嘴，止于长江北岸塔子山南麓观音寺，由嘉陵江段、江北嘴段和长江段组成。工程建设规模为治理河道长约6km，新建护岸工程和已建护岸岸坡改造，包括新建下河公路2条、排水沟5.58km、涵管0.5km、下河梯道26处、亲水步道11.8km，工程还包含了硬质铺装（景观园路和节点）约10.9万m²，绿地植被约55.3万m²，滩涂约48.7万m²。主要建设内容包括护岸工程、基础设施配套工程和生态景观工程，护岸工程护岸轴线总长5912m，其中，新建段1996m采用斜坡式护岸，已建段3916m采用直斜复合式（直立式挡墙＋二/三级斜坡的型式）；沿线新建7个广场、8处亲水平台，总面积34600m²，新建下河梯道、人行通道及无障碍坡道共27处，维护改造已建防洪护岸工程植被、步道铺装、护栏等；基础设施配套工程，新建2条下河公路总长981m；新建、改建停车场4处，总面积20340m²，配套建设排水工程、游客服务中心、综合服务岗亭、社会商业服务点、环卫设施、电力设施、文化设施等；生态景观工程，包括砂岩浮雕、景观置石、绿化植被，以及景观台、亭、小品，排水口美化改造等。工程防洪标准为50年一遇，护岸工程为2级。本项目建设用地面积约48.84hm²，项目建设总投资为51765.47万元，其中工程费用8734.79万元。

2019年1月，江北区率先开展"两江四岸"治理提升试点工程，并选定溉澜溪河口末至塔子山公园段作为开工节点，节点工程沿江长约155m，主要建设内容包含地形整理、水工工程、排水口整治及生态景观恢复等。节点工程位于消落区，因此工程按水位线设置了三级步道。一级步道标高在185m左右，是主要的人行休闲步道，铺装材料以花岗石为主；二级步道标高在178m左右，铺装材料以荧光石面层为主，是主要的休闲步道，并兼有自行车骑行道功能。三级步道标高在173m左右，是经常水淹区域，因此是不常用的休闲步道，以不易脱落的压膜混凝土铺装为主。节点工程的栏杆、座椅等设施也因地制宜地进行了设置。除了一系列贴心的设计之外，工程的绿化景观也是一大亮点。绿化景观根据步道的设置，也划分成了多个区域。其中，二级步道和三级步道之间的区域因为常被水淹，主要种植了甜根子草。这种植物耐水淹，固土能力强，而且具有较好的观赏效果。在二级步道以上区域，大面积种植了适应消落带环境的白穗狼尾草，打造出一片"狼尾草海"，为江岸增添了不少野趣。除此之外，工程还种植了适应消落带环境的白矛、金叶女贞，以及南迎春、千层金，进一步丰富景观绿化的色彩。

结合重庆两江四岸治理提升，江北区于 2020 年 5 月启动江北城段消落区综合治理工程。沿途打造十大景点包括：莺花渡、乡饮乡射、金沙火井、鲁班灯阙、故城迷踪、长嘉汇流、渝关衙址、潮音观澜、鹞岩揖城、梁沱誌水。实际实施过程中，江北城段消落区综合治理工程分为嘉陵江段、长江段和江北嘴及两翼段两部分实施。其中，嘉陵江段建设范围从长安码头至千斯门大桥，工程施工主要包括治理河道、新建护岸工程和已建护岸岸坡改造 1.76km；新建改建广场、下河公路、亲水平台、步道、梯道等基础设施配套工程，景观置石、绿化植被、给排水、景观照明工程等生态工程（不含浮雕、变压器及前端高压进线）。长江段和江北嘴及两翼段新建护岸工程和已建护岸岸坡改造工程总长约 4.11km，基础设施配套工程、生态景观工程、挡墙、给排水、电气照明及智慧系统等（不含现状挡墙装饰混凝土仿自然生态砖、箱涵文化景墙、斜坡公园挡墙装饰混凝土、定制骑行驿站、雕刻、地雕、小品、雕塑及户外箱式变压器）。本项目实际开工日期为 2020 年 5 月开工，于 2022 年 6 月底完工，工期为 26 个月。

13.3 实施效果

随着江北区江北城段消落区综合治理工程启动，"渝尔代夫"沙滩随之升级。2021 年国庆，一期工程跨长安码头至千斯门大桥段面向市民开放；2022 年 6 月底，二期工程跨江北嘴两翼至长江北岸塔子山段正式开放。通过实施消落带护岸工程、基础设施配套工程、生态修复工程和历史文化景点修缮工程，充分融合消落区治理、两江四岸景观提升及老百姓休闲观光等功能于一体，着力建造公园山清水秀生态带、便捷共享游憩带、人文荟萃风貌带、立体城市景观带，打造成了集健身、游憩、观景于一体的滨水生态公园。以前的野生河滩经过改造变得生态美丽，不仅改善了消落区生态环境，还成为市民喜爱的休闲游玩胜地，吸引了全国各地的游客前来游玩，也成功入选水利部三峡后续工程成果展示示范点。

不仅如此，公园还依托自然地形，打造立体城市景观带。据了解，公园内建有 5 个挑空观景平台和莺花古渡、金沙火井等 10 处景点，呈现山城重庆山、水、城、桥交相辉映的独特风景。这段岸线自有独特之处——贯穿了北滨路鎏嘉码头、西部金融广场、重庆大剧院、三洞桥商业街等江北区重要景观门户区域，对岸则是两江交汇的朝天门、重庆网红打卡点洪崖洞，朝天门大桥、千斯门大桥跨江而过，重庆江城、山城、桥都的特色在这里浓缩。公园内还建有三级休闲步道——季节性步道春夏之季露出水面，游客可亲水游玩；滨江绿道综合步行道、骑行道功能，供市民日常休闲；沿着半城漫道一路往前，沿途修复的保定门、东升门等节点尽显江北城人文特色与厚重历史（图 13.3-1 至图 13.3-4）。

图 13.3-1　沿岸消落区治理（一）

图 13.3-2　沿岸消落区治理（二）

图 13.3-3　沿岸消落区治理（三）

图 13.3-4　大鱼海棠广场

14　重庆市广阳岛生态修复实践案例

14.1　案例背景

　　广阳岛位于重庆主城铜锣山、明月山之间，广阳岛是长江上游面积最大的江心绿岛，枯水期全岛面积约 10km²，其中消落带面积约 4km²，是长江流域的"生态宝岛"。2016 年前，广阳岛上曾规划了 300 万 m² 房地产开发量，并实施了征地拆迁和平场整治。广阳岛在大开发阶段，自然人文本底遭到严重破坏。首先，生态系统逐步退化。岛内千百年来形成的小尺度梯田、自然水系等被破坏，生物多样性受到挑战。其次，人文古迹大面积损毁。岛上原有田园乡村形态消失殆尽，留存的抗战机场遗址等历史文物年久失修。此外，开发痕迹处处可见。岛内平场形成 2.68km² 开发地块，种植土被严重破坏，留下 7 个大土堆、25 处高切坡、2 处采石尾矿坑和 25.45km 市政道路。在"坚持共抓大保护，不搞大开发"的新形势下，如何修复破损的江心岛生态环境，让长江上游面积最大的江心岛重新焕发绿色生机，成为广阳岛未来发展的重要问题。

　　2019 年 4 月，国家推动长江经济带发展领导小组办公室印发意见，支持在广阳岛片区开展长江经济带绿色发展示范。经过近年的自然恢复和生态修复，原来被破坏的尾矿坑、边坡、湖塘、梯田、林地、廊道等逐步得到修复，岛内水体清莹秀澈，鱼翔浅底。2020 年 11 月，广阳岛被生态环境部表彰授牌为第四批"绿水青山就是金山银山"实践创新基地。2021 年 10 月，在联合国《生物多样性公约》缔约方大会第十五次会议的生态文明论坛上，中华人民共和国自然资源部发布了《中华人民共和国生态修复典型案例集》，广阳岛生态修复实践创新入选典型案例。2023 年 10 月，重庆广阳岛生态修复项目入选财政部、自然资源部、生态环境部公布的山水工程首批 15 个优秀典型案例。

14.2　项目概况

　　重庆市广阳岛生态修复实践遵循生态系统逻辑，实施"护山、理水、营林、疏田、清湖、丰草、护带"措施，统筹推进一江两岸山体、水系湿地、消落区等生态修复和治理，开展整体保护、系统修复，统筹规划生态设施和绿色建筑，建设最优价值生命共同体（图 14.2-1）。

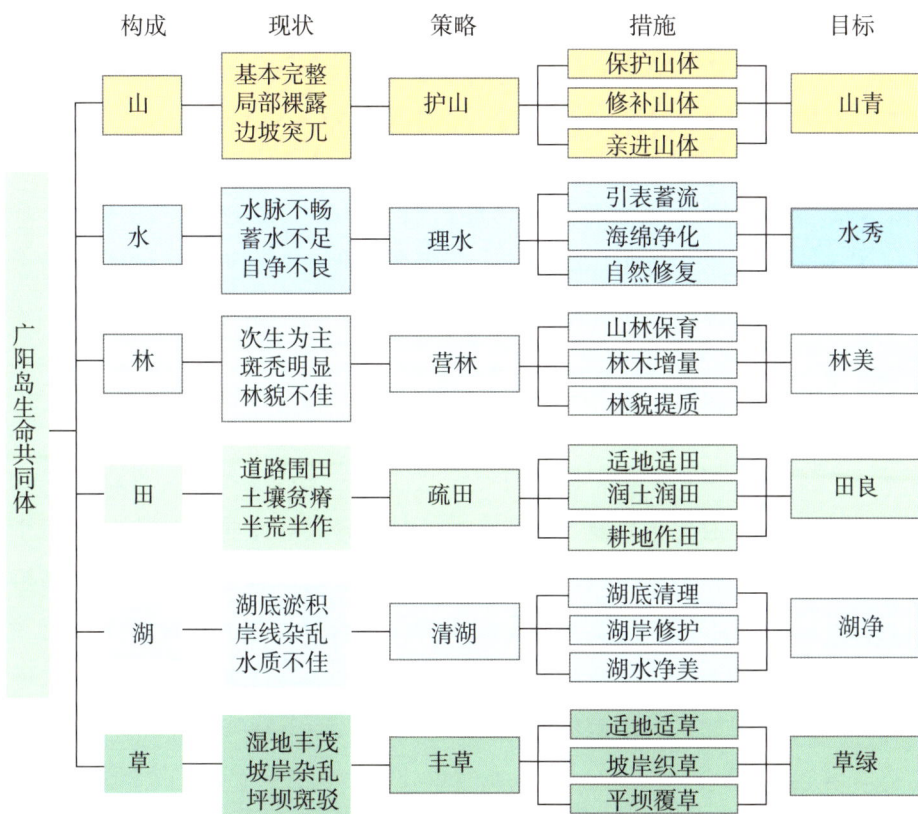

构成	现状	策略	措施	目标
山	基本完整 局部裸露 边坡突兀	护山	保护山体 / 修补山体 / 亲进山体	山青
水	水脉不畅 蓄水不足 自净不良	理水	引表蓄流 / 海绵净化 / 自然修复	水秀
林	次生为主 斑秃明显 林貌不佳	营林	山林保育 / 林木增量 / 林貌提质	林美
田	道路围田 土壤贫瘠 半荒半作	疏田	适地适田 / 润土润田 / 耕地作田	田良
湖	湖底淤积 岸线杂乱 水质不佳	清湖	湖底清理 / 湖岸修护 / 湖水净美	湖净
草	湿地丰茂 坡岸杂乱 坪坝斑驳	丰草	适地适草 / 坡岸织草 / 平坝覆草	草绿

（广阳岛生命共同体）

图 14.2-1　重庆市广阳岛生态修复策略体系

（1）"护山"——山青

经过深入梳理广阳岛的地形地貌、历史脉络、生态场景等，对山体自然状态完整、没被破坏的部分进行严格保护，对山体已遭破坏的区域进行生态修复，新的建设活动杜绝对山体造成新的破坏，尽可能保护、恢复山形地貌。综合运用多种适宜技术控制和消除土壤污染源，增加土壤微生物，让土壤恢复到高品质的自然循环状态，提高全岛育林育草、生态丰产、自我修复的能力。修复措施包括对自然状态不完整、已经遭到破坏的山体采取生态固土、植被补植等措施，形成生态护坡和台地花园；对裸露的山体进行修复，打造绿色生态景观，提高山体水源涵养和植被动物承载能力。比如对开山取石的山体，依据以前的山势走向和周围的植被环境，用山石料填补因开挖形成的缺口，使陡峭的山势变得平缓。待山体趋于平稳，再种植树木等植被，让遭受破坏的山体恢复以前的自然生态。在山顶，以自然恢复为主，突破山地土层薄、页岩厚、土壤贫瘠、水网错综复杂、部分溪流常年断流、湖塘水质欠佳等难题，为植被创造良好的生长环境，恢复了18条溪流生态景观。

（2）"理水"——水秀

在广阳岛生态驿站前有一大片稻田，这些稻田的水源都有玄机。原来，在稻田开发之初，地下就布置了蜂窝状的地下蓄水池。下雨天，雨水通过泥土渗入蓄水池存储起来。存储的地下水既避免了污染，也减少了蒸发。即使是在干旱的气候中，这一片稻田仍然都有足够的水源供应。广阳岛生态修复综合运用"渗、滞、蓄、净、用、排"等措施，构建完善的山地城市海绵系统。遵循地表径流自然蓄存规律，综合应用水资源水生态水环境技术，还原岛内雨水自然积存、自然渗透、自然净化能力，化解山洪影响，优化提升现有防洪工程，与消落区治理相结合，建设生态岸线。

（3）"营林"——林美

广阳岛实施原生植物保护，留足自然恢复时间，实施生物多样性保护。开展森林抚育、纯林改造、退化林修复、退耕还林、植树造林，增强山地森林生态系统生态功能和水土保持功能。岛内适地适树，多用乡土树种，恢复植物种，提高植被覆盖率，形成乔木、灌木、木质藤本稳定健康的植被群落，提高全岛水土保持、水源涵养、动物栖息地的能力。打造近自然—半自然为底，人工植被景观嵌缀的近自然植被风貌，构建稳定的生态植被格局。

（4）"疏田"——田良

广阳岛的土地可谓是"精耕细作"。刚整理出来的土地，都要经过几次清理，包括剔除石子、深耕、增加微生物等。面积达200亩的"好大一块田"是广阳岛上具有特色的农田管理案例。广阳岛采取自然梳理农田结构布局，再现原有水田的肌理结构和生态条件，适地适田，恢复部分原有水稻、油菜、柑橘、向日葵等农作物的种植。改善农田生态条件，增惠农田品质，提高农田水土保持能力和灌排集蓄能力。建设种养殖农业循环系统和废弃物综合利用系统，有机废物经过安全性评估后循环利用，发酵为有机化肥用于还田。加强土壤空间布局管控，切实防范建设活动新增土壤污染、地下水污染。加强化肥、农药等污染源控制及治理，使用绿色有机肥料。增加土壤微生物，让土壤、地下水恢复到高品质的自然循环状态。

（5）"清湖"——湖净

鸳鸯湖水从山上潺潺而来，溪流沿岸种植了适合本地生长的如芦苇等水生植物，溪水在流动的过程中，被水生植物自然过滤净化流入湖中。湖岸种植有多种水生植物，湖中投放有水生生物。水生生物和水生植物共同对湖水再次净化，达到水绿湖清的效果。广阳岛自然形成的湖塘原有 11 万 m^2，主要集中在多条山谷冲沟处，多为季节性湖塘。生态修复实施优化湖泊格局，对原有的湖塘生态环境重新进行全面评估和监测，采用清理湖底、生态防渗、驳岸修复和净化湖水等水环境治理与生态修复措施使湖泊具备积蓄雨水、农田灌溉、保护生物多样性的功能，提升湖泊生态价值。

（6）"丰草"——草绿

根据调查，广阳岛上的草本植物有 185 种，草质藤本植物 5 种。这些重庆本地植物经过自然选择，最适应当地气候和土壤状况，在生长过程中可以减少后续人工管理。同时，它们还能更快地自然更替，见缝插针般形成一片植物群落，更适宜本地昆虫建立自己的乐园。昆虫种类增多，鸟类也就多起来，食物链自然成型，从而丰富了广阳岛的生物多样性。同时，本地植物还增加了乡村元素、营造了乡村气息、丰富了乡愁体验。

（7）"护带"——恢复修复消落带

采取基于自然的解决方案，实行最小干预，探索实践"三步走"生态修复模式、"三维度"生态修复路径和"三多三少"生态施工方法，形成库区岛屿型消落带治理方案。广阳岛有 $4 km^2$ 的消落带，兔儿坪湿地是消落带的典型。消落带的保护也给适合湿地生存的动物找到了"家园"，众多的野鸭、白鹭等在兔儿坪栖息生存。广阳岛消落带以自然恢复为主，通过系统研究西岛头（迎水面）、兔儿坪（过水面）、东岛头（顺水面）、内湾（过水面）等 4 种消落带生态群落的保护方法，突破固土护岸、恢复植物群落、丰富生物多样性三大难题，有效修复了消落带。同时，适量引入耐淹植物，发挥稳固库岸、净化来水、优化景观的功能。

14.3　实施效果

经过近四年的自然恢复和生态修复，广阳岛成为筑牢长江上游重要生态屏障的窗口缩影，在长江经济带绿色发展中发挥示范作用的引领之地，践行习近平生态文明思想的集中体现，落实习近平总书记对重庆殷殷嘱托重要的承载地、展示地、体验地。

一是生态要素逐渐修复。通过自然恢复和生态修复，原来被破坏的尾矿坑、边坡、湖塘、梯田、林地、廊道等逐步得到修补修复，生态系统的完整性已初步形成，生态系统的原真性正在逐渐呈现。二是生物多样性日趋丰富。通过对"鱼场""鸟场"等具有生态保育、涵养、生产功能的野生动植物重要栖息地进行修复，植物恢复到 500 余种，植被覆盖率达 90％以上，动物种类和数量也明显增加。经专家梳理统计，目前鱼类已增至154种，鸟类已增至191种（含中华秋沙鸭、黑鹳、乌雕等国家一级保护野生动物）。三是"两山"转化成效明显。通过"生态＋教育、文化、旅游、农业、健康、智慧"，广阳岛的绿水青山正在片区内外转化为由大生态、大数据、大健康、大文旅、新经济等"生态产业群"构成的金山银山，广阳岛从大开发向大保护的大转变，在片区内实现资金大平衡，换来绿水青山大生态，助推区域经济实现大发展，形成了绿色发展新机制。

　　广阳岛是世人瞩目的长江风景线，体现了重庆绿色发展的生动实践。广阳岛生态环境的不断向好，正是共抓大保护、不搞大开发理念发挥的积极效应。广阳岛已变身城市功能名片，成为重庆共抓大保护、不搞大开发的典型案例，深入践行习近平生态文明思想的创新基地，生态优先、绿色发展的样板标杆，筑牢长江上游重要生态屏障的亮丽窗口（图14.3-1至图14.3-4）。

图14.3-1　大开发后的卫星影像

图14.3-2　全岛分区实施生态修复

图14.3-3　广阳岛生态修复前

图14.3-4　广阳岛生态修复后

15　三峡库区重庆市南岸区消落区综合治理（二塘段）

15.1　案例背景

南滨路处于重庆市的中心地位，北临长江，背依南山，可观最美渝中夜景；历史悠久的巴渝文化、宗教文化、开埠文化、大禹文化、码头文化、抗战遗址文化如珍珠般遍布沿线，使南滨路获得了"重庆外滩"的美誉，是集防洪护岸、城市道路、旧城改造和餐饮、娱乐、休闲为一体的城市观光休闲景观大道。为了解决南岸区消落区存在的突出问题，提升城市形象，结合水库岸线保护与利用控制，针对消落区地质条件、生态环境现状、岸坡防护等问题，按照消落区及岸线各段项目实施条件，区分轻重缓急，将南滨路二塘段消落区综合治理工程纳入 2018 年三峡后续工作年度计划进行申报。

本工程起点位于蛤蟆石（南岸区与巴南区交界处），终点位于南滨西路（重庆市警备区大门处），工程内侧紧邻南岸区南滨路。南滨路工程修建时，受当时条件的种种限制，仅为了解决交通功能，将断头的南滨路和拟建的巴滨路连通，同时亦未考虑其亲水性和周围城市建设的发展。经过近几年的发展，特别是轨道 3 号线建成以后，南岸区南滨路二塘段经济有了较大的发展，城市规模也进一步扩大。根据城市发展需要，为促进南滨路经济带的繁荣、推动南岸区社会经济建设，打造一条生态化、商业休闲化为一体的滨江大道。

15.2　项目概况

三峡库区重庆市南岸区消落区综合治理工程（二塘段）位于长江右岸，上游起于蛤蟆石（南岸区与巴南区交界处），终点位于南滨西路（重庆市警备区大门处），河道综合治理长度为 1.13km。位于重庆市巴南区二塘段长江右岸。本工程是以防洪、岸坡整治为主，兼有改善交通、绿化、美化城市、改善城市景观、防止水土流失和土地开发利用等综合效益。

15.2.1　防洪护岸工程

①本工程主要建筑物堤防级别为 2 级，经水文计算沿程设计洪水位（$P = 2\%$）

建护岸后为 192.61～192.45m，则工程段计算护岸顶高程为 194.41～194.25m（黄海高程系统）工程段范围内现状堤顶高程 193.85～198.22m，其中，K0＋000.00～K0＋102.80 段现状堤顶高程为 193.85～194.40m，低于计算堤顶高程，未达到防洪标高。结合长江委批复堤顶高程及现状实际地面高程，确定本工程设计堤顶高程为 195.10～198.00m。

②工程段设计堤脚线全长 1128.65m，其中全斜坡＋箱式堤体护岸段长 504.73m，挡墙（已建）＋斜坡＋箱式堤体护岸段长 623.92m。K0＋183.440～K0＋746.260 段拆除原有挡墙 175.0～178.0m 以上部分。

③为了解决排水箱涵出口处排水通道被阻断的问题，将原箱涵延长至河滩地边缘延长段箱涵长 86.88m，结构尺寸与原箱涵一致，纵剖 $i＝1/100$，净空尺寸为 3.5m×3.2m，置于卵石基础或岩基上，出口为八字墙，八字墙段长 15.0m，出口设 M7.5 浆砌卵石护坦与河滩地衔接。

④工程沿岸根据布置需要设置下河梯道，梯道最小宽度为 2.5m，最大宽度约为 17m，共 11 处。

15.2.2 生态修复工程

为了改善退水后消落区的整体环境，生态修复工程涉及总面积约 19.61 万 m²，其中高程 181.9m 以上区域总面积约 4.56 万 m²，高程 175.0～181.9m 区域面积约 3.71 万 m²、175.0m 以下生态湿地面积 11.34 万 m²。生态湿地内多条亲水步道形成路网，步道宽 3.0m，均沿现状地面高程进行布置，步道高程为 165～175m，总长 1.26km。

15.2.3 信号台房还建工程

长江重庆航道管理处舀鱼背信号台房工程包含一栋管理用房建筑物（坐落于钢筋混凝土防洪支护承台架上，2 层建筑）和一栋管理用房建筑物（坐落于钢筋混凝土防洪支护承台架上，2 层建筑）和一栋信号塔构筑物（位于钢筋混凝土防洪支护承台架与板挡墙之间）。用地面积约 985m²，管理房基底面积约 320m²，建筑面积约 455m²，信号塔基底面积 36m²，塔高 31.4m。

本工程设计堤脚线全长 1128.65m，其中全斜坡＋箱式堤体护岸段长 504.73m，挡墙（已建）＋斜坡＋箱式堤体护岸段长 623.92m。K0＋183.440～K0＋746.260 段拆除原有挡墙 175.0～178.0m 以上部分。结合各段的实际情况，选用不同的型式进行总体布置，K0＋000.000～K0＋160.250、K0＋784.170～K1＋128.650 段采取全斜坡＋箱式堤体护岸，箱式堤体一级平台高程为 187.00m，二级平台高程为

191.20m，三级平台高程为 195.10～198.00m。箱体后侧设板桩挡墙支挡后侧土体。箱式堤体框架结构的柱间距为 5.8～9.2m，层间距为 4.2～6.2m，两侧侧墙为防洪墙，厚 0.5～0.8m，下部结构采用桩基础＋承台型式，承台顶临河侧 181.90m 高程设 3.0m 宽人行步道，采用悬挑板型式或置于土基上。临河侧现状斜坡随坡采用格宾＋植物护坡，种植耐淹型植物。

K0＋160.250～K0＋784.170 段采取挡墙（已建）＋斜坡＋箱式堤体护岸，箱式堤体一级平台高程为 187.00m，二级平台高程为 191.20m，三级平台高程为 195.10～197.0m。箱体后侧设板桩挡墙支挡后侧土体。箱式堤体框架结构的柱间距为 5.8～9.2m，层间距为 4.2～6.2m，两侧侧墙为防洪墙，厚为 0.5～0.8m，下部结构采用桩基础＋承台型式，承台顶临河侧 181.90m 高程设 3.0m 宽人行步道，采用悬挑板型式或置于土基上。拆除已建衡重式挡墙上墙至 175.00～178.00m，挡墙拆除高度为 1.5～5.1m，拆除后挡墙顶部形成亲水人行步道，宽 3.0～5.0m。临河侧现状斜坡随坡采用格宾＋植物护坡，种植耐性植物。工程起点及终点均通过 187.0m 平台与上下游现有步道平顺连接。

为了解决排水箱涵出口处排水通道被阻断的问题，将原箱涵延长至河滩地边缘，延长段箱涵长 86.88m，结构尺寸与原箱涵一致，纵剖 $i＝1/100$，净空尺寸为 3.5m×3.2m，置于卵石基础或岩基上，出口为八字墙，八字墙段长 15.0m，出口设 I7.5 浆砌卵石护坦与河滩地衔接。

防洪堤是本工程的主要建筑物，其布置和结构既要满足城市通航和道路建设等功能需要，又在修复改善沿线消落带生态环境的同时，亮化提升沿线景观品质，完善沿线配套及管理设施。同时，其结构型式要尽可能适应工程区的地形、地质和当地材料等条件，既要安全可靠也要便于施工，节省工程投资。

由于本工程堤岸红线范围高差大、平距小，最小平距 28m，最大平距 58m，既要打造多层次、多维度的立体景观，又要满足拓展地下空间利用的功能需求，布置方案的可变性较小，布置型式较单一。受现状地形及功能性要求的限制，护坡＋箱式堤体的型式为本工程较为可行的方案，既能形成多级景观平台，又能拓展地下可利用空间，为后期利用预留空间。箱式堤体各级平台高程结合不同频率洪水位及使用功能对结构的要求综合确定。本工程段 1 年一遇水位 181.5m，5 年一遇水位 186m，30 年一遇水位 191m，因此，结合箱体各层净空要求，拟定箱式堤体临江侧各级平台高程分别为 181.9m、187.0m、191.2m。根据地形、地质条件和工程任务及结构功能的要求，布置以下两种护岸型式。

（1）全斜坡＋箱式堤体护岸

该堤型主要位于 K0＋000.000～K0＋160.250、K0＋784.17～K1＋128.660

段，箱式堤体一级平台高程为 187.0m，二级平台高程为 191.20m，三级平台高程为 195.10～198.00m。箱体后侧设板桩挡墙支挡后侧土体。箱式堤体框架结构的柱间距为 5.8～9.2m，层间距为 4.2～6.2m，两侧侧墙为防洪墙，厚 0.5～0.8m，下部结构采用桩基础＋承台型式，承台顶临河侧 181.90m 高程设 3.0m 宽人行步道，采用悬挑板型式或置于土基上。临河侧现状斜坡随坡采用格宾＋植物护坡，种植耐淹型植物，现状坡比 1：2.0（图 15.2-1）。

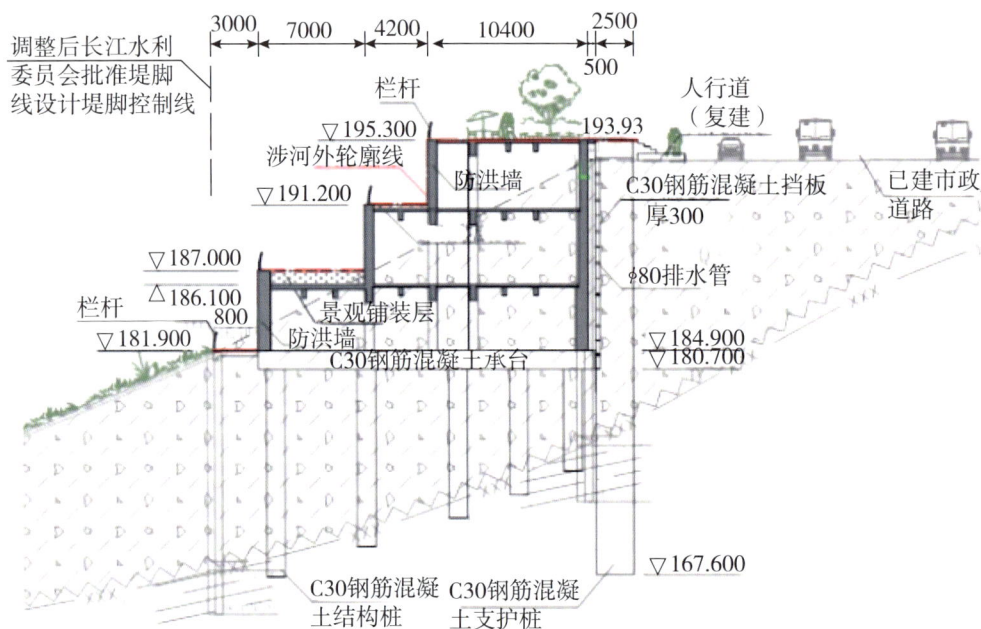

图 15.2-1　全斜坡＋箱式堤底护岸断面图

（2）挡墙＋斜坡＋箱式堤体护岸

该堤型主要位于 K0＋160.250～K0＋784.170 段，箱式堤体一级平台高程 186.10m，二级平台高程为 191.20m，三级平台高程与南滨路人行步道高程一致，为 195.10～197.00m。箱体后侧设板桩挡墙支挡后侧土体。箱式堤体框架结构的柱间距为 5.8～9.2m，层间距为 4.2～6.2m，两侧侧墙为防洪墙，厚 0.5～0.8m，下部结构采用桩基础＋承台型式，承台顶临河侧 181.90m 高程设 3.0m 宽人行步道，采用悬挑板型式或置于土基上。

该段堤坡现状坡比为 1：2.0，坡面破坏严重，已有马道无法作为人行步道，已建衡重式挡墙出露地面最高处约 10m，景观性极差。为了尽可能增加亲水性及景观性，增加河道行洪面积，对该段 181.90m 以下现状斜坡进行削坡处理，减缓坡比至 1：2.0～1：3.0，同时将已建衡重式挡墙上墙拆除至 175.00～178.0m，挡墙拆除高度为 1.5～3.5m。拆除后挡墙顶部形成亲水人行步道，宽 3.0～5.0m。临河侧斜坡随坡采用格宾＋植物护坡，种植耐性植物。

挡墙顶与箱式堤体间坡比主要以拆除挡墙至高程 175.0m 进行控制，当坡比陡于 1∶2.0 时，调拆除挡墙高度，确保坡比缓于 1∶2.0。根据以上原则布置本工程斜坡坡比为 1∶2.0～1∶3.0（图 15.2-2）。

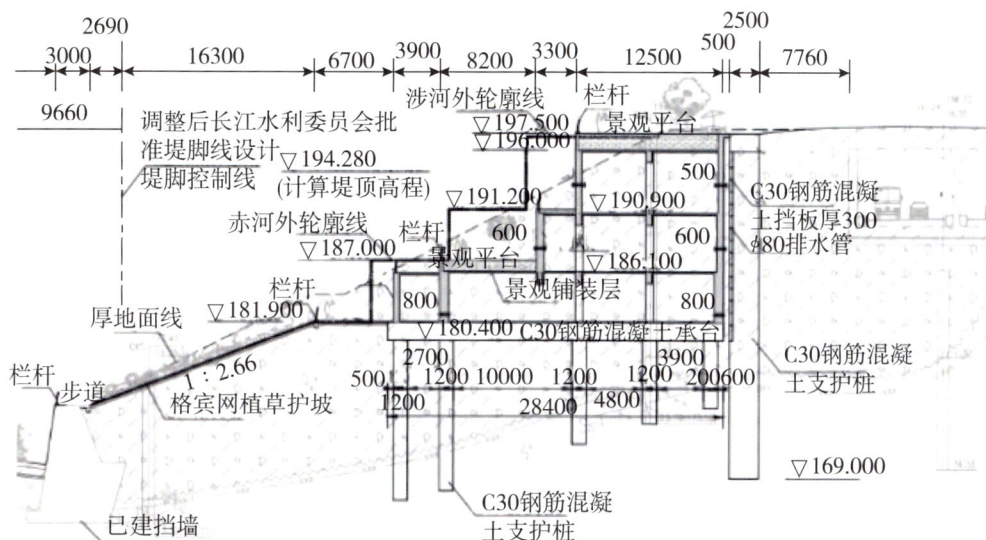

图 15.2-2　挡墙＋斜坡＋箱式堤底护岸断面图

15.3　实施效果

本项目实施对保障南滨路二塘段城市滨江带安全、改善消落区生态环境、提升滨江形象、拓展公共空间、构建绿色生态廊道等方面具有极其重要的意义。通过采用绿色工程与灰色工程相结合、堤岸防护与生态修复相结合的方式，改善消落区163～182m 高程的生态环境、增加生物多样性、提高城市滨江生态品质，使城市、消落区和江水融为一体，保护"两江四岸"现有滩涂、岸线、植被、湿地，结合并充分利用现有绿化树木等自然生态环境，建立和稳定植物生态群落，营造野生动植物栖息地，建立稳定的湿地生态系统，彻底改善消落区生态环境"脏乱差"的现象。本工程根据地形地貌和水位线，因地制宜地建设不同标高连续贯通的亲水步道和滨江步道等慢行系统，同时，在重要节点建设多标高、多层级的休闲广场和观景平台等眺望设施，给周边居民带来更好的休憩环境。

通过对立体绿色江岸的打造，形成长江两岸视线交汇的生态画卷，是城市的绿色走廊，是体现重庆山—江—城—岸的重要元素。本工程从生态修复、城市功能、城市风貌等多维度进行一体化考虑，创建安全、连续、开放、生态、休闲的高品质滨水岸线，创造山城特色城市名片，将消落区植被生态修复与上部城市绿地有机衔接，有效扩展城市绿化空间。南滨路（二塘段）属于修复两江水域生态廊道范畴，规划中建议主要应采取恢复植被进行生态固岸、路堤改造及绿化等形式来进行改造（图 15.3-1 至图 15.3-4）。

图 15.3-1　工程整体效果图

图 15.3-2　生态修复设计图

图 15.3-3　工程施工现场

图 15.3-4　江滩生态修复

16　三峡库区重庆市南岸区消落区综合治理
（鹅公岩长江大桥—史家岩段）

16.1　案例背景

　　根据国务院三峡工程建设委员会会议精神和重庆市人民政府要求，重庆市移民局于 2016 年 4 月中旬启动了主城区"两江四岸"消落区综合治理的前期工作，并由渝中、江北、南岸三区委托设计单位启动了整体设计方案编制。2016 年 9 月底，按照重庆市人民政府总体部署，由市规划局组织市规划院在三区消落区综合治理设计方案的基础上，进行了统一规划。此后，对综合整治设计方案进行了意见征集和深化完善。2017 年 5 月 26 日，重庆市南岸区发改委发函同意开展该项目的前期工作。2017 年 8 月，重庆市发改委批复了《三峡库区重庆市南岸区消落区综合治理（鹅公岩长江大桥—史家岩段）可行性究报告》（审定稿）。2017 年 9 月，重庆市水利局和重庆市建委批复了《三峡库区重庆市南岸区消落区综合治理（鹅公岩长江大桥—史家岩段）初步设计报告》（报批稿）。

　　雅巴洞湿地公园位于南岸区长江南岸中部。从生态价值上来看，长江南岸包含浩、沱、碛、滩、洲、河口六类水文地貌单元，而雅巴洞区域就囊括了浩、滩、沱三种，并拥有丰富的石矶、湿地、野花草等自然生态要素，是重庆主城生态江滩的典型代表。从人文价值来看，雅巴洞区域承载着江钓、露营、戏水、放滩等市民江滩游憩活动，是重庆江滩记忆的重要承载之地。2020 年，南岸区启动了南滨路雅巴洞湿地公园整治项目，包括库岸整治工程和环境整治工程两部分，这是重庆市首批率先启动实施的"两江四岸"十大公共空间节点项目之一。项目起于鹅公岩长江大桥桥下，止于南滨西路重庆市警备区大门处，与九龙坡区隔江相望，岸线总长 3.43km，治理总面积约 0.847km^2，总投资 3.83 亿元。

16.2　项目概况

　　为让市民有更好的生态游憩体验，将对现状 175m（常水位线）以上可以形成活动空间的场地进行改造。北侧的码头进行清理，增加绿化空间，打造顺应地势的台地广场；南侧的硬质空间，则保留现状大树，增加儿童游乐设施，打造成为服务于周边社区居民的滨江游乐场。同时，在场地景观设计上，以类自然手法，将石矶、石碛、江浩等形式推演成为景观形态，形成江滩广场特有的印记，同时也让市民在游玩中更直观地感受到自然的多姿多彩。另外，对现状被破坏的场地进行修整，打造市民花圃、草垛花园等亲近自然的场地。为发挥生态示范作用，这一片区还将打造海绵景观，利用现状湿地对雨水进行初步净化后，作为景观用水进行再利用。同时，构建与洪水为友的场地，形成多层级顺应水位的活动空间，并以草阶、透水铺装等要素打造透水景观，降低场地对生态环境的干扰。并采用牢固的石材、铁艺等材质保证设施的耐淹抗洪能力。

三峡库区重庆市南岸区消落区综合治理工程（鹅公岩长江大桥—史家岩段）位于重庆市南岸区南端，南滨路外侧长江堤岸至162m水位消落区。始于鹅公岩长江大桥处，止于巴南区长江防洪岸坡护岸综合整治二期工程（二塘段）桩号K1＋128.65处近史家岩，属于城市公园类自然风景区旅游景区。本项目治理河道总长3430m（靠巴滨路外侧人行道边线），治理总面积约为0.847km²，包括库岸整治工程、环境整治工程和生态修复工程等。主要建设内容如下：

（1）库岸整治工程

新建护岸长度为5.98km，其中沿长江委批复治导线新建护岸长度为4.31km；生态湿地段新建护岸长度为1.67km，续建钢筋混凝土雨水箱涵1条长140m。

（2）环境整治工程

北起鹅公岩长江大桥，向南接近史家岩，东起南滨路外侧堤岸至162m水位，包含堤防挡墙美化、2个生态停车场、生态护坡、生态草坡、石滩、湿地、内湖坡岸、各类广场、观景类平台、各类道路（马道、健身步道、应急车行道）、建筑小品、主题雕塑、露天停车场、建筑小品、主题雕塑、移动公厕等附属设施。整治面积约为0.768km²，划分为A、B、C、D四段。环境整治工程内容分段置如下（图16.2-1、图16.2-2）：

1）A段（闻江区）（K0＋000～K0＋400）

高程186～193m建设生态堤岸区，在193m设置马道。高程173～186m为休闲娱乐区，高程167～173m为生态岸线保护区（设置生态草坡）。

2）B段（踏江区）（K0＋400～K1＋500）

高程186～193m为生态堤岸区，高程173～186m为中心活动区，高程167～173m为生态岸线保护区（设置生态草坡）。踏江区设置应急临时停车场1个，占地面积1610m；K0＋600－K1＋050生态湿地相应区域修筑生态湿地连通桥工程，采用上承式多跨钢筋混凝土＋圆弧板拱桥，桥梁长 129.8m。悬挑观景平台：684m²（4 处，位于 186m 原有马道处，长 4m，宽 36m，悬挑于原有绿化斜坡上，分别位于桩号 K1＋00、K1＋100、K1＋250、K1＋350）。

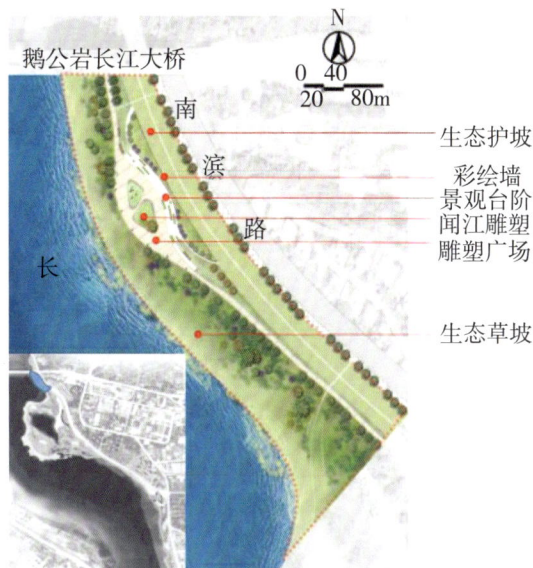

图 16.2-1　A 段（闻江区）项目布置示意图

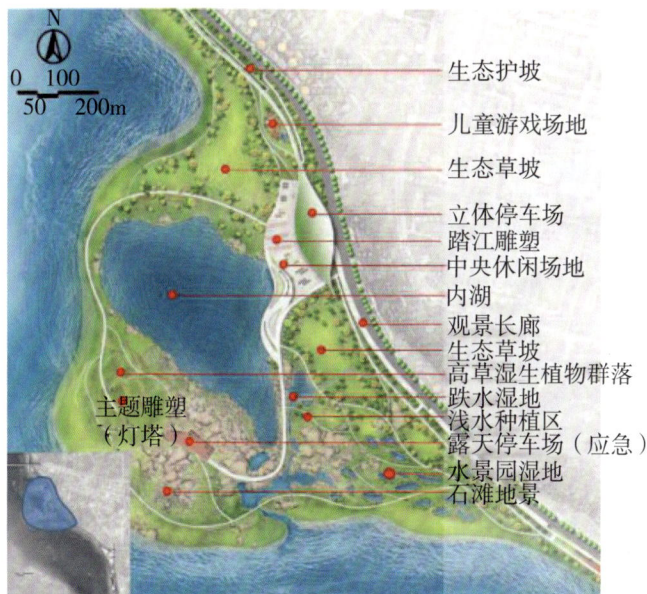

图 16.2-2　B 段（踏江区）项目布置示意图

3）C 段（望江区）（K1＋500～K2＋200）

高程 186～193m 设置文化墙和道路，高程 173～186m 为观景平台，高程 167～173m 为生态岸线保护区（设置生态草坡）。悬挑观景平台：855m²（5 处，位

287

于186m原有马道处，长4m，宽36m，悬挑于原有绿化斜坡上，分别位于桩号K1+500，K1+750，K1+900，K2+100）（图16.2-3）。

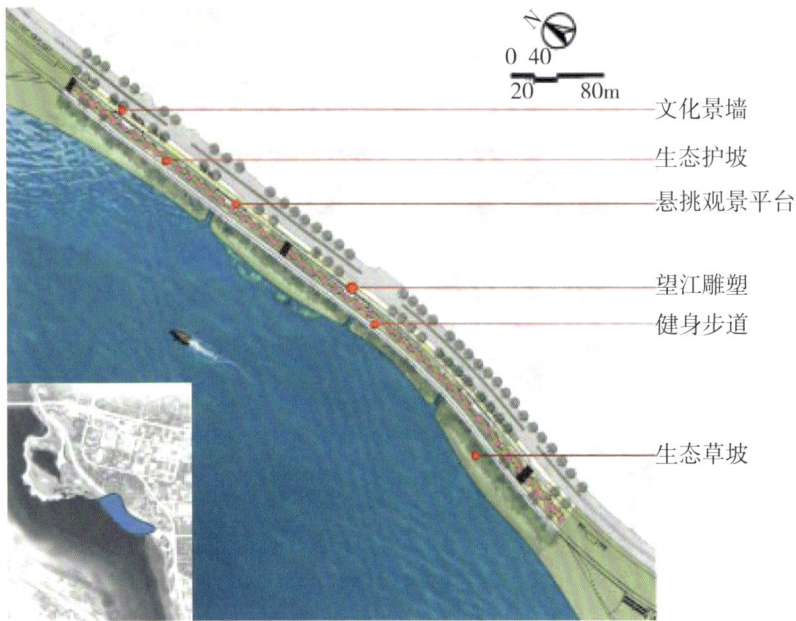

文化景墙
生态护坡
悬挑观景平台
望江雕塑
健身步道
生态草坡

图 16.2-3　C 段（望江区）项目布置示意图

4）D 段（迎江区）（K2+200～K3+430）

186～193m 人流集散区，173～186m 生活休闲区，高程 167～173m 生态岸线保护区（设置生态草坡）。悬挑观景平台：171m（1 处，位于 186m 原有马道处，长 4m，宽 36m，悬挑于原有绿化斜坡上 K2+250）（图 16.2-4）。

图 16.2-4　D 段（迎江区）项目布置示意图

（3）生态修复工程

项目区通过库岸整治工程解决库岸稳定问题，通过环境整治工程进行生态拦截，需进一步进行生态修复，以保护水库水质、人居和生态安全。本次设计通过水生态系统、立体生态平台结合曝气增氧系统的构建，对水体中营养物质和污染物质的吸收、分解、消化作用来实现水质净化的目的。布置生态植草沟工程对生态基底与护坡改造，将分散面源污染在直接进入水体前进行拦截，实现对污染物的削减，同时通过生态沟渠的建设能够提高护岸岸脚的抗河流冲刷侵蚀能力；采用底泥原位生物固化措施促进底泥中的有机物快速分解，解决底泥和水体富营养化的物质来源。配备太阳能曝气机7台，生态浮床15组、植草沟633m、底泥原位生物固化工程820kg，以上工程内容主要安装在B段踏江内区域，桩号K0+400~K1+050。

（4）附属工程

1）移动厕所

共设计20座，移动公厕主要布置在景观广场、生态停车场及人流量较大区域。

2）应急停车场

在内湖西南侧设置应急临时停车场1个，占地面积1610m²，地面高程174m，主要用于应急车辆的临时停放。

16.3 实施效果

本项目消落区建设生态护坡工程，赋予原有材料（包括植被、土壤、砖石等）新的功能，尽量让护坡处于良性循环中，从而使资源得到重生；结合水景观与水文化建设，对治理段沿线进行生态护坡，满足防洪安全。本项目所处地形成的消落带存在着一系列的生态环境问题，如形成岸边污染带，水陆交叉区的环境污染，可能诱发流行性病情、疫情，对土壤的重力侵蚀和冲刷作用，环境地质灾害，植物多样性及生态系统受损问题，其中，形成水陆交叉区、植物生物多样性减少和诱发环境地质灾害等问题显得尤为严重。因此，消落带的生态环境必须采用植被生态工程技术等方案进行有效治理。

本项目防洪护岸综合整治工程将采用斜坡护岸等多种结构形式进行岸坡防护，对岸坡进行护坡治理，为三峡水库坝前黄海高程176.924m（吴淞高程175m）水位运行提供稳定的库岸。工程完建后，将从根本上改善沿江环境景观的质量，提高人民群众的生活质量。同时该项目的实施将新增绿化区，增大城市肺叶面积，达到绿化美化城市环境、减少噪声及污染的效果，改善人民生活居住环境。大鱼海棠广场是这个项目的重要景观之一，该广场位于南岸区南滨路，于2021年9月30日正式开放，是雅巴洞江滩公园的组成部分之一。大鱼海棠广场打造了无边水池、亲子草坪、长江生态人文画卷、大鱼海棠3D墙绘等生态人文综合景观节点，建成健身漫游步道、人文长廊、生态小径等不同功能、多种层次的沿江步道，为市民提供了一个新的休闲打卡场所（图 16.3-1 至图 16.3-4）。

图 16.3-1　鹅公岩大桥

图 16.3-2　江滩公园步道

图 16.3-3　雅巴洞湿地公园

图 16.3-4　沿岸消落区治理

参考文献

［1］ Abu-Zreig M，Rudra R P，Whiteley H R，et al. Phosphorus removal in vegetated filter strips ［J］. Journal of environmental quality，20203，32（2）：613-619.

［2］ Abu-Zreig M，Rudra R P，Whiteley H R. Validation of a vegetated filter strip model（VFSMOD）［J］. Hydrological processes，2001，15（5）：729-742.

［3］ Ahmad M，Ghani U，Anjum N，Pasha G，Ullah M，Ahmed A. Investigating the flow hydrodynamics in a compound channel with layered vegetated floodplains ［J］. Civil Engineering，2020，6：860-876.

［4］ Arif M，Jie Z，Wokadala C，et al. Assessing riparian zone changes under the influence of stress factors in higher-order streams and tributaries：Implications for the management of massive dams and reservoirs ［J］. Science of the Total Environment，2021，776：146011.

［5］ Arif M，Zhang S，Jie Z，et al. Evaluating the effects of pressure indicators on riparian zone health conditions in the Three Gorges Dam Reservoir，China ［J］. Forests，2020，11（2）：214.

［6］ Atkinson S F，Lake M C. Prioritizing riparian corridors for ecosystem restoration in urbanizing watersheds ［J］. PeerJ，2020，8：e8174.

［7］ Belgiu M，Csillik O. Sentinel-2 cropland mapping using pixel-based and object-based time-weighted dynamic time warping analysis ［J］. Remote sensing of environment，2018，204：509-523.

［8］ Belgiu M，Drăguţ L. Random forest in remote sensing：A review of applications and future directions ［J］. ISPRS journal of photogrammetry and remote sensing，2016，114：24-31.

［9］ Bentrup G. Conservation buffers：design guidelines for buffers，corridors，and greenways ［J］. 2008.

[10]　Bert R，Steven B，Victoria N，et al. Ecosystem service delivery of agri-environment measures：A synthesis for hedgerows and grass strips on arable land [J]. Agriculture，Ecosystems & Environment，2017，244：32-51.

[11]　Betz F，Lauermann M，Cyfka B. Delineation of the riparian zone in data-scarce regions using fuzzy membership functions：an evaluation based on the case of the Naryn River in Kyrgyzstan [J]. Geomorphology，2018，306：170-181.

[12]　Birgita Hansen，Paul Reich，P Sam Lake. Minimum width requirements for riparian zones to protect flowing waters and to conserve biodiversity：a review and recommendations With application to the State of Victoria [J]. School of Biological Sciences，Monash University，2010，1.

[13]　Borin M，Passoni M，Thiene M，et al. Multiple functions of buffer strips in farming areas [J]. European journal of agronomy，2010，32（1）：103-111.

[14]　Carr R E，Wingard M P，Yorty C S，et al. Applying DPSIR to sustainable development [J]. International Journal of Sustainable Development & World Ecology，2007，14（6）：543-555.

[15]　Chandrakumar C，McLaren S J. Towards a comprehensive absolute sustainability assessment method for effective Earth system governance：Defining key environmental indicators using an enhanced-DPSIR framework [J]. Ecological Indicators，2018，90：577-583.

[16]　Chang C L，Hsu T H，Wang Y J，et al. Planning for implementation of riparian buffers in the Feitsui reservoir watershed [J]. Water resources management，2010，24：2339-2352.

[17]　Chen H S，Wang G H，Liu J F，et al. Research on effects of simulative ecological ditch on degradation of agricultural non-point pollution [J]. Acta Agriculturae Jiangxi，2010，9：43-145.

[18]　Chen L，Liu F，Wang Y，et al. Nitrogen removal in an ecological ditch receiving agricultural drainage in subtropical central China [J]. Ecological Engineering，2015，82：487-492.

[19]　Clawson R G，Lockaby B G，Rummer B. Changes in production and nutrient cycling across a wetness gradient within a floodplain forest [J]. Ecosystems，2001，4：126-138.

[20]　Clinton B D，Vose J M，Knoepp J D，et al. Can structural and functional characteristics be used to identify riparian zone width in southern Appalachian head-

water catchments? ［J］. Canadian Journal of Forest Research，2010，40（2）：235-253.

［21］ Cohen-Shacham E，Walters G，Janzen C，et al. Nature-based solutions to address global societal challenges ［J］. IUCN：Gland，Switzerland，2016，97：2016-2036.

［22］ Crouzat E，Mouchet M，Turkelboom F，Byczek C，Meersmans J，Berger F，Verkerk PJ，Lavorel S，Diekötter T. Assessing bundles of ecosystem services from regional to landscape scale：insights from the French Alps ［J］. Appl Ecol，2015，52（5）：1145-1155.

［23］ de Mello K，Valente R A，Randhir T O，et al. Effects of land use and land cover on water quality of low-order streams in Southeastern Brazil：Watershed versus riparian zone ［J］. Catena，2018，167：130-138.

［24］ Dimitriou I，Mola-Yudego B，Aronsson P. Impact of willow short rotation coppice on water quality ［J］. Bioenergy Research，2012，5：537-545.

［25］ Dosskey M G，Helmers M J，Eisenhauer D E，et al. Assessment of concentrated flow through riparian buffers ［J］. Journal of soil and water conservation，2002，57（6）：336-343.

［26］ Duncan J M，Wright S G，Brandon T L. Soil strength and slope stability ［M］. John Wiley & Sons，2014.

［27］ Eishoeei E，Miryaghoubzadeh M，Shahedi K. A novel knowledge base method in Riparian Buffer Zone (RBZ) delineation with remote sensing imagery ［J］. Ecological Engineering，2022，184：106756.

［28］ Elliott M，Burdon D，Atkins J P，et al. "And DPSIR begat DAPSI (W) R (M)!" -a unifying framework for marine environmental management ［J］. Marine Pollution Bulletin，2017，118（1-2）：27-40.

［29］ Feld CK，Fernandes M R，Ferreira M T，et al. Evaluating riparian solutions to multiple stressor problems in river ecosystems- a conceptual study ［J］. Water Res，2018，139：381-394.

［30］ Fernandes M R，Aguiar F C，Ferreira M T. Assessing riparian vegetation structure and the infuence of land use using landscape metrics and geostatistical tools ［J］. Landscape and Urban Planning，2011，99（2）：166-177.

［31］ Fortier J，Gagnon D，Truax B，et al. Nutrient accumulation and carbon sequestration in 6-year-old hybrid poplars in multiclonal agricultural riparian buffer strips [J]. Agriculture, ecosystems & environment, 2010, 137 (3-4): 276-287.

[32] Gari S R, Newton A, Icely J D. A review of the application and evolution of the DPSIR framework with an emphasis on coastal social-ecological systems [J]. Ocean & Coastal Management, 2015, 103: 63-77.

[33] Gerner, Nadine Vanessa et al. Large-scale river restoration pays off: A case study of ecosystem service valuation for the Emscher restoration generation project [J]. Ecosystem services. 2018, 30, Part B: 327-338.

[34] Ghadiri H, Rose C W, Hogarth W L. The influence of grass and porous barrier strips on runoff hydrology and sediment transport [J]. Transactions of the ASAE, 2001, 44 (2): 259.

[35] González E, Felipe-Lucia M R, Bourgeois B, et al. Integrative conservation of riparian zones [J]. Biol Cons, 2017, 211: 20-29.

[36] Gou M, Li L, Ouyang S, et al. Identifying and analyzing ecosystem service bundles and their socioecological drivers in the Three Gorges Reservoir Area [J]. Journal of Cleaner Production, 2021, 307: 127208.

[37] Gregory S, Ashkenas L. Riparian management guide-Willamette National Forest. Corvallis, Oregon, USDA Forest Service [J]. Pacific Northwest region, 1990.

[38] Guedes-Alonso R, Montesdeoca-Esponda S, Herrera-Melián J A, et al. Pharmaceutical and personal care product residues in a macrophyte pond-constructed wetland treating wastewater from a university campus: Presence, removal and ecological risk assessment [J]. Science of the Total Environment, 2020, 703: 135596.

[39] Hale R, Reich P, Daniel T, et al. Scales that matter: guiding efective monitoring of soil properties in restored riparian zones [J]. Geoderma, 2014, 228: 173-181.

[40] Hannon L E, Sisk T D. Hedgerows in an agri-natural landscape: potential habitat value for native bees [J]. Biological conservation, 2009, 142 (10): 2140-2154.

[41] Hansen B, Reich P, Lake P S, et al. Minimum width requirements for riparian zones to protect flowing waters and to conserve biodiversity: a review and recommendations [J]. Monash University, Melbourne, 2010.

[42] Han H, Yan X, Xie H, et al. Incorporating a new landscape intensity indicator into landscape metrics to better understand controls of water quality and opti-

mal width of riparian buffer zone [J]. Journal of Hydrology, 2023, 625: 130088.

[43] He Y, Wang P, Sheng H, et al. Sustainability of riparian zones for non-point source pollution control in Chongming Island: Status, challenges, and perspectives [J]. Journal of Cleaner Production, 2020, 244: 118804.

[44] Hopfield J J. Artificial neural networks [J]. IEEE Circuits and Devices Magazine, 1988, 4 (5): 3-10.

[45] Horn H S. The ecology of secondary succession [J]. Annual review of ecology and systematics, 1974: 25-37.

[46] Jian Z, Ma F, Guo Q, et al. Long-term responses of riparian plants' composition to water level fluctuation in China's Three Gorges Reservoir [J]. PloS one, 2018, 13 (11): e0207689.

[47] Ji G D, Sun T H, Ni J R. Surface flow constructed wetland for heavy oil-produced water treatment [J]. Bioresource technology, 2007, 98 (2): 436-441.

[48] Jin J, Tian X, Liu G, et al. Novel ecological ditch system for nutrient removal from farmland drainage in plain area: Performance and mechanism [J]. Journal of Environmental Management, 2022, 318: 115638.

[49] Jonathan Rosenhead, John Mingers. Rational Analysis for a Problematic World Revisited: Problem Structuring Methods for Complexity, Uncertainty and Con-flict [M]. Wiley, 2002. 07 01.

[50] Jon ES, Karl WJW, James JZ. Nutrient in agricultural surface runoff by riparian buffer zone in southern Illinois, USA [J]. Agroforestry Systems, 2005, 64: 169-180.

[51] Jones P D, Edwards S L, Demarais S, et al. Vegetation community responses to different establishment regimes in loblolly pine (Pinus taeda) plantations in southern MS, USA [J]. For Ecol Manag, 2009, 257: 553-560.

[52] Kabisch N, Frantzeskaki N, Pauleit S, et al. Nature-based solutions to climate change mitigation and adaptation in urban areas: perspectives on indicators, knowledge gaps, barriers, and opportunities for action [J]. Ecology and society, 2016, 21 (2).

[53] Kaufman J B, Beschta R L, Otting N, et al. An ecological perspective of riparian and stream restoration in the western United States [J]. Fisheries, 1997, 22 (5): 12-24.

[54] Kelble C R, Loomis D K, Lovelace S, et al. The EBM-DPSER conceptu-

al model: integrating ecosystem services into the DPSIR framework [J]. PloS one, 2013, 8 (8): e70766.

[55] Klemas V. Remote sensing of riparian and wetland bufers: an overview [J]. Coast Res, 2014, 30 (5): 869-880.

[56] Kluge B, Markert A, Facklam M, et al. Metal accumulation and hydraulic performance of bioretention systems after long-termoperation [J]. Journal of Soils and Sediments, 2018, 18 (2): 431-441.

[57] Knisel W G. CREAMS: A field scale model for chemicals, runoff, and erosion from agricultural management systems [M]. Department of Agriculture, Science and Education Administration, 1980.

[58] Kumwimba M N, Dzakpasu M, Zhu B, et al. Uptake and release of sequestered nutrient in subtropical monsoon ecological ditch plant species [J]. Water, Air, & Soil Pollution, 2016, 227: 1-13.

[59] Kuo Yi-Ming, Munoz-Carpena R, Campbell, et al. Using Vegetative Filter Strips to Reduce Phosphorus Transport from the Phosphorus Mining Areas in Central Florida [S]. 2005 ASAE Annual International Meeting. 2005

[60] Kuo Y M. Vegetative Filter Strips to Reduce Surface Runoff Phosphorus Transport from Mining Sand Tailings in the Upper Peace River Basin of Central Florida [J]. Dissertation Abstracts International, 2007: 1242.

[61] Langer E R, Steward G A, Kimberley M O. Vegetation structure, composition and effect of pine plantation harvesting on riparian buffers in New Zealand [J]. For Ecol Manag, 2008, 256: 949-957.

[62] Ledesma J L J, Futter M N, Laudon H, et al. Boreal forest riparian zones regulate stream sulfate and dissolved organic carbon [J]. Science of the Total Environment, 2016, 560: 110-122.

[63] Liang T, Yang F, Huang D, et al. Land-use transformation and landscape ecological risk assessment in the Three Gorges Reservoir region based on the "production-living-ecological space" Perspective [J]. Land, 2022, 11 (8): 1234.

[64] Li Q, Wang F, Yu Y, et al. Comprehensive performance evaluation of LID practices for the sponge city construction: a case study in Guangxi, China [J]. Journal of Environmental Management, 2019, 231: 10-20.

[65] Li S, Liu H, Zhang L, et al. Potential nutrient removal function of naturally existed ditches and ponds in paddy regions: Prospect of enhancing water quality

by irrigation and drainage management [J]. Science of the total environment, 2020, 718: 137418.

[66]　Liu G, Tian F X, Warrington D N, et al. Efficacy of grass for mitigating runoff and erosion from an artificial loessial earthen road [J]. Transactions of the ASABE, 2010, 53 (1): 119-125.

[67]　Liu J, Clewell A F. Management of ecological rehabilitation projects [M]. Science Press, 2017.

[68]　Liu X, Liu H, Chen J, et al. Evaluating the sustainability of marine industrial parks based on the DPSIR framework [J]. Journal of cleaner production, 2018, 188: 158-170.

[69]　Liu X, Vidon P, Jacinthe P A, et al. Seasonal and geomorphic controls on N and P removal in riparian zones of the US Midwest [J]. Biogeochemistry, 2014, 119: 245-257.

[70]　Liu X, Xu H, Wang X, et al. An ecological engineering pond aquaculture recirculating system for effluent purification and water quality control [J]. CLEAN-Soil, Air, Water, 2014, 42 (3): 221-228.

[71]　Lowrance R, Williams R G, Inamdar S P, et al. Evaluation of coastal plain conservation buffers using the riparian ecosystem management model 1 [J]. JAWRA Journal of the American Water Resources Association, 2001, 37 (6): 1445-1455.

[72]　Lu Z J , Li L F , Jiang M X , et al. Can the soil seed bank contribute to revegetation of the drawdown zone in the Three Gorges Reservoir Region? [J]. Plant Ecology, 2010, 209 (1): 153-165.

[73]　Mahdavi S, Salehi B, Amani M, et al. A dynamic hierarchical feature selection method for object-based classification of wetlands [C] //2017 IEEE International Geoscience and Remote Sensing Symposium (IGARSS). IEEE, 2017: 570-573.

[74]　Mahesh Sahu, Roy R. Gu. Modeling the effects of riparian buffer zone and contour strips on stream water quality [J]. Ecological Engineering, 2009, 35 (8): 1167-1177.

[75]　Malekmohammadi B, Jahanishakib F. Vulnerability assessment of wetland landscape ecosystem services using driver-pressure-state-impact-response (DPSIR) model [J]. Ecological Indicators, 2017, 82: 293-303.

[76] Mander Ü, Hayakawa Y, Kuusemets V. Purification processes, ecological functions, planning and design of riparian buffer zones in agricultural watersheds [J]. Ecological engineering, 2005, 24 (5): 421-432.

[77] Manzano-Solís L R, Díaz-Delgado C, Gómez-Albores M A, et al. Use of structural systems analysis for the integrated water resources management in the Nenetzingo river watershed, Mexico [J]. Land Use Policy, 2019, 87: 104029.

[78] Maraseni T N, Mitchell C. An assessment of carbon sequestration potential of riparian zone of Condamine Catchment, Queensland, Australia [J]. Land Use Policy, 2016, 54: 139-146.

[79] Mathur A, Foody G M. Crop classification by support vector machine with intelligently selected training data for an operational application [J]. International Journal of Remote Sensing, 2008, 29 (8): 2227-2240.

[80] Mayer P M, Reynolds Jr S K, McCutchen M D, et al. Metaanalysis of nitrogen removal in riparian buffers [J]. Environ Qual, 2007, 36: 1172-1180.

[81] Mazzoni D, Garay M J, Davies R, et al. An operational MISR pixel classifier using support vector machines [J]. Remote Sensing of Environment, 2007, 107 (1-2): 149-158.

[82] Miller J R, Hobbs R J. Habitat restoration-Do we know what we're doing? [J]. Restoration ecology, 2007, 15 (3): 382-390.

[83] Modiba R V, Joseph G S, Seymour C L, et al. Restoration of riparian systems through clearing of invasive plant species improves functional diversity of Odonate assemblages [J]. Biol Cons, 2017, 214: 46-54.

[84] Mohammed Al-Ameri A B, A B H, C S L C A, et al. Accumulation of heavy metals in stormwater bioretention media: A field study of temporal and spatial variation - Science Direct [J]. Journal of Hydrology, 2018, 567: 721-731.

[85] Moore M T, Kröger R, Locke M A, et al. Nutrient mitigation capacity in Mississippi Delta, USA drainage ditches [J]. Environmental Pollution, 2010, 158 (1): 175-184.

[86] Murthy C S, Raju P V, Badrinath K V S. Classification of wheat crop with multi-temporal images: Performance of maximum likelihood and artificial neural networks [J]. International Journal of Remote Sensing, 2003, 24 (23): 4871-4890.

[87] Naiman R J, Decamps H, Pollock M. The role of riparian corridors in

maintaining regional biodiversity ［J］. Ecological applications, 1993, 3 （2）: 209-212.

［88］ Naiman R J, Décamps H. The ecology of interfaces: riparian zones ［J］. Annu Rev Ecol Evol Syst, 1997, 28: 621-658.

［89］ Ng S L, Cai Q G, Ding S W, et al. Effects of contour hedgegrows on water and soil conservation crop productivity and nutrient budget for slope farmland in the Three Gorges Region （TGR） of China ［J］. Agroforest System, 2008, 74: 279-291.

［90］ Nilsson C, Svedmark M. Basic principles and ecological consequences of changing water regimes: riparian plant communities ［J］. Environmental management, 2002, 30: 468-480.

［91］ Nitze I, Barrett B, Cawkwell F. Temporal optimisation of image acquisition for land cover classification with Random Forest and MODIS time-series ［J］. International Journal of Applied Earth Observation and Geoinformation, 2015, 34: 136-146.

［92］ Olsson J A, Bockstaller C, Stapleton L M, et al. A goal oriented indicator framework to support integrated assessment of new policies for agri-environmental systems ［J］. Environmental science & policy, 2009, 12 (5): 562-572.

［93］ Palmer G C, Bennett A F. Riparian zones provide for distinct bird assemblages in forest mosaics of south-east Australia ［J］. Biol Cons, 2006, 130 (3): 447-457.

［94］ Pan X, Gu Z, Chen W, et al. Preparation of biochar and biochar composites and their application in a Fenton-like process for wastewater decontamination: A rev-iew ［J］. Science of the Total Environment, 2021, 754: 142104.

［95］ Parkes T, Delaney M, Dunphy M, et al. Big Scrub: A cleared landscape in transition back to forest? ［J］. Ecological Management & Restoration, 2012, 13 (3): 212-223.

［96］ Paul L, Pütz K. Suspended matter elimination in a pre-dam with discharge dependent storage level regulation ［J］. Limnologica Ecology and Management of Inland Waters, 2008, 38 (3 /4): 388-399.

［97］ Powell G E, Ward A D, Mecklenburg D E, et al. Two-stage channel systems: Part 2, case studies ［J］. Journal of Soil and Water Conservation, 2007, 62 (4): 286-296.

［98］ Ramey T L，Richardson J S. Terrestrial invertebrates in the riparian zone：mechanisms underlying their unique diversity ［J］. BioScience，2017，67（9）：808-819.

［99］ Ranjan P，Singh A S，Tomer M D，et al. Lessons learned from using a decision-support tool for precision placement of conservation practices in six agricultural watersheds in the US Midwest ［J］. Environ Manag，2019，239：57-65.

［100］ Ren Q，Li C，Yang W，et al. Revegetation of the riparian zone of the Three Gorges Dam Reservoir leads to increased soil bacterial diversity ［J］. Environmental Science and Pollution Research，2018，25：23748-23763.

［101］ Riis T，Kelly-Quinn M，Aguiar F C，et al. Global Overview of Ecosystem Services Provided by Riparian Vegetation ［J］. BioScience，2020.

［102］ Rong Y，Liu J，Liu Q. Types of ecological revetments in hydraulic engineer-ing ［J］. Journal of Landscape Research，2018，10（2）：1-4.

［103］ Rosgen D L. The cross-vane，w-weir and j-hook vane structures. their description，design and application for stream stabilization and river restoration ［M］ Wetlands Engineering & River Restoration，2001：1-22.

［104］ Sabater S，A Butturini，J Clement，et al. Nitrogen removal by riparian buffers along a European climatic gradient：Patterns and factors of variation ［J］. Ecosystems，2003，6：20-30.

［105］ Sahu M，Gu R R. Modeling the effects of riparian buffer zone and contour strips on stream water quality ［J］. Ecological Engineering，2009，35（8）：1167-1177.

［106］ Schipper L A，Robertson W D，Gold A J，et al. Denitrifying bioreactors-An approach for reducing nitrate loads to receiving waters ［J］. Ecological engineering，2010，36（11）：1532-1543.

［107］ Shen Z，Qiu J，Hong Q，et al. Simulation of spatial and temporal distributions of non-point source pollution load in the Three Gorges Reservoir Region ［J］. Science of the Total Environment，2014，493：138-146.

［108］ Shukla S，Goswami D，Graham W D，et al. Water quality effectiveness of ditch fencing and culvert crossing in the Lake Okeechobee basin，southern Florida，USA ［J］. Ecological Engineering，2011，37（8）：1158-1163.

［109］ Singh K R，Murty H R，Gupta S K，et al. An Overview of Sustainability Assessment Methodologies ［J］. Ecological Indicators，2009，9：189-212.

[110]　Singh P K，Saxena S．Towards developing a river health index [J]．Ecol Ind，2018，85：999-1011．

[111]　Søberg L C，Viklander M，Blecken G T．Do salt and low temperature impair metal treatment in stormwater bioretention cells with or without a submerged zone? [J]．Science of the Total Environment，2017，579：1588-159．

[112]　Standard B．Water quality-Guidance standard for assessing the hydro-morphological features of rivers [J]．[EB/OL]．(2005-1-24)．

[113]　Stefanakis A，Akratos C S，Tsihrintzis V A．Vertical flow constructed wetlands：eco-engineering systems for wastewater and sludge treatment [M]．Newnes，2014．

[114]　Suding K N．Toward an era of restoration in ecology：successes，failures，and opportunities ahead [J]．Annual review of ecology，evolution，and systematics，2011，42 (1)：465-487．

[115]　Sun C，Wu Y，Zou W，et al．A rural water poverty analysis in China using the DPSIR-PLS model [J]．Water resources management，2018，32：1933-1951．

[116]　Sv G．An ecosystem perspective of riparian zones-focus on links between land and water [J]．Bioscience，1991，41：540-551．

[117]　Sweeney W B，Newbold D J．Streamside Forest Buffer Width Needed to Protect Stream Water Quality，Habitat，and Organisms：A Literature Review [J]．JAWRA Journal of the American Water Resources Association，2014，50 (3)：560-584．

[118]　Tabacchi E，Correll D L，Hauer R，et al．Development，maintenance and role of riparian vegetation in the river landscape [J]．Freshwater biology，1998，40 (3)．

[119]　Tan S，Zhu M，Zhang Q．Physiological responses of bermudagrass (Cynodon dactylon) to submergence [J]．Acta Physiologiae Plantarum，2010，32：133-140．

[120]　Teiger J，Tabacchi E，Dufour S，et al．Hydrogeomorphic processes affecting riparian habitat within alluvial channel-floodplain river systems：a review for the temperate zone [J]．River Research and Applications，2005，21 (7)：719-737．

[121]　Tian M，Zhang Y C．Pre-storage System for Enhanced Purification of Non-point Source Pollution in Plain River Network Area [P]．CN 1621622A．2005-

06-01.

[122] Trang N T D, Konnerup D, Schierup H H, et al. Kinetics of pollutant removal from domestic wastewater in a tropical horizontal subsurface flow constructed wetland system: effects of hydraulic loading rate [J]. Ecological engineering, 2010, 36 (4): 527-535.

[123] Uchida T, Furuno M, Minami T, et al. Ecological significance of masonry revetments in plant biodiversity [J]. International Journal of Geomate Geotechnique Construction Materials & Environment, 2015, 9 (1): 1353-1359.

[124] Vidon P G, Welsh M K, Hassanzadeh Y T. Twenty years of riparian zone research (1997—2017): where to next? [J]. Journal of Environmental Quality, 2019, 48 (2): 248-260.

[125] Vymazal J. Constructed wetlands for wastewater treatment: five decades of experience [J]. Environmental science & technology, 2011, 45 (1): 61-69.

[126] Wang C, Li C, Wei H, et al. Effects of long-term periodic submergence on photosynthesis and growth of Taxodium distichum and Taxodium ascendens saplings in the hydro-fluctuation zone of the Three Gorges Reservoir of China [J]. PLoS One, 2016, 11 (9): e0162867.

[127] Wang T, Zhu B, Zhou M. Ecological ditch system for nutrient removal of rural domestic sewage in the hilly area of the central Sichuan Basin, China [J]. Journal of Hydrology, 2019, 570: 839-849.

[128] Wang Y, Zhou L, Yang G, et al. Performance and obstacle tracking to natural forest resource protection project: A rangers' case of Qilian mountain, China [J]. International Journal of Environmental Research and Public Health, 2020, 17 (16): 5672.

[129] Wantzen KM, Rothhaupt, Karl-Otto, et al. Ecological Effects of Water-Level Fluctuations in Lakes [J]. Springer Netherlands, 2008, 10.

[130] Welsch D J. Riparian forest buffers-Function for protection and enhancement of water resources [J]. Forest Service, Northern Area State & Private Forestry, 1991, 791.

[131] Wicher-Dysarz J, Kanclerz J. Functioning of small lowland reservoirs with pre-dam zone on the example of Kowalskie and Stare Miasto lakes [J]. Rocznik Ochrona Srodowiska, 2012, 14: 885-897.

[132] WILSON L G. Sediment Removal from Flood Water byGrass Filtra-

tio [J]. Transactions of American Society of Agricultural Engineers, 1967, 10 (1): 35-37.

[133] Wu J, Duan S, Ye Z, et al. Monitoring layout of water environment of Sheyuchuan ecol-clean small watershed (in Chinese) [J]. Bull. Soil Water Conserv, 2005.

[134] Wu Y, Dai H, Wu J. Comparative study on influences of bank slope ecological revetments on water quality purification pretreating low-polluted waters [J]. Water, 2017, 9 (9): 636.

[135] Xiao L, Zhu B, Kumwimba M N, et al. Plant soaking decomposition as well as nitrogen and phosphorous release in the water-level fluctuation zone of the Three Gorges Reservoir [J]. Science of the Total Environment, 2017, 592 (AUG. 15): 527-534.

[136] Yang F, Wang Y, Chan Z. Perspectives on Screening Winter-Flood-Tolerant Woody Species in the Riparian Protection Forests of the Three Gorges Reser-voir [J]. Public Library of Science ONE, 2014.

[137] Yang J, Wu J, Qi S, et al. Technical practices for building clean small watershed in Beijing [J]. Sci. Soil Water Conserv, 2007, 5 (4): 18-21.

[138] Yang L, Mansaray L R, Huang J, et al. Optimal segmentation scale parameter, feature subset and classification algorithm for geographic object-based crop recognition using multisource satellite imagery [J]. Remote Sensing, 2019, 11 (5): 514.

[139] Ye F, Ma MH, Wu SJ, et al. Soil properties and distribution in the riparian zone: the effects of fluctuations in water and anthropogenic disturbances [J]. European Journal of Soil Science, 2019, 70 (3): 664-673.

[140] Yi X, Huang Y, Ma M, et al. Plant trait-based analysis reveals greater focus needed for mid-channel bar downstream from the Three Gorges Dam of the Yangtze River [J]. Ecological Indicators, 2020, 111: 105950.

[141] Yi X, Lin D, Li J, et al. Ecological treatment technology for agricultural non-point source pollution in remote rural areas of China [J]. Environmental Science and Pollution Research, 2021, 28: 40075-40087.

[142] Yu G, Zhu J, Xu L, et al. Technological approaches to enhance ecosystem carbon sink in China: Nature-based solutions [J]. Bulletin of Chinese Academy of Sciences (Chinese Version), 2022, 37 (4): 490-501.

［143］　Yu X，Niu J，Xu J．Effects of closing mountain for forest restoration in the watershed of Miyun reservoir，Beijing ［J］．Forestry Studies in China，2004，6：28-35．

［144］　Zhang H Z，Li H M，Wei G F．Storage-Infiltration Effect of Rainfall for Sunken Greenbelt in Urban Road ［J］．Advanced Materials Research，2014，838：1216-1220．

［145］　Zhang J，Li S，Jiang C．Effects of land use on water quality in a River Basin（Daning）of the Three Gorges Reservoir Area，China：Watershed versus riparian zone ［J］．Ecological Indicators，2020，113：106226．

［146］　Zhang Q，Lou Z．The environmental changes and mitigation actions in the Three Gorges Reservoir region，China ［J］．Environmental Science & Policy，2011，14（8）：1132-1138．

［147］　Zhang X，Liu X，Zhang M，et al．A review of vegetated buffers and a meta-analysis of their mitigation efficacy in reducing nonpoint source pollution ［J］．J Environ Qual，2009，39（1）：76-84．

［148］　Zhang X，Liu X，Zhang M，et al．A review of vegetated buffers and a meta-analysis of their mitigation efficacy in reducing nonpoint source pollution ［J］．Journal of environmental quality，2010，39（1）：76-84．

［149］　Zierholz C，Prosser I P，Fogarty P J，et al．In-stream wetlands and their significance for channel filling and the catchment sediment budget，jugiong creek，new south wales ［J］．2001，38（3-4）：0-235．

［150］　Zuyu C，Zhen W，Hao X．Recent advances in high slope reinforcement in China：Case studies ［J］．Journal of Rock Mechanics and Geotechnical Engineering，2016，8：775-788．

［151］　安敏，李文佳，吴海林，等．三峡库区生态环境质量的时空格局演变及影响因素 ［J］．长江流域资源与环境，2022：1-16．

［152］　鲍玉海，贺秀斌．三峡水库消落带土壤侵蚀问题初步探讨 ［J］．水土保持研究，2011，18（6）：190-195．

［153］　彼得洛夫·Ъ．Г．，张春宏．建立平原水库水源保护带的理论基础（以古比雪夫水库为例）［J］．资源开发与保护，1987（4）：66-68＋38．

［154］　陈利顶，徐建英，傅伯杰，等．斑块边缘效应的定量评价及其生态学意义 ［J］．生态学报，2004，24（9）：1827-1832．

［155］　陈正洪，万素琴，毛以伟．三峡库区复杂地形下的降雨时空分布特点

分析［J］.长江流域资源与环境，2005（5）：623-627.

［156］ 陈祖煜，汪小刚，杨健，等.岩质边坡稳定分析：原理·方法·程序［M］.北京：中国水利水电出版社，2005.

［157］ 邓瑞，陈云鹏，李亚俊，等.长江流域重要饮用水水源地生态隔离带建设体系研究［J］.水利发展研究，2024，24（04）：36-42.

［158］ 刁承泰，黄京鸿.三峡水库水位涨落带土地资源的初步研究［J］.长江流域资源与环境，1999（1）：75-80.

［159］ 董飞.三峡库区城乡建设用地转型特征及生态环境效应研究［D］.重庆：重庆工商大学，2021.

［160］ 冯应斌，何建，杨庆媛.三峡库区生态屏障区土地利用规划生态效应评估［J］.地理科学，2014（12）：1504-1510.

［161］ 付青，郑丙辉.从规范化建设视角看城市饮用水水源地保护应重点解决的几个问题［J］.环境保护，2016，44（21）：13-16.

［162］ 付青，郑丙辉.关于饮用水水源地规范化建设的思考［J］.环境保护，2015，43（14）：51-54.

［163］ 高磊.三峡库区巫山段消落带地形变化及地质灾害分析［D］.北京：中国地质大学（北京），2018.

［164］ 高群.三峡库区景观格局变化及其影响因素——以重庆市云阳县为例［J］.生态学报，2005（10）：2499-2506.

［165］ 高升，刘利，李毓，等.滇中高原水库消落区生态恢复设计与实践——以楚雄州青山嘴水库为例［J］.给水排水，2022，58（S2）：159-163＋170.

［166］ 郭劲松，李哲，方芳.三峡水库运行对其生态环境的影响与机制——典型支流澎溪河水环境变化研究［M］.北京：科学出版社，2017.

［167］ 和艳，李迎彬.景观生态安全格局模型在滇池流域空间研究的应用［J］.《规划师》论丛，2023，（00）：481-485.

［168］ 何再超，郑钦玉，马杰，等.三峡库区消落区可持续发展途径探讨［J］.西南农业大学学报（社会科学版），2003（4）：5-7＋44.

［169］ 环境保护部，中国科学院.关于印发《全国生态功能区划（修编版）》的公告［EB/OL］.2015-11-23.

［170］ 黄春波，滕明君，曾立雄，等.长江三峡库区土地利用/覆盖的长期变化［J］.应用生态学报，2018，29（5）：1585-1596.

［171］ 黄杰，李晓玲，王雪松，等.三峡库区不同消落带下中华蚊母树群落特征及其与土壤环境因子的关系［J］.植物生态学报，2021，45（8）：844-859

[172] 黄越鹏. 桃源水库水源地保护工程建设与成效 [J]. 水利科技，2020 (2)：51-52.

[173] 姜峰. 农业面源污染防控与水环境保护 [J]. 山西农经，2021 (12)：138-139.

[174] 江进辉，杨荣华，王凯. 水库消落区生态保护与治理方案研究 [J]. 水电与新能源，2020，34 (2)：20-22.

[175] 焦欢，丁忆，段松江，等. 三峡库区植被覆盖度与地表温度的空间耦合季节分异研究 [J]. 生态与农村环境学报，2022，38 (12)：1604-1612.

[176] 景瑞. 消落带岸坡变形破坏模式及反倾层状岩质岸坡稳定性分析与评价 [D]. 重庆：重庆大学，2020.

[177] 柯学莎，谈昌莉，徐成剑，等. 三峡水库消落区生态环境综合治理技术措施研究 [J]. 水利水电快报，2013，34 (10)：12-14.

[178] 孔海浪，许计平. 国土空间规划背景下的昆明市生态隔离带的死与生 [C] //中国城市规划学会，重庆市人民政府. 活力城乡 美好人居——2019 中国城市规划年会论文集 （12 城乡治理与政策研究）. 昆明市规划设计研究院，2019：11.

[179] 雷波，杨春华，杨三明，等. 基于 GIS 的长江三峡水库消落带生态类型划分及其特征 [J]. 生态学杂志，2012，31 (8)：2082-2090.

[180] 梁福庆. 三峡库区生态环境建设与保护 [J]. 水利发展研究，2009，9 (6)：5-9＋19.

[181] 李郭伟. 基于 GIS 的三峡库区事故型水环境污染风险评估与水污染扩散模拟研究 [D]：重庆：西南大学，2014.

[182] 李怀恩，邓娜，杨寅群，等. 植被过滤带对地表径流中污染物的净化效果 [J]. 农业工程学报，2010，26 (7)：81-86.

[183] 李明慧. 三峡库区生态系统服务特征及其变化模拟研究 [D]. 重庆：重庆工商大学，2021.

[184] 李沐慧. 湖泊水环境综合治理技术方案分析——以北方某湖泊水体治理工程为例 [J]. 中国资源综合利用，2023，41 (7)：202-204.

[185] 林怡，张文豪，宇洁，等. 基于无人机影像的城市植被精细分类 [J]. 中国环境科学，2022，42 (6)：2852-2861.

[186] 李素菊，刘明. 卫星遥感在我国重大地震灾害应急监测中的应用 [J]. 城市与减灾，2018 (4)：7-10.

[187] 刘俊国，崔文惠，田展，等. 渐进式生态修复理论 [J]. 科学通报，

2021，66（9）：1014-1025.

［188］刘江帆，唐臣臣．三峡水库消落区植被生态恢复研究［J］．长江技术经济，2022，6（5）：34-39.

［189］刘文英，姜冬梅，陆根法．太湖面源污染控制工程及其融资机制［J］．环境保护，2005（8）：38-41.

［190］刘武江，张川，杨松，等．基于"三生空间"的生态隔离带研究进展［J］．江苏农业科学，2020，48（14）：25-32.

［191］刘新荣，景瑞，缪露莉，等．巫山段消落带岸坡库岸再造模式及典型案例分析［J］．岩石力学与工程学报，2020，39（7）：1321-1332.

［192］刘栩位．三峡库区生态环境质量与城镇化耦合协调关系研究［D］．重庆：重庆工商大学，2022.

［193］刘颖，查文花，徐畅，等．云南高原水网水系生态修复工程设计策略研究［J］．水利发展研究，1-9.

［194］刘云峰．三峡水库库岸生态环境治理对策初探［J］．重庆工学院学报，2005，（11）：79-82.

［195］李艳，应鹏，肖伟．重庆市中心城区组团隔离带实施及利用规划［J］．南方农业，2021，15（31）：170-175.

［196］娄利华，罗韧，蒋宣斌，等．三峡库区（重庆段）沿岸立地类型划分及宜林程度分析［J］．重庆林业科技，2006（3）：8-10.

［197］卢元兵．集成面向对象和深度学习的高分遥感影像城市土地覆盖分类方法研究［D］．长春：中国科学院大学（中国科学院东北地理与农业生态研究所），2024.

［198］聂成顺，张中俭，王珊珊．基于高精度 DOM 和 DEM 的消落带分类——以三峡库区巫山县大宁河口段为例［J］．遥感信息，2020，35（6）：92-98.

［199］欧阳志云，王如松，Juergen，等．北京市环城绿化隔离带生态规划研究［C］//中国生态学学会．复合生态与循环经济——全国首届产业生态与循环经济学术讨论会论文集．中国科学院生态环境研究中心，中国科学院生态环境研究中心，中国科学院生态环境研究中心，北京大学城市与环境学系，中国科学院生态环境研究中心，中国科学院生态环境研究中心，2003：8.

［200］欧阳志云，王如松，李伟峰，等．北京市环城绿化隔离带生态规划［J］．生态学报，2005（5）：965-971＋1234-1236.

［201］潘娇，李超，彭文忆，等．基于随机森林和支持向量机的云南省土地利用分类［J］．科学技术与工程，2024，24（17）：7043-7051.

瞿书锐. 三峡库区水环境保护探讨 [J]. 绿色科技，2016 (12)：119-120.

[202] 尚敏，易庆林，王征亮，等. 三峡库区库岸塌岸机理与防治措施研究 [J]. 人民长江，2008 (12)：1-3+115.

[203] 佘冬立，阿力木·阿布来提，陈倩，等. 不同入流条件下植被过滤带对坡面径流氮、磷的拦截效果 [J]. 应用生态学报，2018，29 (10)：3425-3432.

[204] 水利部. 三峡工程公报 [R]. 北京. 中华人民共和国水利部，2020.

[205] 汤明高，许强，黄润秋. 三峡库区典型塌岸模式研究 [J]. 工程地质学报，2006 (2)：172-177.

[206] 唐胜传，柴贺军，冯文凯. 三峡库区岸坡类型划分 [J]. 公路交通技术，2005 (5)：39-42.

[207] 王菲，孙晨，姜雁林，等. 北京市第二道绿化隔离带地区生态敏感性评价 [J]. 北京农学院学报，2023，38 (2)：105-110.

[208] 王孟，刘扬扬，李斐. 长江经济带水资源保护带建设规划体系研究 [J]. 人民长江，2018，49 (20)：1-7.

[209] 王鹏，冉义国，梅渝，等. 周期性水位波动对三峡水库消落带土壤有机碳含量和密度的影响 [J]. 土壤，2024，56 (3)：672-680.

[210] 王文俊. 三峡库区重庆——巫山段崩塌滑坡的危险性评价 [C]. 2002年中国西北部重大工程地质问题论坛论文集. 2002：409-413.

[211] 王勋，蒋钦伟，姜正容，等. 一种三峡库区消落区岸坡变化检测方法 [J]. 遥感信息，2022 (4)：21-28.

[212] 王娅微，陈芳清，张淼，等. 不同植被恢复模式下三峡库区万州段消落带土壤养分及其空间分布特征 [J]. 农业资源与环境报，2016，33 (2)：127-133.

[213] 王勇，刘义飞，刘松柏，等. 三峡库区消涨带植被重建 [J]. 植物学通报，2005 (5)：3-12.

[214] 王兆林，张露洋，钟激懿，等. 三峡库区生态空间脆弱性时空演变特征 [J]. 水土保持研究，2023，30 (1)：348-355.

[215] 韦兆祖. 河岸植物缓冲带在林业中的作用 [J]. 中国绿色画报，2016 (4)：33.

[216] 夏志强. 三峡库区水华敏感期水质和浮游植物时空分布研究 [D]. 重庆：西南大学，2014.

[217] 徐超，付川，牟新利，等. 三峡库区消落带生态环境污染现状及潜在问题分析 [J]. 现代农业科技，2010 (5)：263-264.

［218］ 许川，舒为群，曹佳，等. 三峡库区消落带富营养化及其危害预测和防治［J］. 长江流域资源与环境，2005（4）：440-444.

［219］ 徐泉斌，孙璐，王春晓，等. 三峡库区消落带土地资源开发利用探讨［J］. 人民长江，2009，40（13）：57-59.

［220］ 杨方社，曹明明，李怀恩，等. 基于 VFSMOD 模型的沙棘—灌草植被过滤带拦沙效果模拟［J］. 干旱区资源与环境，2017，31（6）：71-75.

［221］ 阳华. 三峡库区生态系统服务价值与经济发展的重心演变特征及耦合研究［D］. 重庆：重庆工商大学，2021.

［222］ 杨凯祥，刘强，李秀红，等. 三峡库区土壤侵蚀和植被覆盖变化分析［J］. 北京师范大学学报（自然科学版），2021，57（5）：631-638.

［223］ 叶润根. 三峡库区植被覆盖变化及其对极端气候的响应研究［D］. 重庆：重庆师范大学，2021.

［224］ 游畅. 基于空间与功能耦合的特大城市生态隔离带规划与实施研究［J］. 中国土地，2023（12）：32-35.

［225］ 游佩佩，刘振波，谢嘉伟，等. 基于 GF-2 的江苏滨海湿地遥感深度学习分类算法研究［J］. 长江流域资源与环境，2021，30（7）：1659-1669.

［226］ 袁中友，唐晓春. 蓄水和水位变动对三峡库区崩塌滑坡的影响及对策［J］. 热带地理，2003（1）：30-34.

［227］ 于贵瑞，朱剑兴，徐丽，等. 中国生态系统碳汇功能提升的技术途径：基于自然解决方案［J］. 中国科学院院刊，2022，37（4）：490-501.

［228］ 于俊强，姬忠科. 济南生态隔离带建设与城市空间发展［J］. 城乡建设，2016（6）：63-64.

［229］ 余洲，李明玉，钱雨扬，等. 基于 CA_Markov 模型多情景模拟的三峡库区土地利用变化及其生态环境效应［J］. 水土保持研究，2024，31（3）：363-372.

［230］ 曾毅. 基于"源—汇"模型的植被缓冲带构建技术研究［D］. 武汉：华中农业大学，2014.

［231］ 张春叶，陈国建，何谦，等. 三峡库区植被对极端气温的响应［J］. 四川林业科技，2022，43（1）：44-49.

［232］ 张虹. 三峡库区消落带土地资源特征分析［J］. 水土保持通报，2008（1）：46-49.

［233］ 张六一. 三峡库区大气氨沉降特征、通量及其对水体氮素的贡献［D］. 北京：中国科学院大学，2019.

[234] 张信宝. 关于三峡水库消落带地貌变化之思考 [J]. 水土保持通报，2009，29 (3)：1-4＋9.

[235] 张业刚，赖红兵. 三峡水库消落区利用和保护管理现状与建议 [J]. 中国水利，2023 (17)：24-28.

[236] 赵庆展，江萍，王学文，等. 基于无人机高光谱遥感影像的防护林树种分类 [J]. 农业机械学报，2021，52 (11)：190-199.

[237] 郑航. 三峡库区生态环境及空间格局优化研究 [D]. 武汉：长江科学院，2023.

[238] 郑守仁. 三峡工程在长江生态环境保护中的关键地位与作用 [J]. 人民长江，2018，49 (21)：1-8＋19.

[239] 钟勇. 美国水土保持中的缓冲带技术 [J]. 中国水利，2004 (10)：63-65.

[240] 周珂，杨永清，张俨娜，等. 光学遥感影像土地利用分类方法综述 [J]. 科学技术与工程，2021，21 (32)：13603-13613.

[241] 周子晔，夏继红，叶继兵，等. 基于 REMM 的浙江平原乡村河岸带宽度补偿与优化 [J]. 中国水土保持科学，2020，18 (4)：115-122.

[242] 竺宏飞，王茜. 双河市生态隔离带建设规划 [J]. 长江大学学报（自科版），2016，13 (25)：67-70＋7.

[243] 朱振亚，邓志民，朱秀迪，等. 问题结构导向的三峡库区水源地生态隔离带多目标建设研究 [C] //河海大学，南阳市人民政府，南阳师范学院，南水北调集团中线公司. 2022（第十届）中国水生态大会论文集. 长江水资源保护科学研究所；长江水利委员会湖库水源地面源污染生态调控重点实验室，2022：13.

[244] 朱振亚，潘婷婷，李志军，等. 三峡库区生态环境建设与保护的实践与思考 [J]. 人民长江，2023，54 (7)：32-36＋88.